Android
应用程序开发教程

于国防●主　编
徐永刚　张玉杰●副主编

清华大学出版社
北　京

内 容 简 介

本书选用 Eclipse 作为开发工具，结合丰富的示例，图文并茂、深入浅出地分析讲解基于 Android 系统的应用程序设计。全书共分 14 章，内容主要包含 Android 开发环境搭建、Android 模拟器应用、用户界面设计、Activity 的基本用法、对话框与消息框、常用资源、常用控件、Intent 与 BroadcastReceiver、图与动画、多媒体应用、网络通信与服务、数据存储以及传感器应用。书中技术内容安排不求面面俱到，但求要点突出、实用；示例代码的编写，层次分明、书写规范，注释清晰明了，特别利于代码的分析和解读，从而更加高效地掌握相关的技术。同时，对一些重点和难点的内容，还辅以必要的"说明"和"提示"，有助于知识点的学习和强化。

为了辅助教师的课堂教学和读者自学，本书还提供了书中示例以及附录实验的全部程序源码，以便提高程序开发学习中的实践效率。

本书适用于计算机科学、通信电子以及自动化等相关专业的高等院校师生的 Android 应用程序设计的教学用书，也可以作为 Android 程序开发者的参考书。

图书在版编目（CIP）数据

Android 应用程序开发教程/于国防主编. —北京：清华大学出版社，2017
ISBN 978-7-302-47685-6

I. ①A… II. ①于… III. ①移动终端-应用程序-程序设计-教材 IV. ①TN929.53

中国版本图书馆 CIP 数据核字（2017）第 155283 号

责任编辑：苏明芳
封面设计：刘 超
版式设计：魏 远
责任校对：马子杰
责任印制：宋 林

出版发行：清华大学出版社
网 址：http://www.tup.com.cn，http://www.wqbook.com
地 址：北京清华大学学研大厦 A 座 **邮 编：**100084
社 总 机：010-62770175 **邮 购：**010-62786544
投稿与读者服务：010-62776969，c-service@tup.tsinghua.edu.cn
质量反馈：010-62772015，zhiliang@tup.tsinghua.edu.cn
印 装 者：三河市少明印务有限公司
经 销：全国新华书店
开 本：185mm×260mm **印 张：**15.5 **字 数：**368 千字
版 次：2017 年 9 月第 1 版 **印 次：**2017 年 9 月第 1 次印刷
印 数：1～3000
定 价：39.80 元

产品编号：073814-01

前　　言

Android 是由 Google 公司和开放手机联盟共同开发的、基于 Linux 平台的开源手机操作系统，它不仅可以运行在智能手机上，还可以运行在平板电脑、移动互联网终端、便携式媒体播放器以及数字电视等电子设备上。所以，自诞生之日起，Android 就受到了诸多手机厂商和通信运营商的高度重视，并迅速占据了很大的市场份额。

Android 应用的迅速普及，极大地推动了移动互联网的发展，因而其前景无比广阔，正成为目前各种程序开发中的朝阳产业。

作为读者步入 Android 殿堂的引领者，作者在总结多年教学经验并博采众著者之长的基础上，精心组织编写了这本 Android 应用开发的实用教材。

全书精选 Android 的基础知识和实用技术，分编成 14 章。要点衔接紧密，难点深入浅出；示例图文并茂，注释详尽明晰；必要的“说明”和及时的“提示”可谓伴学始终的小助手；“教、学面对面”的著书风格，使学习更感轻松、自然。特别是，在著书过程中，我们始终兼顾两个“视角”或者两种“身份”，即老师如何使用本书，因为这是他们的教材；学生（或自学者）如何使用本书，因为这是他们的课本。

书中内容概括如下。

第 1 章：简要介绍了 Android 的起源、结构及特性等，重点介绍了 Android 开发环境的搭建方法。

第 2 章：简要介绍了 Android 模拟器的基本功能及其管理和使用方法。

第 3 章：通过一个 Android 示例程序的开发，详细介绍了利用 Eclipse 创建 Android 应用程序项目的基本方法以及利用 AVD 和手机运行程序的方法，并且介绍了“360 手机助手”在手机应用程序开发中常用的基本功能。

第 4 章：详细介绍了各种布局管理器的使用方法，还介绍了利用 XML 代码和 Java 代码设计用户界面的基本方法。

第 5 章：简要介绍了 Activity 的运行状态及其生命周期，详细介绍了 Activity 的创建、启动、关闭和配置方法以及 Activity 之间的调用和数据传递用法。

第 6 章：介绍了对话框和消息提示框的创建及其用法。

第 7 章：介绍了字符串资源、颜色资源、图片资源及数组资源的定义和引用方法。

第 8 章：既介绍了文本框、编辑框、按钮、单选按钮、复选框及图片视图这些常用基本控件的使用方法，也介绍了图像切换器、下拉列表、滚动视图、进度条及滑块这些常用高级控件的使用方法。

第 9 章：介绍了 Intent（意图）和 BroadcastReceiver（广播接收者）的功能及其用法。

第 10 章：介绍了图形和文本的常用绘制方法、常用的图像变换方法以及逐帧动画和补间动画的设计方法。

第 11 章：介绍了利用 MediaPlayer 和 SurfaceView 组件，播放资源文件中的音频/视频、文件系统中的音频/视频以及流媒体中的音频/视频的基本方法。

第 12 章：简要介绍了 Web 服务器、HTTP 协议以及 Get/Post 请求，详细介绍了利用 HttpURLConnection 和 HttpClient 访问网络的基本方法。

第 13 章：详细介绍了利用 SharedPreferences、文件和 SQLite 数据库存储数据的基本方法，简要介绍了利用 ContentProvider 存储数据的基本方法。

第 14 章：介绍了手机设备中各种常用传感器的基本功能及其应用程序开发方法。

本书由于国防、徐永刚和张玉杰共同编写。徐永刚和张玉杰编写了第 1、2、3、6、7、13 和 14 章，其他章节由于国防编写，并由于国防统稿全书。

由于 Android 功能的不断完善、技术的不断发展以及作者的技术水平所限，书中有些知识点可能更新不够及时，甚至存在错误，所以，敬请相关技术的专家、同仁和读者不吝赐教，批评纠正，以便我们适时更新、更正，再飨读者。

编　者

目　录

第 1 章　初识 Android

学习要点

- ❑ 了解智能手机及其常用操作系统的特点。
- ❑ 了解 Android 系统的起源、平台架构特性及其版本的命名方法。
- ❑ 了解 Android 应用程序的文件后缀及结构。
- ❑ 掌握 Android 开发环境的搭建方法。

1.1　智能手机及其操作系统简介

智能手机，是指像个人电脑一样，具有独立的操作系统和独立的运行空间，可以由用户自行安装第三方服务商提供的各类应用程序，并且可以通过移动通信网络，实现无线网络的接入。基于系统平台的功能扩展是智能机与非智能机的最主要区别。

手机操作系统是指运行在智能手机上的操作系统。目前的手机操作系统主要包括 Android、iOS、Windows Phone、Symbian、BlackBerry OS、Windows Mobile、Linux 以及 Palm OS 等。

1．iOS

iOS 是由苹果公司开发的手持设备操作系统，由苹果公司于 2007 年 1 月 9 日在 Macworld 大会上公布，以开放源代码操作系统为基础，属于类 Unix 的商业操作系统。iOS 最初是设计给 iPhone 使用的，后来陆续套用到 iPod touch、iPad 以及 Apple TV 等产品上。

多点触控操作是 iOS 的用户界面基础，也是 iOS 区别于其他手机操作系统的特点之一。iOS 预装的大量应用程序，如 SMS 简讯、YouTube、股市、地图、天气以及 iTunes 等，这些应用都为用户提供了广泛、方便的应用。另外，iOS 公司还提供了相应的 SDK，用于应用程序的开发、测试、运行和调试。

2．BlackBerry OS

BlackBerry OS（黑莓系统）由 Research In Motion 为其智能手机产品 BlackBerry 开发的专用操作系统。这一操作系统具有多任务处理能力，并支持特定的输入装置，如滚轮、轨迹球、触摸板以及触摸屏等。BlackBerry 平台最著名的莫过于它处理邮件的能力。该平台通过 MIDP 1.0 和 MIDP 2.0 的子集，在与 BlackBerry Enterprise Server 连接时，以无线的方式激活并与 Microsoft Exchange、Lotus Domino 或 Novell GroupWise 同步邮件、任务、日程、备忘录和联系人。

黑莓系统主要针对商务应用，具有很高的安全性和可靠性。

3．Symbian

Symbian是一个实时性、多任务的纯32位操作系统，最初由塞班公司开发和维护，后被诺基亚收购。Symbian具有功耗低、内存占用少等特点，非常适合手机等移动设备使用，经过不断完善，可以支持GPRS、蓝芽、SyncML以及3G技术。Symbian主要用于高端的智能手机，其开发语言为C++。Symbian是真正的微核操作系统。

由于Symbian系统在架构、用户体验和应用程序数量等方面的不足，诺基亚最终决定放弃Symbian系统，并将被诺基亚与微软合作开发的Windows Phone所取得。

4．Windows Mobile

Windows Mobile（WM）是微软针对移动设备而开发的操作系统。该操作系统的设计初衷是尽量接近于桌面版本的Windows，微软按照电脑操作系统的模式来设计WM，以便使得WM与电脑操作系统一模一样。WM的应用软件以Microsoft Win32 API为基础。新继任者Windows Phone操作系统出现后，Windows Mobile系列正式退出手机系统市场。2010年10月，微软宣布终止对WM的所有技术支持。

5．Windows Phone 7

2010年2月，微软正式向外界展示Windows Phone（WP）操作系统。2010年10月，微软公司正式发布Windows Phone智能手机操作系统的第一个版本Windows Phone 7.0，简称WP7，并于2010年年底发布了基于此平台的硬件设备。主要生产厂商有诺基亚、三星、HTC等，从而宣布Windows Mobile系列彻底退出了手机市场。Windows Phone 7完全放弃了Windows Mobile的操作界面，而且程序互不兼容，并且微软完全重塑了整套系统的代码和视觉。Windows Phone 7.0基于Windows CE内核，采用了一种称为Metro的用户界面，并将微软旗下的Xbox Live游戏、Xbox Music音乐与独特的视频体验集成至手机中。2011年2月，诺基亚与微软达成全球战略同盟并深度合作共同研发该系统。

6．Linux

Linux系统是一个源代码开放的操作系统，已经有很多版本流行。Linux进入到移动终端操作系统近一年多时间，就以其开放源代码的优势吸引了越来越多的终端厂商和运营商对它的关注，包括摩托罗拉和NTT DoCoMo等知名的厂商。

Linux与其他操作系统相比具有两个优势：其一，Linux具有开放的源代码，能够大大降低成本；其二，既满足了手机制造商根据实际情况有针对性地开发自己的Linux手机操作系统的要求，又吸引了众多软件开发商对内容应用软件的开发，丰富了第三方应用。

然而Linux操作系统有其先天的不足：入门难度高、熟悉其开发环境的工程师少、集成开发环境较差；由于微软PC操作系统源代码的不公开，基于Linux的产品与PC的连接性较差；尽管从事Linux操作系统开发的公司数量较多，但真正具有很强开发实力的公司却很少，而且这些公司之间是相互独立的开发，很难实现更大的技术突破。

7．Palm OS

Palm OS是一种32位的嵌入式操作系统，主要运用于移动终端上，最初由3Com公司的 Palm Computing 部门开发，拥有较多的第三方软件。该系统本身占用的内存极小，基于 Palm OS 编写的应用程序所占的空间也很小。Palm OS 提供了免费的开发工具，应用程序丰富，但不具有录音和 MP3 播放功能。

1.2　Android 简介

1.2.1　Android 释义与应用

Android 一词的本义指“机器人”，该词最早出现于法国作家利尔亚当在 1886 年发表的科幻小说《未来夏娃》中，他将外表像人的机器起名为 Android。

同时，Android 也是 Google 于 2007 年 11 月 5 日宣布的基于 Linux 平台的开源手机操作系统的名称，该平台由操作系统、中间件、用户界面和应用软件组成。

Android 的中文译音是“安卓”，因此 Android 系统也可中文读作“安卓系统”。

Android 系统的 Logo 是由 Ascender 公司于 2010 年设计的一个简单的全身绿色的机器人，如图 1-1 所示，它的躯干就像锡罐的形状，头上还有两根天线。其中的文字使用了 Ascender 公司专门制作的称之为“Droid”的字体。

图 1-1　Android 的 Logo

1.2.2　Android 系统的起源

2003 年 10 月，Andy Rubin 等人创建 Android 公司，并组建 Android 团队。

2005 年 8 月 17 日，Google 收购了成立仅 22 个月的高科技企业 Android 及其团队。

2007 年 11 月 5 日，Google 正式向外界展示了名为 Android 的操作系统，并且在这一天宣布建立了一个全球性的联盟组织，该组织由 34 家手机制造商、软件开发商、电信运营商以及芯片制造商共同组成，并且与 84 家硬件制造商、软件开发商及电信营运商组成开放手持设备联盟（Open Handset Alliance），共同研发改良 Android 系统。这一联盟将支持 Google 发布的手机操作系统以及应用软件，Google 以 Apache 免费开源许可证的授权方式，发布了 Android 的源代码。

1.2.3 Android版本发布

Android在正式发行之前，最开始拥有两个内部测试版本，并且以著名的机器人名称来对其进行命名，它们分别是阿童木（AndroidBeta）、发条机器人（Android 1.0）。后来由于涉及版权问题，Google将其系统版本的代号命名规则变更为利用甜点来命名，该命名规则开始于2008年9月发布的Android 1.5。

作为每个版本代表的甜点的尺寸越变越大，目前，Android 主要版本、对应的代号和API以及发布时间如表1-1所示，其代号按照26个字母顺序排序。

表1-1 Android的主要版本及其相关信息

版　本	代　号	API	发　布
Android 1.5	Cupcake（纸杯蛋糕）	3	2009年4月30日
Android 1.6	Donut（甜甜圈）	4	2009年9月15日
Android 2.0/2.1	Éclair（松饼）	5/6/7	2009年10月26日
Android 2.2	Froyo（冻酸奶）	8	2010年5月20日
Android 2.3	Gingerbread（姜饼）	9/10	2010年12月07日
Android 3.1/3.1/3.2	Honeycomb（蜂巢）	11/12/13	2011年2月2日~2011年7月13日
Android 4.0	Ice Cream Sandwich（冰淇淋三明治）	14	2011年10月19日
Android 4.1/4.2/4.3	Jelly Bean（果冻豆）	16/17/18	2012年6月28日~2013年7月25日
Android 4.4	KitKat（奇巧巧克力）	19	2013年11月1日
Android 5.0/5.1	Lollipop（棒棒糖）	21/22	2014年10月16日~2015年3月9日
Android 6.0	Marshmallow（棉花糖）	23	2015年9月29日
Android 7.0	Nougat（牛轧糖）	24/25	2016年8月22日

1.2.4 Android系统结构

1．系统内核

Android运行于Linux kernel之上，Android 的 Linux kernel控制包括了安全(Security)、存储器管理（Memory Management）、程序管理（Process Management）、网络堆栈（Network Stack）以及驱动程序模型（Driver Model）等。

2．APP后缀

apk是安卓应用的后缀，是AndroidPackage的缩写，即Android安装包（apk）。通过将apk文件直接传到Android模拟器或Android设备中执行即可完成应用的安装。

apk文件把android sdk编译的工程打包成一个安装程序文件，格式为apk。apk文件其实是 zip 格式，但后缀名被修改为 apk，通过 UnZip 解压后，可以看到 Dex 文件，Dex 是 Dalvik VM executes 的全称，即 Android Dalvik 执行程序，并非 Java ME 的字节码而是 Dalvik 字节码。

Android 应用的 APK 文件的结构如下。

- META-INF\：相当于一个信息包，配置应用程序、扩展程序、类加载器和服务。
- res\：存放资源文件的目录。
- AndroidManifest.xml：程序全局配置文件。
- classes.dex：Dalvik 字节码。
- resources.arsc：编译后的二进制资源文件。

1.2.5　Android 系统架构

Android 包含一个 C/C++库的集合，供 Android 系统的各个组件使用，这些功能通过 Android 的应用程序框架（Application Framework）展现给开发者，如图 1-2 所示。

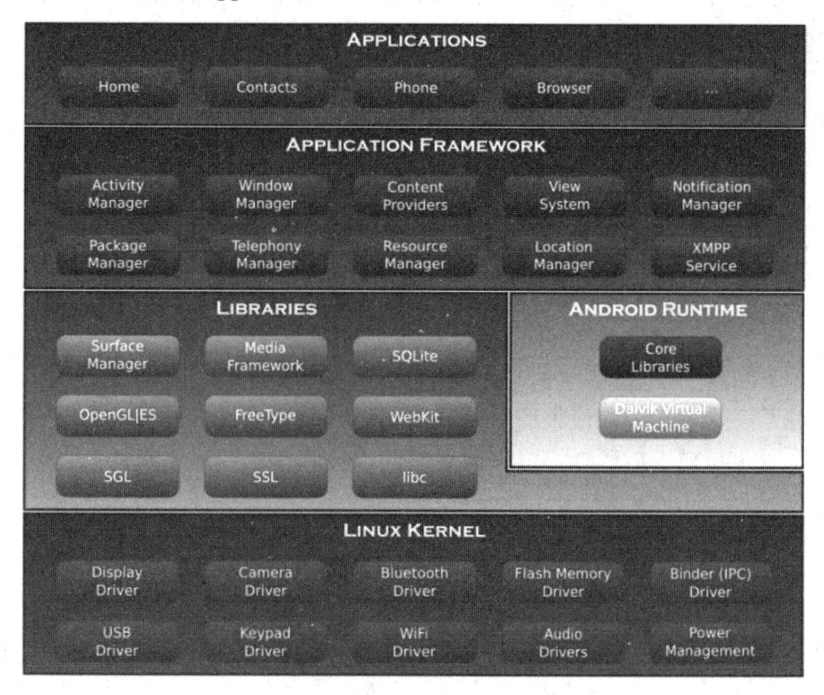

图 1-2　Android 系统架构

Android 大致可以分为 Linux 内核层（Linux Kernel）、系统运行层、应用框架层（Application Framework）以及应用层（Applications）4 层架构。

1．Linux 内核层

Android 系统是基于 Linux 2.6 内核的，这一层为 Android 设备的各种硬件提供了底层的驱动，如显示驱动、音频驱动、照相机驱动、蓝牙驱动、WiFi 驱动和电源管理等。

2．系统运行层

这一层通过一些C/C++库来为Android系统提供主要的特性支持，如SQLite库提供了数据库的支持，OpenGL|ES库提供了3D绘图的支持，Webkit库提供了浏览器内核的支持等。同时，在这一层还有Android运行时库，它提供了一些核心库，能允许开发者使用Java来编写Android应用。其中，关键的是Dalvik虚拟机，它使得每一个Android应用都能运行在独立的进程当中，并且拥有一个自己的Dalvik虚拟机实例，相比Java虚拟机（JVM），Dalvik是专门为移动设备定制的，它对手机内存、CPU性能有限等情况做了优化处理。

3．应用框架层

这一层主要提供了构建应用时可能用到的API，Android自带的一些核心应用程序就是使用这些API完成的，开发者可以通过使用这些API构建自己的应用程序。例如，活动管理器、View系统、内容提供器以及通知管理器等。

4．应用层

所有安装在手机上的应用程序都属于这一层，例如系统自带的联系人、短信等程序，或者从Google Play上下载的程序，还包括我们自己开发的应用程序。

1.2.6　Android平台特性

1．开放性

Android平台的优势首先就是其开发性，开放的平台允许任何移动终端厂商加入到Android联盟中来。显著的开放性可以使其拥有更多的开发者，随着用户和应用的日益丰富，一个崭新的平台很快走向成熟。

另外，开发性对于Android的发展而言，也有利于积累人气，这里的人气包括消费者和厂商，而对于消费者来讲，最大的受益正是丰富的软件资源。显然，开放的平台也会带来更大竞争，如此一来，消费者将可以用更低的价位购得心仪的手机。

2．丰富的硬件

这一点还是与Android平台的开放性相关，由于Android的开放性，众多的厂商会推出功能特色各异的多种产品。而功能上的差异和特色，却不会影响到数据同步甚至软件的兼容，例如，从诺基亚Symbian风格手机改用苹果iPhone时，可以将Symbian中优秀的软件带到iPhone上使用，并且原来手机的联系人等资料更是可以方便地转移到当前手机上来。

3．方便开发

Android平台提供给第三方开发商一个十分宽泛、自由的环境，不会受到各种条条框框的阻扰，因此会有很多新颖别致的软件诞生。但这也有其两面性，如何控制不良程序和游戏正是留给Android的难题之一。

4．Google应用

Google在互联网已经走过数十年的历史，从搜索巨人到全面的互联网渗透，Google服务如地图、邮件、搜索等已经成为连接用户和互联网的重要纽带，而 Android 平台手机将无缝结合这些优秀的 Google 服务，为用户提供更好的应用。

1.2.7　Android 市场

Android 市场是 Google 公司为 Android 平台提供的在线应用商店，Android 平台用户可以在该市场中浏览、下载和购买第三方人员开发的应用程序。

对于开发人员，有两种获利的方式：第一种方式是销售软件，开发人员可以获得自己开发的应用售价的 70%，其余 30%作为其他费用；第二种方式是附加广告，而将自己开发的应用定为免费软件，通过应用中的广告链接，靠点击率挣钱。

【说明】在上传自己开发的 Android 软件之前，需要在 Android 市场进行注册并交纳一定的费用。

1.3　搭建 Android 开发环境

开发 Android 应用程序的常用工具有 Eclipse 和 Android Studio 两种。Eclipse 是一种可扩展的开放源代码的 IDE（Integrated Development Environment，即集成开发环境 ），是 IBM 公司于 2001 年 11 月捐出的价值 4000 万美元的源代码组建的联盟，并且由该联盟负责这种工具的后续开发。Android Studio 是 Google 推出的自家全新的官方 Android 软件集成开发工具。

虽然 Eclipse 和 Android Studio 两个工具各有特色，但基本功能一样，本书主要介绍利用 Eclipse IDE 进行 Android 程序开发的基本方法。

1.3.1　系统配置要求

支持 Android SDK 的操作系统及其要求如表 1-2 所示。Android 4.2 SDK 全部下载大概需要 7GB 硬盘空间，如果开发过程中经常使用 Android 模拟器的话，应该尽可能配置高性能的 CPU 和较大的内存，以缩短启动 Android 模拟器的时间，提高程序调试开发的效率，不过，在程序的实际开发过程中，利用实际的 Android 手机来进行测试程序会更加快捷、直观且操作方便。

表 1-2　Android SDK 对操作系统的要求

操 作 系 统	要　　求
Windows	Windows XP（32 位）
	Vista（32 位或 64 位）
	Windows 7（32 位或 64 位）
Mac OS	10.5.8 或更新版本（仅支持 x86）
Linux（在 Ubuntu 的 10.04 版测试）	需要 GNU C Library (glibc) 2.7 或更新版本在 Ubuntu 系统上，需要 8.04 版或更新 64 位版本必须支持 32 位应用程序

1.3.2　软件下载与安装

因为开发 Android 程序主要使用 Java 语言，所以，在安装 Eclipse 软件的同时，还需要安装相关的 Java 软件。

1．JDK 的下载与安装

JDK 是 Java 开发工具包（Java Development Kit），是 Sun Microsystems 针对 Java 开发的产品，是整个 Java 的核心，包括 Java 运行环境、Java 工具和 Java 基础的类库。因为 Sun Microsystems 于 2009 年 4 月被 Oracle 公司收购了，所以 JDK 可以在 Oracle 的官网下载，在浏览器的地址栏中输入“http://www.oracle.com/technetwork/java/javase/downloads/index.html”，即可打开如图 1-3 所示的网页。

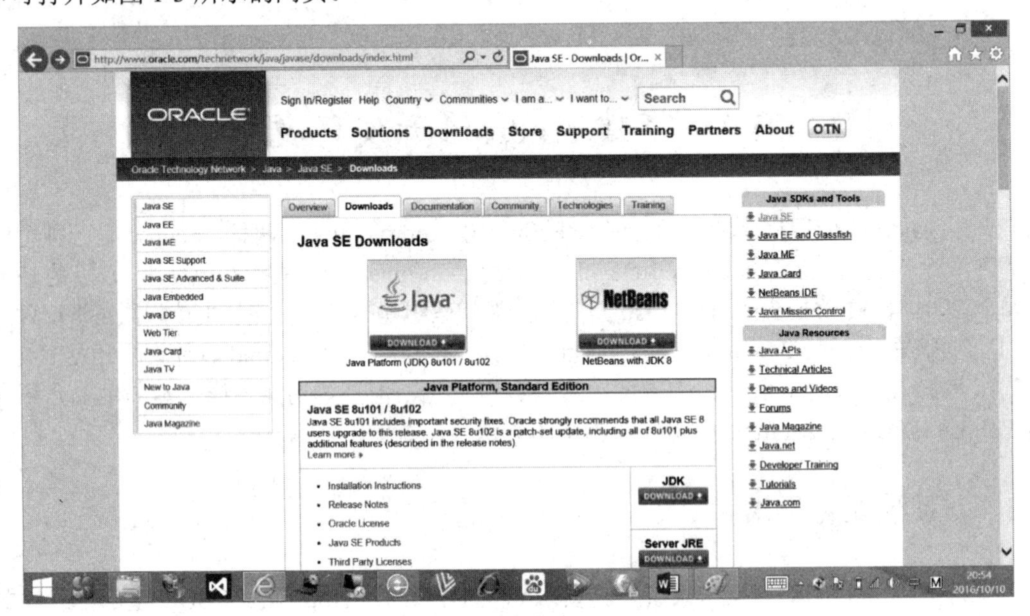

图 1-3　下载 JDK 的官方网页

单击页面右下角的 JDK DOWNLOAD 按钮，跳转到如图 1-4 所示的具体的 JDK 下载页面，选中 Java SE Development Kit 8u101（或者 Java SE Development Kit 8u102，后者是一个补丁集更新）栏中的 Accept License Agreement 单选按钮，然后单击 Download 表格列中所需计算机操作系统的 JDK 安装文件，如笔者的计算机是 64 位操作系统的 Windows 8.1，于是就选择下载 jdk-8u101-windows-x64.exe。

JDK 安装文件下载完成后，运行它就可以在安装向导的指引下开始 JDK 安装，安装期间一般只需要更改 JRE 的安装路径，其他的相关步骤，通常选择默认的安装选项即可。

JDK 安装完成后，还需要配置相应的系统环境变量，具体配置过程如下：

（1）右击“计算机”图标，在弹出的快捷菜单中选择“属性”命令，在弹出的对话框中单击“高级系统设置”超链接，弹出如图 1-5 所示的“系统属性”对话框。

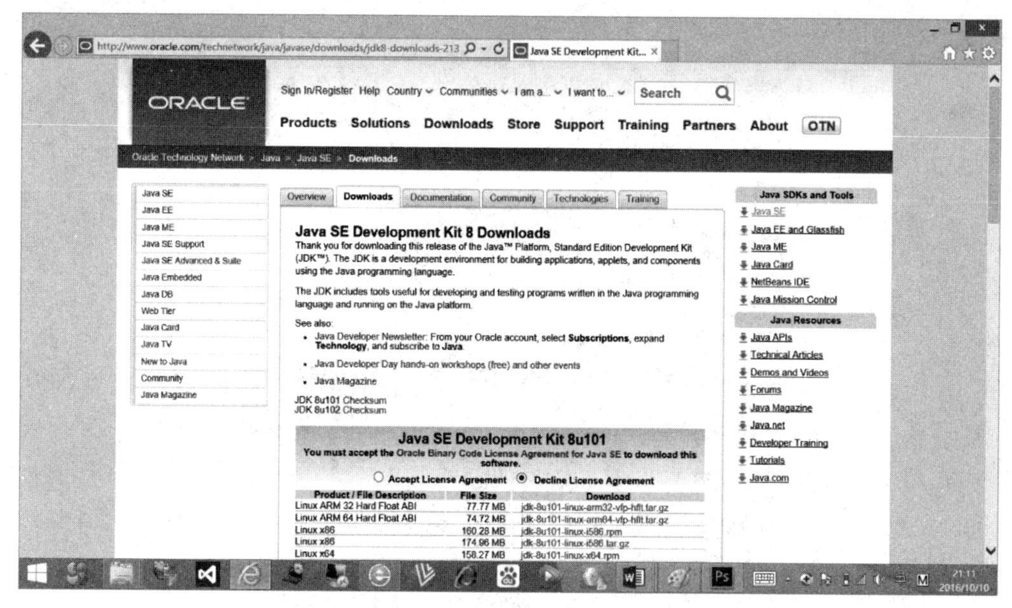

图 1-4　接受许可下载 JDK

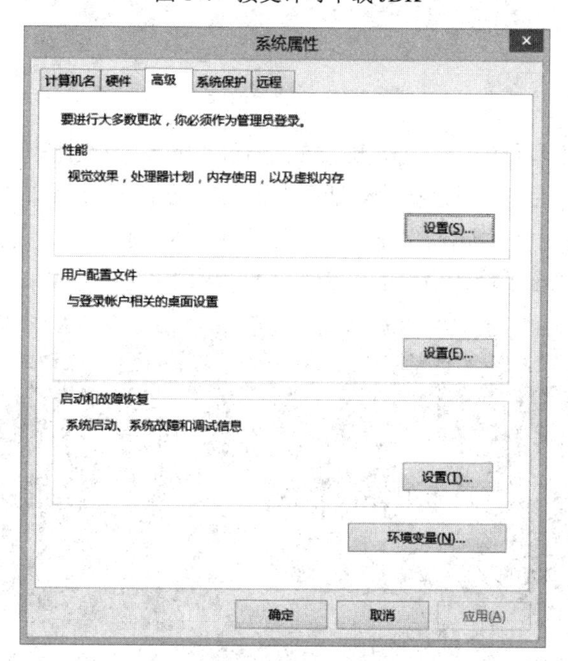

图 1-5　“系统属性”对话框

（2）单击“环境变量”按钮，弹出“环境变量”对话框，再单击其中的“系统变量”中的“新建”按钮，在弹出的“新建系统变量”对话框中分别输入新的变量名“JAVA_HOME”和变量值“C:\Program Files\Java\jdk1.8.0_31”，该变量值是上述的 JDK 安装路径，如图 1-6 所示。单击“确定”按钮完成新建环境变量的添加。

（3）选择“环境变量”对话框中上方栏中的 Path 变量行，再单击“编辑”按钮，在 Path 原有变量值的最前端添加“.;JAVA_HOME%\bin;”，单击“确定”按钮完成 Path 变量的编辑。

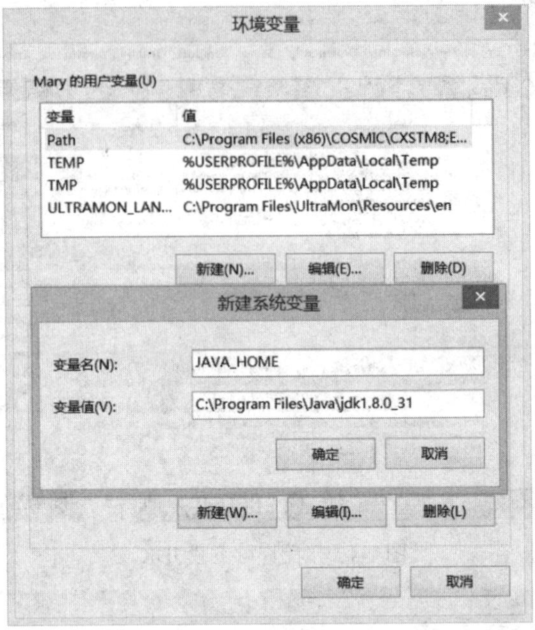

图 1-6　新建系统变量

为了确认以上环境变量配置是否正确，首先通过“开始”→“运行”命令或者 Windows+R 快捷键启动“运行”对话框，然后在该对话框中输入“cmd”命令并单击“确定”按钮启动控制台，最后在控制台中输入“javac”命令并回车（按 Enter 键），如果能够看到如图 1-7 所示的 JDK 编译器信息（包含了修改命令的语法和参数选项等内容），就表明 JDK 环境搭建成功。

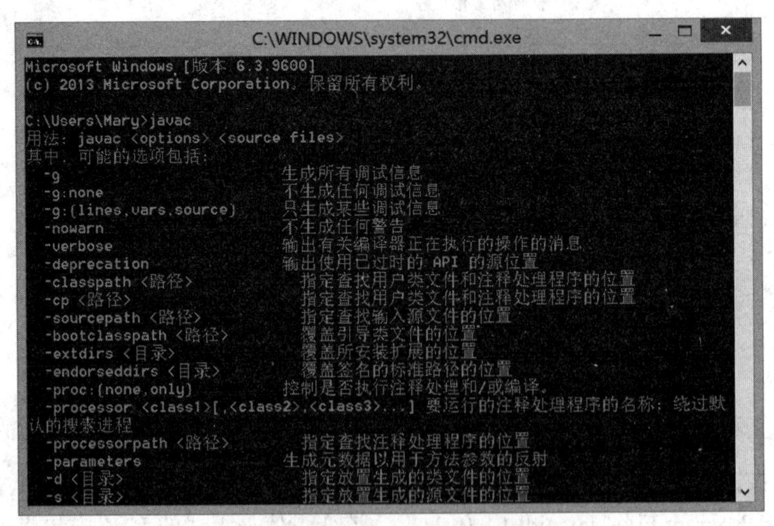

图 1-7　JDK 编译器信息

2．Eclipse 的下载与安装

Eclipse 是一个开放源代码的基于 Java 的可扩展的开发平台。就其本身而言，它只是一个框架和一组服务，通过插件进行开发环境搭建。实际上，Eclipse 已经附带了一个标准的插件集，包括 Java 开发工具（JDT）。

在浏览器的地址栏中输入网址“http://www.eclipse.org/”即可打开如图 1-8 所示的 Eclipse 下载主页。

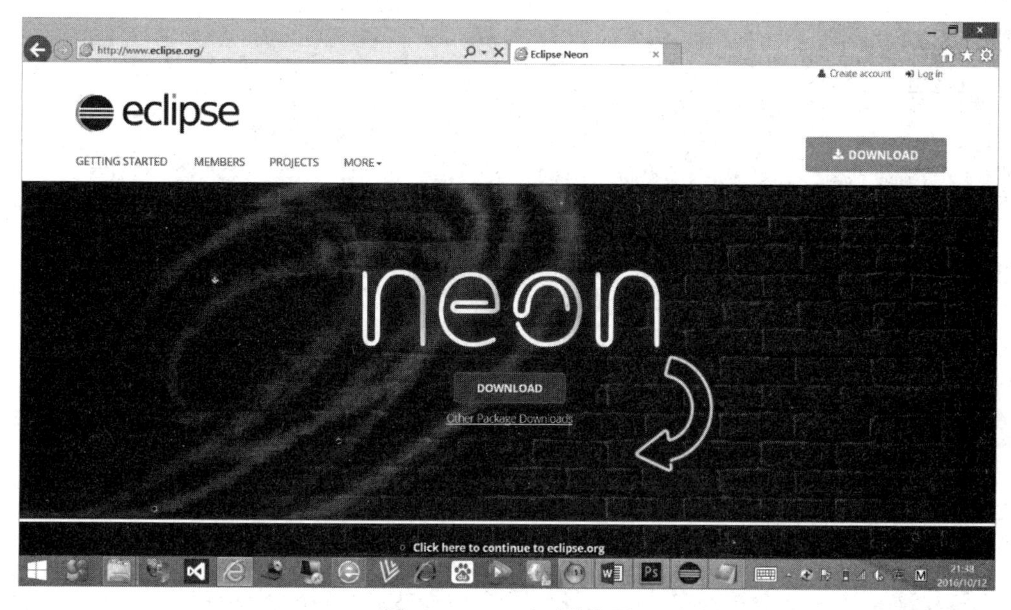

图 1-8　Eclipse 下载主页

单击 Eclipse 下载主页中部的 DOWNLOAD 按钮，将自动转到适合当前计算机系统的 Eclipse 下载网页，对于笔者的 64 位 Windows 8.1 系统，跳转的页面已经自动选择了适合的 Eclipse 文件 eclipse-inst-win64.exe 等待下载，如图 1-9 所示。

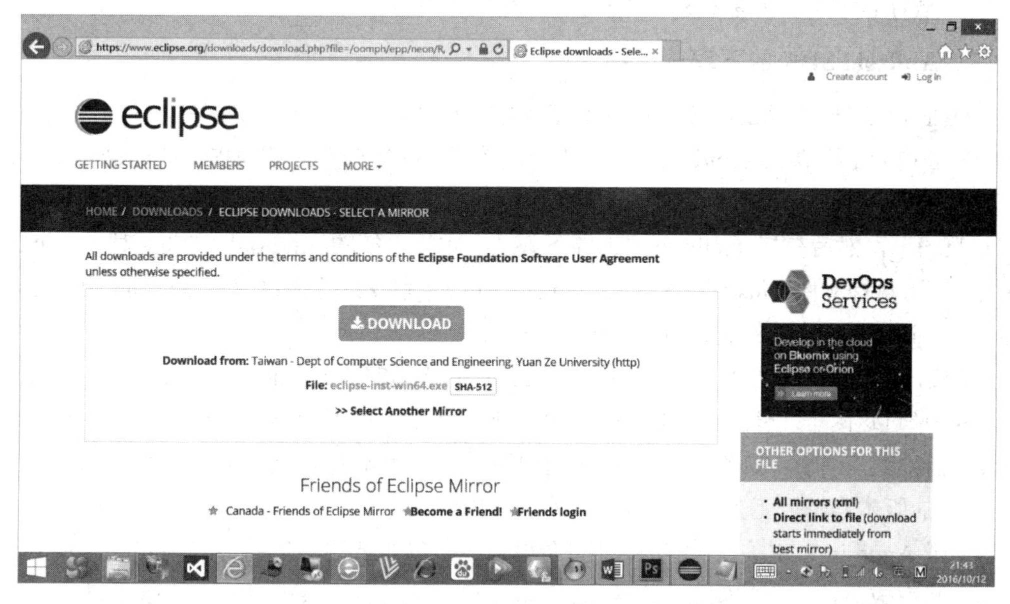

图 1-9　Eclipse 下载网页

继续单击 Eclipse 下载网页中的 DOWNLOAD 按钮，就将开始下载 Eclipse 了。

下载完成后，即可安装 Eclipse。安装时默认的工作目录是系统的用户目录，也可以选择其他位置作为 Eclipse 的工作目录。成功安装启动的 Eclipse 集成开发环境如图 1-10 所示。

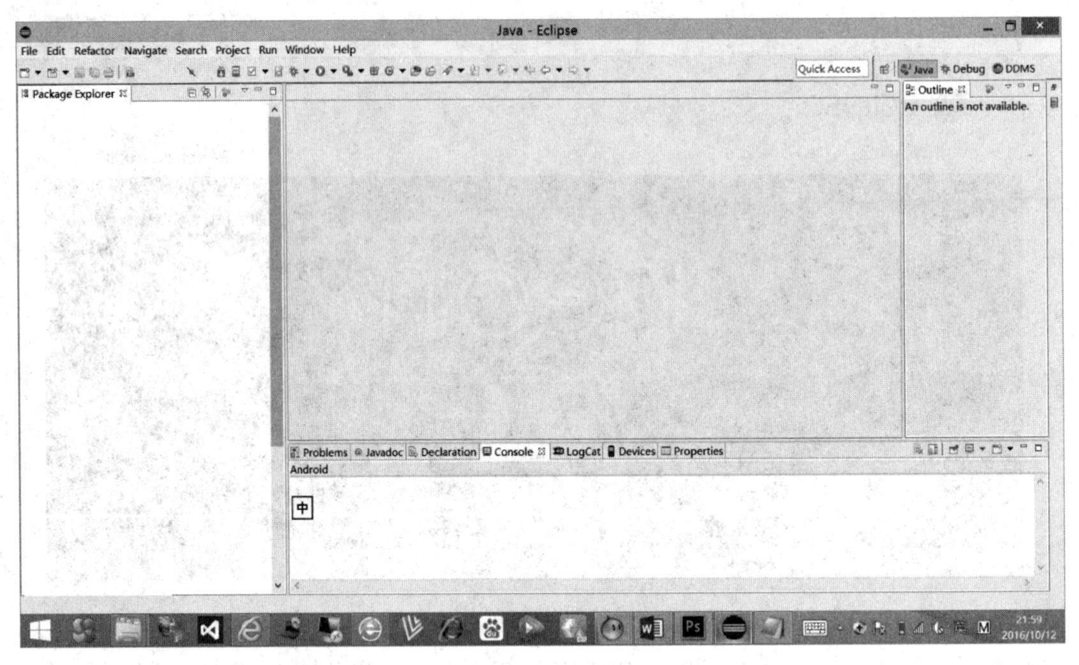

图 1-10　Eclipse 集成开发环境

至此，Eclipse 和 JDK 已经安装完成，但在创建 Android 工程之前，还需要安装 Android SDK 和 ADT 的插件，并需要对 Eclipse 进行相应的设置。

3．Android SDK 的下载与安装

Android SDK 是 Android 软件开发工具包（Android Software Development Kit），是 Google 公司为了提高 Android 应用程序的开发效率、缩短开发周期而提供的辅助开发工具、开发文档以及程序示例的集合。在浏览器的地址栏中输入“www.developer.android.com/sdk/index.html”，然后在打开的网页中选择下载适合本机系统的 Android SDK。对于 Windows 系统，有可执行文件（installer_r24.3.4-windows.exe）和 ZIP 压缩文件（android-sdk_r24.3.4-windows.zip）两种格式的文件可供下载。

其实，installer_r24.3.4-windows.exe 和 android-sdk_r24.3.4-windows.zip 还仅是 SDK 的安装工具，通过这两个文件之一，都可以启动 SDK 管理器，该管理器会自动获取可下载的 SDK 列表和辅助工具列表，如图 1-11 所示，选中下载相应版本的 Android，一般要下载 Android 4.0 以上的版本和辅助工具（Extras）中的全部内容。

由于 Android SDK 的下载安装时间会很长，所以需要耐心等待。当所选择的内容全部下载安装完成后，相应的安装包的状态（Status）将从 Not installed 变为 Installed。

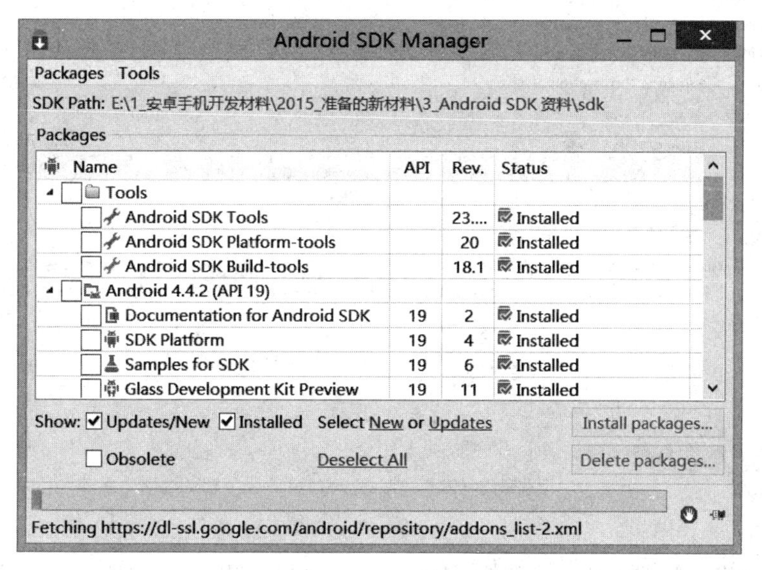

图 1-11　SDK 管理器

4．安装 ADT 插件

ADT 是 Android 开发工具（Android Development Tools）。它是 Google 公司为 Eclipse 的 Android 开发提供的开发插件，通过 ADT 可以进行集成开发，使得 Android 应用程序的创建、运行和调试更加方便。

ADT 的安装方法如下：

（1）启动 Eclipse，选择 Help→Install New Software 命令，并在打开的 Available Software 窗体中单击 Add 按钮，如图 1-12 所示。

（2）弹出 Add Repository 对话框，首先，在 Name 文本框中输入一个名称，如 ADT；然后，如果在线安装，就在 Location 文本框中输入网址“http://dl-ssl.google.com/android/eclipse/”；如果已经下载了 ADT 的离线安装包，就直接单击 Archive 按钮，选择 ADT 离线安装包的存放路径，最后单击 OK 按钮。

（3）对于在线安装，Eclipse 会自动连接到相应的站点，并将连接结果显示在列表中，在列表中会看到一个名为 Development Tools 的选项，它包含 Android DDMS 和 Android Development Tools 两个子节点。选择节点 Development Tools，并确认同时选中了两个子节点，然后单击 Next 按钮，即开始根据安装向导进行更新安装。

（4）在安装过程中会弹出“插件中包含未注册内容”的安全警告，单击 OK 按钮就可以继续安装。安装结束时会弹出一个对话框提示是否重新启动 Eclipse，单击 Yes 按钮重新启动 Eclipse。

（5）重新启动 Eclipse 之后，就可以设置 Android SDK 安装目录了。选择 Windows→Preferences 命令，单击弹出的 Preferences 对话框左边列表中的 Android，打开 Android 属性面板，在 SDK Location 文本框中输入 Android SDK 的安装目录，如图 1-13 所示，单击 OK 按钮，完成 ADT 插件的安装。

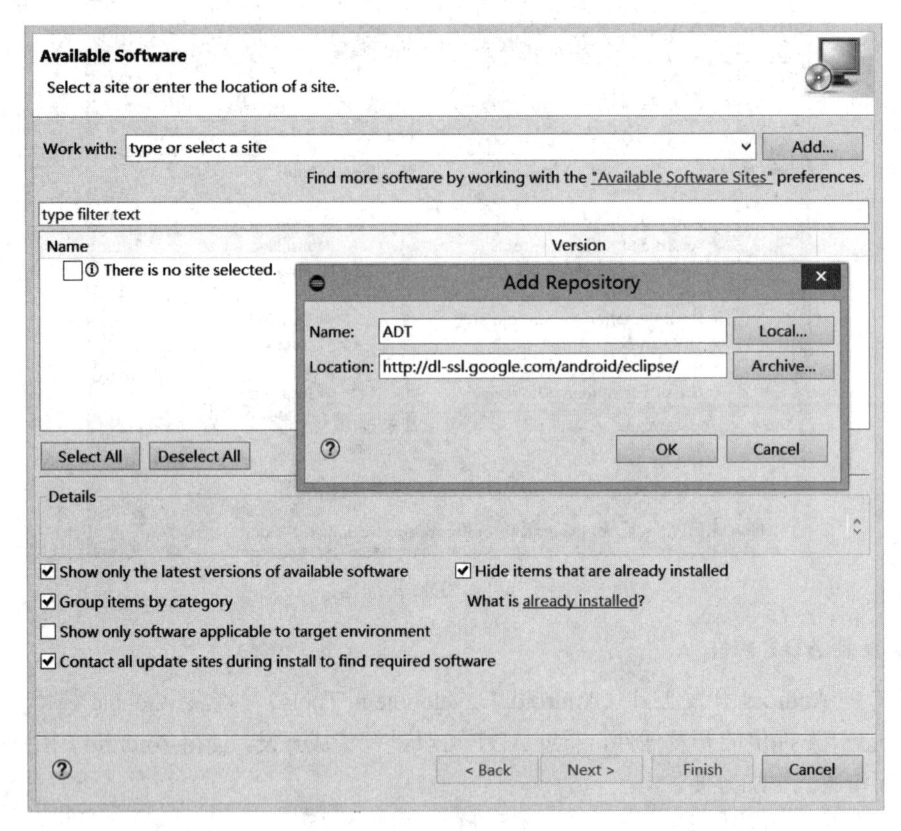

图 1-12　在线下载安装 ADT

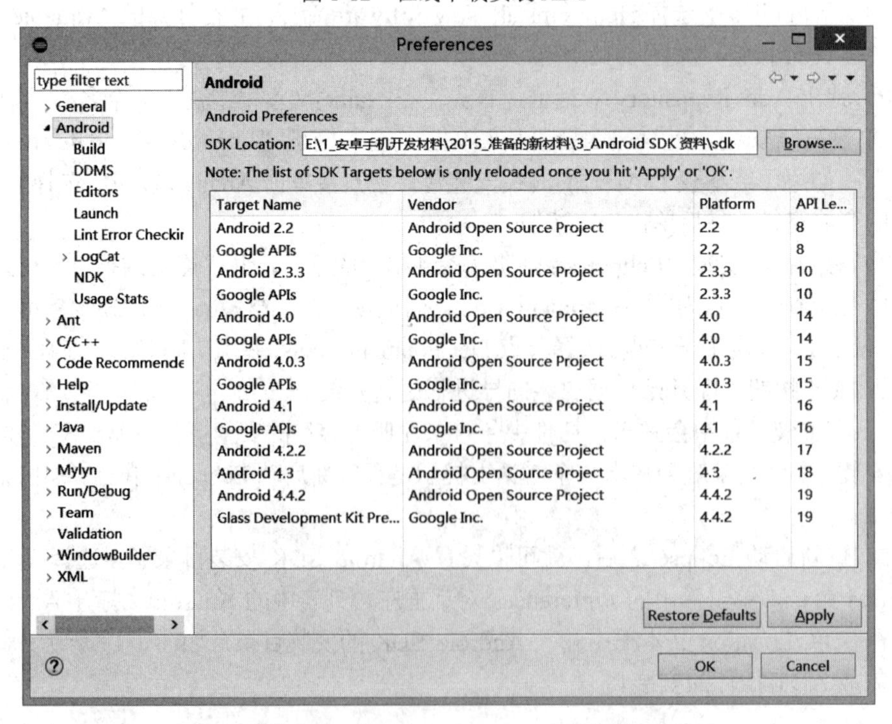

图 1-13　设置 Android SDK 安装目录

至此，Android 应用程序的集成开发环境就搭建完成。

习　　题

1．简要介绍几种手机操作系统的类型及其特点。
2．简要介绍 Android 的历史。
3．Android 正式命名的版本是多少？是借助哪种食品来命名的？
4．为什么要安装 JDK？
5．简要介绍 Eclipse 的功能。
6．简要介绍 ADT 的功能，可以采用哪两种方法来下载安装 ADT？
7．apk 实际上是哪一种文件压缩格式？
8．Android 应用软件一般是通过什么方式来获利的？

第 2 章　Android 模拟器

学习要点

- ❑ 了解 Android 模拟器的基本功能。
- ❑ 了解 Android 模拟器的功能限制。
- ❑ 掌握 Android 模拟器的管理方法。
- ❑ 掌握 Android 模拟器的基本用法。

2.1　Android 模拟器简介

Android SDK 自带了一个移动模拟器，它是一个可以运行在计算机中的 Android 虚拟设备（Android Virtual Device，AVD）。AVD 使得开发人员无须使用实际的物理设备，就可以预览和测试自己的 Android 应用程序。

2.1.1　Android 虚拟设备与模拟器

Android 模拟器不仅能够模拟接听和拨打电话这些移动设备上的典型功能和行为，它还提供了多个导航和控制键，运行过程中，可以通过鼠标或键盘单击这些按键来为应用程序产生相应的事件。同时，其自身的桌面也可以显示 Android 自带的应用程序和开发者安装的应用程序。

为了便于模拟和测试应用程序，Android 模拟器还允许开发者安装的应用程序通过 Android 服务平台调用其他程序、访问网络、播放音频和视频、保存和传输数据、通知用户、渲染图像过渡和场景等。

另外，Android 模拟器同样具有强大的调试能力，能够记录内核输出的控制台、模拟程序中断（如接收短信或打入电话）以及模拟数据通道中的延时效果和遗失等。

一个 AVD 主要由以下几部分组成。

- ❑ 硬件配置：定义虚拟设备的硬件特性。例如，开发人员可以定义该设备是否包含摄像头、是否使用物理 QWERTY 键盘和拨号键盘、内存大小等。
- ❑ 映射的系统镜像：开发人员可以定义虚拟设备运行的 Android 平台版本。
- ❑ 其他选项：开发人员可以指定需要使用的模拟器的皮肤，这将控制屏幕尺寸、外观等。此外，还可以指定 Android 虚拟设备使用的 SD 卡。
- ❑ 开发人员的计算机上的专用存储区域：用于存储当前设备的用户数据（安装的应用程序、设置等）和模拟 SD 卡。

【说明】QWERTY 键盘，也称全键盘，即第一行开头 6 个字母是 Q、W、E、R、T、Y 的键盘布局，也就是现在普遍使用的电脑键盘布局，目前的很多智能手机、PDA 等便携设备也都采取了这种键盘。

由于一个 Android 应用程序通常可以在多种类型的硬件设备上运行，所以开发人员也可以根据仿真的需要，在同一台计算机系统中创建多个不同类型、不同版本的 AVD，并且可以同时启动多个 AVD。

【提示】为 AVD 选择系统镜像目标时，需要注意几个要点：（1）目标的 API 等级非常重要，在应用程序的配置文件（AndroidManifest 文件）中，使用 minSdkVersion 属性标明了需要使用的 API 等级，如果系统镜像等级低于该值，将不能运行这个应用；（2）建议开发人员创建一个 API 等级大于应用程序所需等级的 AVD，这主要用于测试程序的向后兼容性；（3）如果应用程序配置文件中说明需要使用额外的类库，则其只能在包含该类库的系统镜像中运行。

2.1.2 Android 模拟器的功能限制

必定 AVD 还仅是一个虚拟的 Android 应用程序运行设备，所以它无法完全仿真实际物理设备的全部功能，尚有以下几方面的功能限制：

- 不支持呼叫和接听实际来电，但可以通过控制台模拟电话呼叫（呼入或呼出）。
- 不支持 USB 连接。
- 不支持相机/视频采集（捕捉）。
- 不支持音频输入（捕捉），但支持输出（重放）。
- 不支持扩展耳机。
- 不能确定连接状态 。
- 不能确定电池电量水平和充电状态。
- 不能确定 SD 卡的插入/弹出。
- 不支持蓝牙。

2.1.3 Android 模拟器的按键操作

当 AVD 运行时，用户可以像使用真实移动设备一样使用这个虚拟设备，但与真实设备的操作有所不同的是，需要借助鼠标单击或者计算机键盘按键的按下，来模拟对 AVD 屏幕的触摸或者按键操作。

AVD 操作与计算机键盘按键的对应关系如表 2-1 所示。

表 2-1　AVD 操作与计算机键盘按键的对应关系

AVD 操作	计算机键盘按键
Home	Home 键
Menu	F2 或者 Page Up 键

续表

AVD 操作	计算机键盘按键
Back	Esc 键
Call	F3 键
Hangup	F4 键
Search	F5 键
Power	F7 键
音量升高	KEYPAD_PLUS 或者 Ctrl+F5
音量降低	KEYPAD_MINUS 或者 Ctrl+F6
切换到先前的布局方向（横向或者纵向）	KEYPAD_7
切换到下一个布局方向（横向或者纵向）	KEYPAD_9
开启/关闭电话网络	F8 键
切换为全屏模式	Alt+Enter 快捷键
切换为轨迹球模式	F6 键
临时进入轨迹球模式（当键按下时）	Delete 键
透明度增加/减小	KEYPAD_MULTIPLY（*）/KEYPAD_DIVIDE（/）

2.2　Android 模拟器的管理与应用

为了能在 Eclipse 集成开发环境中模拟运行测试所开发的 Android 应用程序，需要先创建相应配置的 Android 模拟器。

2.2.1　创建 Android 模拟器

（1）打开 Android Virtual Device（AVD）Manager（AVD 管理器），可以通过以下两种方式，方式 1：单击工具栏中的按钮；方式 2：选择 Windows→Android Virtual Device Manager 命令，如图 2-1 所示。

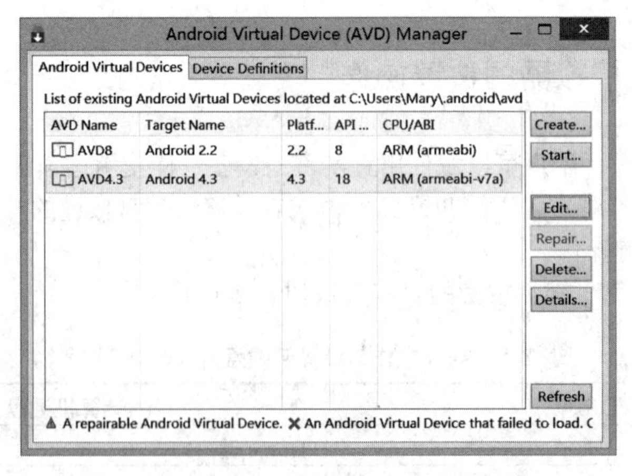

图 2-1　Android Virtual Device Manager 窗口

（2）单击 Create 按钮，弹出一个创建 AVD 的对话框，如图 2-2 所示，填写相应的内容：AVD Name（虚拟器的名称），此项必填，不能与之前新建的 AVD 重名；然后选择 Device；选择适合的屏幕大小、分辨率；选择 Target（Android 版本）。若 Device、Target 为空或无所需的可选项，则可以选择 Windows→Android SDK Manager 命令，打开 Android SDK Manager 窗口，如图 2-3 所示，选中其中需要安装的项目，最后单击 Install [n] packages 按钮，开始安装或更新完成 Packages（Android 系统版本包），完成后，即可继续新建虚拟器。

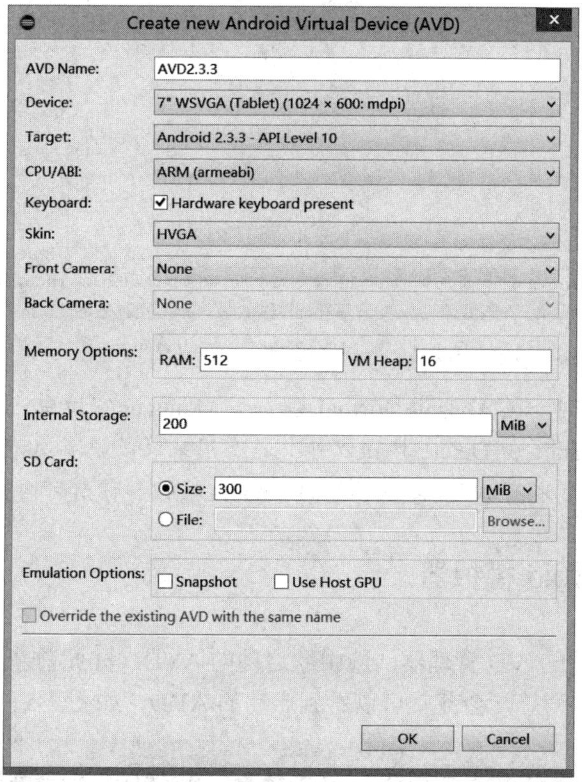

图 2-2　新建 Android Virtual Device 窗口

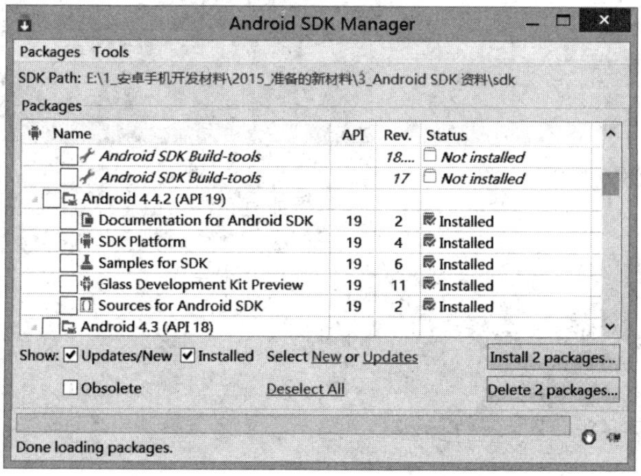

图 2-3　Android SDK Manager 窗口

（3）单击 OK 按钮，即可创建一个对应相应配置的 AVD，如图 2-4 所示，其中的模拟器 AVD2.3.3 就是通过以上步骤新创建的。

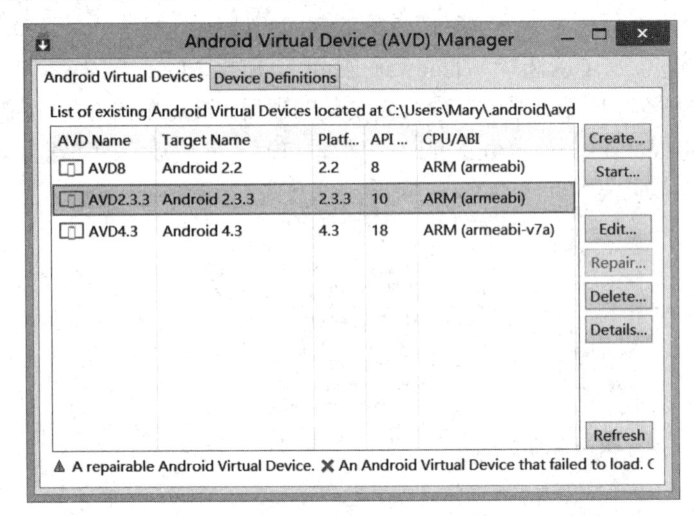

图 2-4　新创建的模拟器 AVD2.3.3

【提示】显然可以看到，在 Android Virtual Device Manager 窗口中，除了以上已经使用过的 Create、Start 和 Delete 按钮以外，还有用来修改现有 AVD 参数的 Edit 按钮，以及用来查看现有 AVD 详细参数的 Details 按钮，读者可自行试用。

2.2.2　启动 Android 模拟器

按照上述方法打开 AVD 管理器，选中欲启动的 AVD（如此前新创建的 AVD2.3.3），然后单击 Start 按钮，稍等一会儿就可以看到启动的 AVD，如图 2-5 所示。

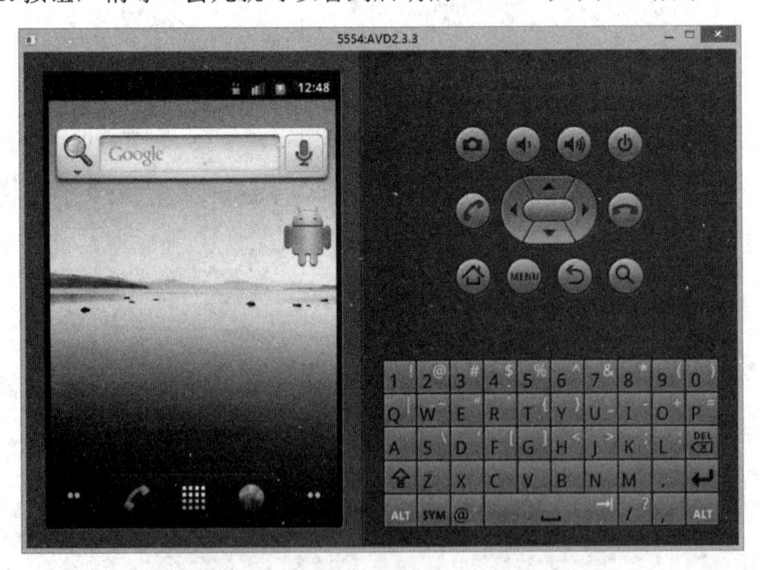

图 2-5　已经启动的 AVD

还可以继续选中另外一个 AVD，如笔者事先已经创建的 AVD4.3，然后单击 Start 按钮，就可以启动另一个 Android 模拟器 AVD4.3，图 2-6 所示就是同时启动了两个 AVD（AVD4.3 叠加显示在 AVD2.3.3 之上）。

图 2-6　同时启动了两个 AVD（版本不同）

启动了 AVD 并解锁屏幕后，就可以参照表 2-1 来操作该 Android 模拟器，如模拟拨打或者接听电话，设置日期时间，或者打开网页等。

2.2.3　删除 Android 模拟器

对于不再需要的 AVD，可以将其删除。同样按照上述方法打开 AVD 管理器，选中欲删除的 AVD（如此前新创建的 AVD2.3.3），然后单击 Delete 按钮，就可以直接删除该 AVD。删除了模拟器 AVD2.3.3 后的 AVD 管理器如图 2-1 所示。

习　　题

1．AVD 能够完全模拟真实手机的全部功能吗？有哪些功能限制？
2．可以通过哪两种方式打开 AVD 管理器？
3．不同版本的 Android 模拟器的启动速度是否有差异？请实际运行对比。
4．从何处可以知道当前 AVD 的虚拟手机号码？并借此在 AVD 之间拨打电话。
5．能在同一个 Eclipse 环境中启动多个 AVD 吗？如何操作？

第 3 章　Android 程序设计导航

学习要点

- ❑ 掌握利用 Eclipse 创建 Android 应用程序的方法。
- ❑ 理解 Android 应用程序的文件结构。
- ❑ 了解 Android 应用程序的 XML 布局文件和 Java 程序。
- ❑ 掌握利用 AVD 和手机运行 Android 应用程序的方法。
- ❑ 了解利用 Eclipse 调试 Android 应用程序的基本方法。
- ❑ 掌握一款管理手机应用的计算机软件。

3.1　Android 应用程序的创建及其结构解析

本章将通过一个 Android 应用程序的开发，详细介绍利用 Eclipse 创建 Android 应用程序的方法，解析该项目的文件结构，并对布局文件和 Java 程序做一简要介绍，以便为后续相关技术的学习奠定基础。在介绍利用 AVD 和手机运行 Android 应用程序的同时，为了便于教师的课堂教学演示，还介绍了一款管理手机应用的计算机软件，即 360 手机助手。

3.1.1　新建 Android 应用程序

※ **示例 Ex3_1**：新建一个只包含一个文本框和基本功能 Java 类的 Android 应用程序。

具体步骤如下：

（1）启动 Eclipse，从 Workspace 下拉列表中或者通过 Browse 按钮选择一个工作空间（如笔者选择 D:\My Android examples），如图 3-1 所示。

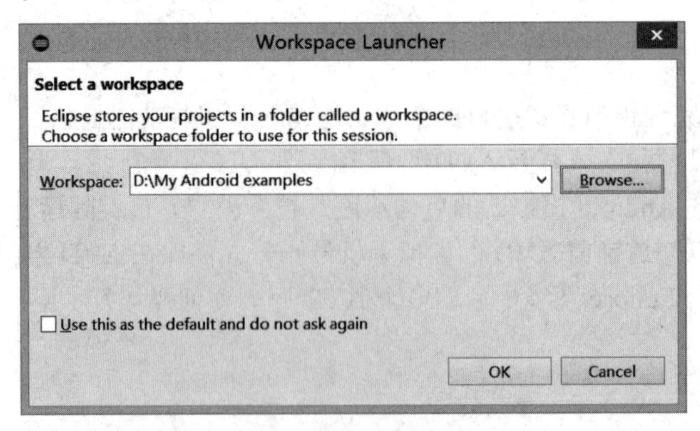

图 3-1　启动 Eclipse 并选择工作空间

（2）在 Android 项目向导的引领下，打开 Eclipse 的工作台界面，其中，打开新建 Android 应用程序窗口有两种方式。方式一：选择 File→New→Project 命令，首先打开新建项目向导，如图 3-2 所示，可以看到，默认情况下，Android 节点下的 Android Application Project 已经被选中，否则就点选这个节点，然后继续单击 Next 按钮，打开新建 Android 应用程序窗口，如图 3-3 所示；方式二：选择 File→New→Android Application Project 命令，直接打开 Android 应用程序窗口。显然第二种方式更快捷一些。

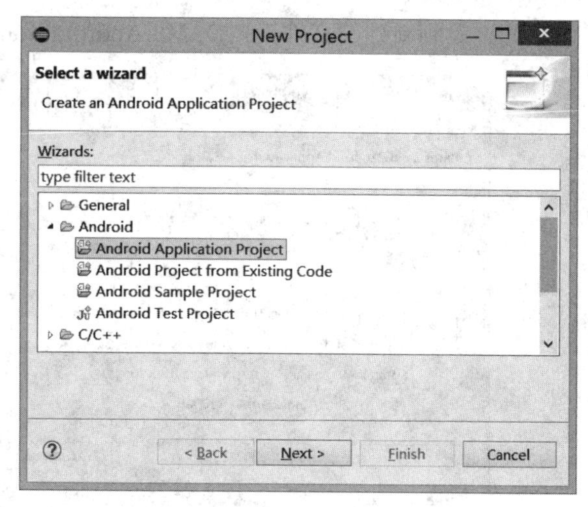

图 3-2　新建项目向导

接下来，单击 Next 按钮，进入创建一个新的 Android 应用的界面，依次输入和选择所建项目的相应名称和各项参数。

（3）输入 Android 应用程序名称 Application Name，如图 3-3（a）所示，这个名称就是该程序实际运行时，在 Android 设备上显示的名称，如图 3-3（b）所示的手机桌面右下角的“示例 3_1”应用程序。

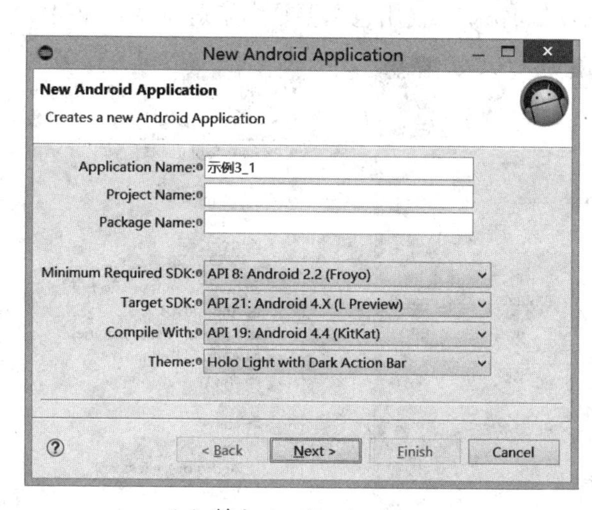

（a）输入 Application Name

（b）Application Name 设备显示

图 3-3　输入 Application Name 及其在设备上的显示

【说明】在 Android 应用程序名称 Application Name 的文本框中既可以输入中文名称，也可以输入字母组合的名称，但其首字母建议大写，否则 Eclipse 会以黄色惊叹号警示并提示修改。

（4）输入 Project Name，如图 3-4（a）所示，在 Eclipse 中显示的项目名称如图 3-4（b）所示。而且，这个名称也是在计算机中保存该项目的文件夹名称，可以在 Eclipse 当前的工作空间中看到新建的文件夹：D:\My Android examples\Ex3_1。

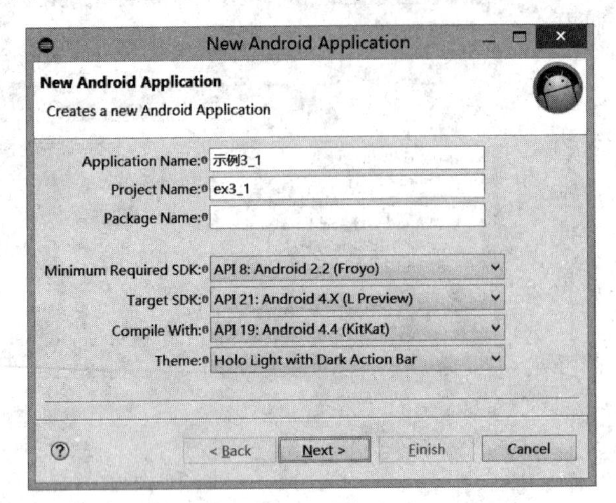

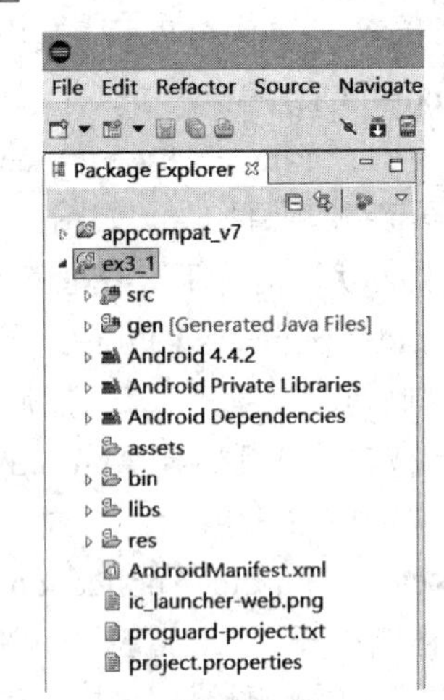

（a）输入 Project Name　　（b）Project Name 在 Eclipse 中的显示

图 3-4　输入 Project Name 及其在 Eclipse 中的显示

（5）输入 Package Name，如图 3-5（a）所示，在 Eclipse 中显示的项目的包名称如图 3-5（b）所示，该名称需遵循 Java 包的命名规则，通常要由两个或多个标识符组成，中间用点隔开，即 xxx.xxxx。一般结构为：indi|team|com.人名|团队名|公司名.项目名.[包名]，Eclipse 的默认命名是“com.example.项目名称”。使用包主要是为了避免命名冲突。

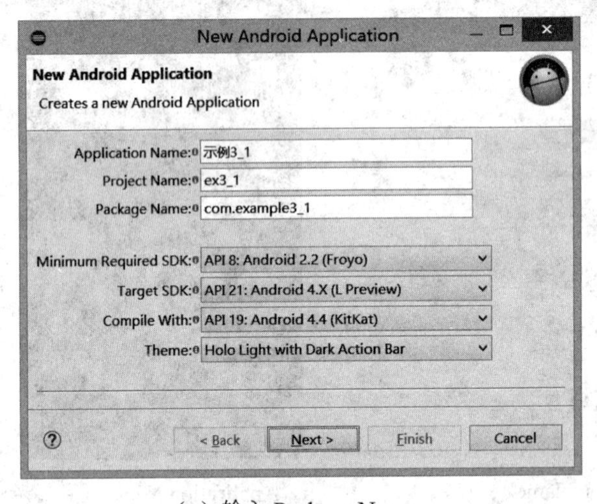

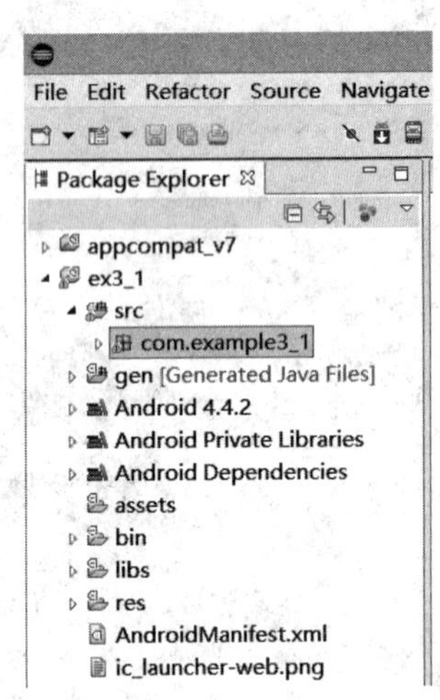

（a）输入 Package Name　　（b）Package Name 在 Eclipse 中的显示

图 3-5　输入 Package Name 及其在 Eclipse 中的显示

（6）Minimum Required SDK（又称为 miniSdk）下拉列表用来设置所开发的 Android 程序可以运行的最低 API 等级，为了使该 Android 程序能够向下兼容，一般选择较低版本，如 API 8（Eclipse 的默认选项）或者 API 10，如图 3-5（a）所示。

（7）Target SDK 下拉列表用来设置所开发的 Android 程序的 Android 版本，一般选择较高版本，如 API 21（Eclipse 的默认选项），如图 3-5（a）所示。

（8）Compile With 下拉列表用来设置编译 Android 程序时使用的 Android 版本，一般也选择较高版本，如 API 19（Eclipse 的默认选项），如图 3-5（a）所示。

（9）Theme 下拉列表设置 Android 程序的用户界面风格，如图 3-5（a）所示。

（10）继续单击 Next 按钮，进入图 3-6 所示项目保存位置的页面，通常选择默认设置。

图 3-6　新建项目的保存位置

（11）继续单击 Next 按钮，进入图 3-7 所示的项目图标设置页面，其中的图标用图，既可以选用 Android 的机器人，也可以通过单击 Browse 按钮，选择其他图片。

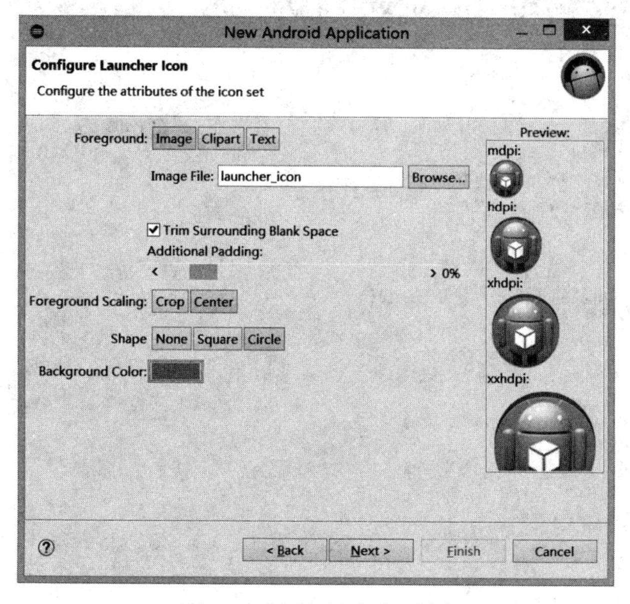

图 3-7　新建项目图标设置

（12）继续单击 Next 按钮，进入图 3-8 所示新建项目的 Create Activity 页面，通常选择 Empty Activity 选项。

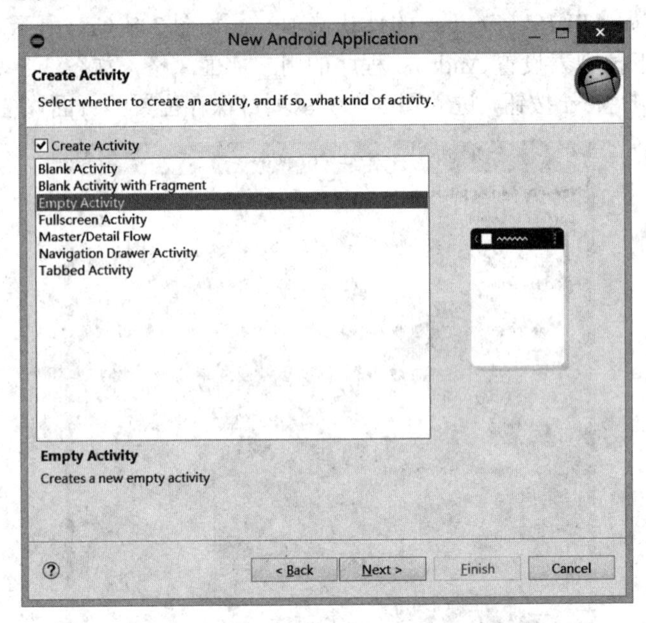

图 3-8　新建项目的 Create Activity 页面

（13）继续单击 Next 按钮，进入图 3-9 所示新建项目的 Empty Activity 页面，分别在两个文本框中输入基本程序单元 Activity 的名称（Activity Name）和对应该 Activity 的布局文件名称（Layout Name），默认状态下，Eclipse 已经为这两项添加了名称，如 MainActivity 和 activity_main。

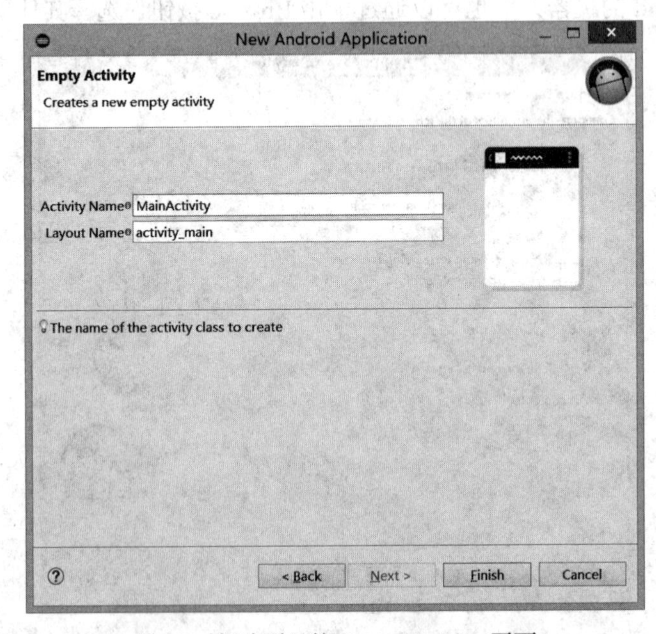

图 3-9　新建项目的 Empty Activity 页面

【说明】关于 Activity 的具体功能和用法，将在后续章节中详细介绍。

（14）单击 Finish 按钮，稍等片刻即可完成一个 Android 应用程序的创建，此时，在 Eclipse 的 Package Explorer 区域内，就可以看到新建的名称为 ex3_1 的 Android 应用程序及其包含的目录结构，并且已经打开了由 Eclipse 自动创建的 MainActivity.java 程序文件和 activity_main.xml 布局文件，如图 3-10 所示。

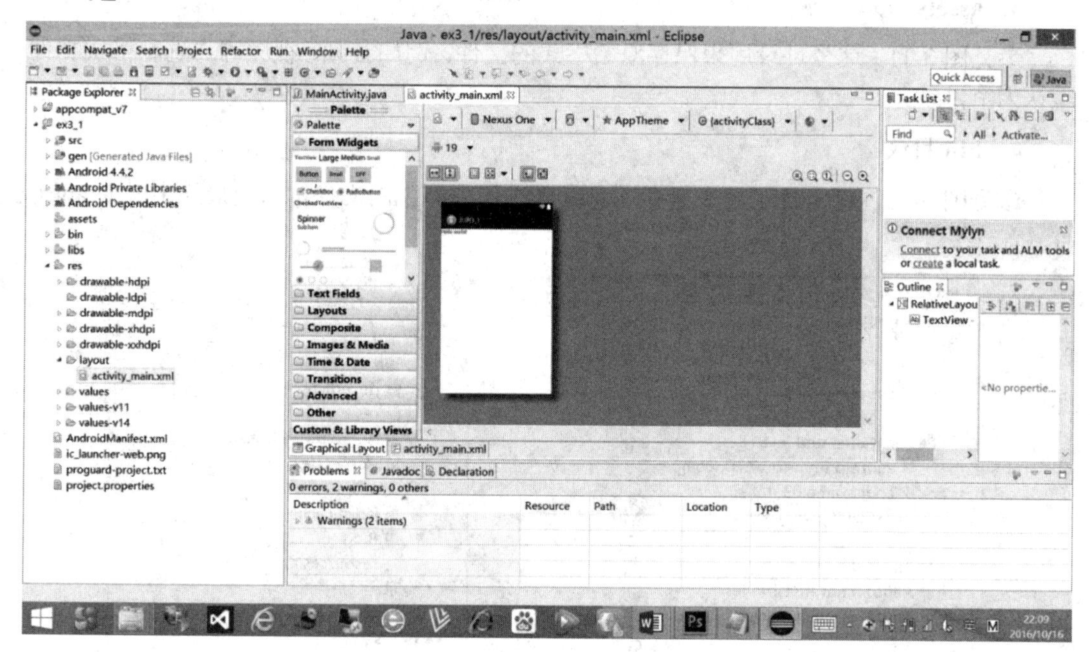

图 3-10　新建的 Android 应用程序

【提示】新建 Android 应用程序时，建议将其工作空间选在 Eclipse 启动时所选择的位置，虽然通过 New Project 创建 Android Application 时也可以另外选择工作空间，但所建项目可能出现部分的资源使用错误，需要自己修改排除。

3.1.2　Android 应用程序的目录结构及文件

通过 Eclipse 创建了一个 Android 应用程序后，就可以在 Eclipse 的包浏览器（Package Explorer）中看到该项目的目录及其相应的文件，如图 3-4（b）所示。其根目录就是所建项目的名称（如以上创建的示例 Ex3_1），根目录中包含的主要内容有：5 个子目录，即 src、gen、assets、bin 和 res；一个库文件，即 Android.java；两个工程文件，即 AndroidMainifest.xml 和 project.properties。

结合示例 Ex3_1，对以上各目录及其所包含文件的基本功能简介如下。

1．src 目录

参见图 3-11，这是源代码目录，其中至少包含一个包目录（如 com.example3_1），所有允许用户修改的 Java 文件和用户自己添加的 Java 文件（如 MainActivity.java）都保存在相应的包目录中。

2．gen 目录

参见图 3-11，这个目录用来保存 Eclipse 自动生成的 Java 文件，例如 R.java 或者 AIDL 文件。不建议用户修改此目录中的文件。

3．assets 目录

参见图 3-11，这个目录用来保存原始格式的文件，例如音频、视频等二进制格式文件，默认为空目录。

4．bin 目录

参见图 3-12，这个目录用来保存项目编译过程中产生的文件，以及最终生成的 apk 文件（如 ex3_1.apk）。

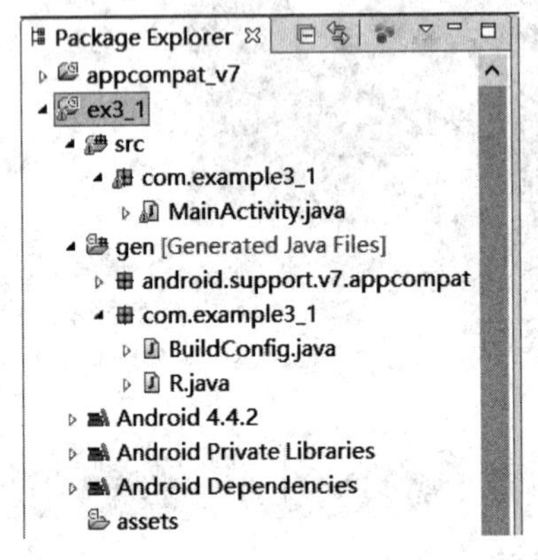

图 3-11　src、gen 及 assets 目录

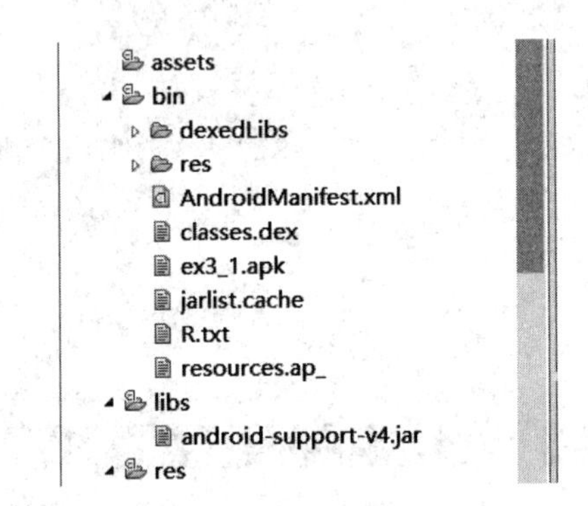

图 3-12　bin 目录

5．res 目录

参见图 3-13，这个目录是资源目录，Android 应用程序的所有图像、颜色、风格、主题、用户界面布局以及字符串等资源都分别保存在 res 目录的各子目录下。其中，drawable-xxx 文件夹分别保存针对不同屏幕尺寸需要的不同大小的图（如 ic_launcher.png）；layout 文件夹中保存布局文件（如 activity_main.xml）；values 文件夹中保存字符串资源文件（如 strings.xml）和风格资源文件（如 styles.xml）。

6．AndroidMainifest.xml 文件

参见图 3-13，AndroidMainifest.xml 是 XML 格式的 Android 程序声明文件，包含了 Android 系统运行应用程序之前所需要掌握的各项信息，这些信息包括应用程序名称、图标、包名称、模块组成、授权以及 SDK 最低版本等。AndroidMainifest.xml 文件的相关应用，在后续的章节中还将详细介绍。

7．project.properties 文件

参见图 3-13，project.properties 文件记录了 Android 项目的相关设置，例如编译的目标和 apk 设置等。该文件不能手工修改，如果确实需要修改其中的设置，可以通过鼠标右键单击项目名称，选择 Properties 来进行修改。

AndroidMainifest.xml 和 project.properties 两个文件均可在 Eclipse 中通过鼠标双击打开。

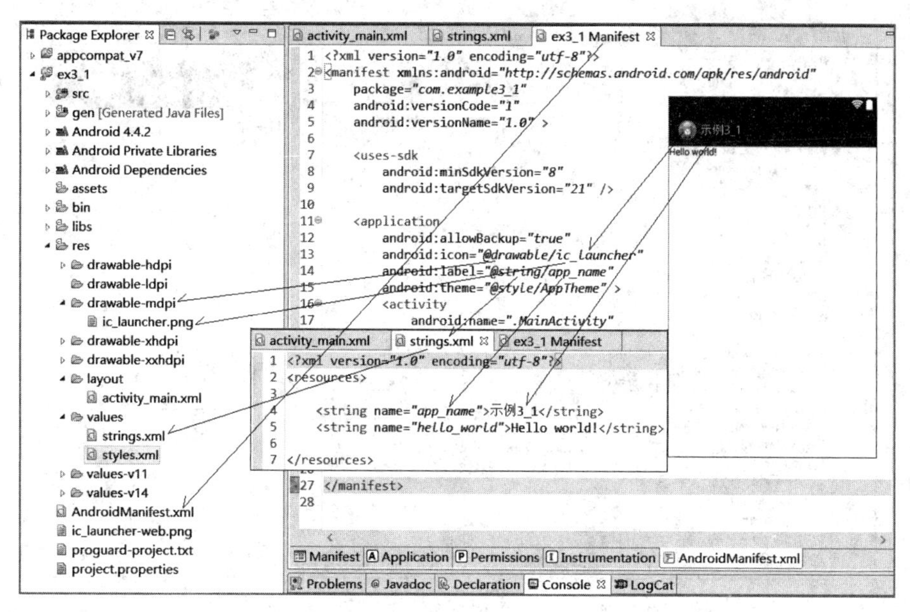

图 3-13　res 目录、AndroidMainifest.xml 文件和 project.properties 文件

3.1.3　初识 XML 布局文件

当我们完成了一个 Android 应用程序创建时，Eclipse 将自动打开 MainActivity.java 和 activity_main.xml 两个文件，其中，activity_main.xml 是当前应用程序的一个布局文件，以图形化界面（Graphical Layout）显示。单击布局下方的 activity_main.xml 标签，就可以切换到对应的 XML 文件页面，如图 3-14 所示。可以看到，该文件中包含了两个 XML 标记，即<RelativeLayout></RelativeLayout>和<TextView/>，而且第二个标记被包含在第一个标记之中。第一个标记是用来实现用户界面设计的容器，称为布局管理器。第二个标记是一个用来在用户界面上显示文本信息的控件。当然，这里不过是一个示例程序，仅显示了一个文本信息的简单界面，实际的界面中可根据需要丰富内容。

```
MainActivity.java   activity_main.xml
 1 <RelativeLayout xmlns:android="http://schemas.android.com/apk/res/android"
 2     xmlns:tools="http://schemas.android.com/tools"
 3     android:layout_width="match_parent"
 4     android:layout_height="match_parent"
 5     tools:context="${relativePackage}.${activityClass}" >
 6
 7     <TextView
 8         android:layout_width="wrap_content"
 9         android:layout_height="wrap_content"
10         android:text="@string/hello_world" />
11
12 </RelativeLayout>
13
Graphical Layout   activity_main.xml
```

图 3-14　XML 格式的布局文件

XML 布局文件与 Android 应用程序的用户界面的对应关系如图 3-15 所示。

【说明】关于布局管理器以及控件的功能与用法，将在后续章节中详细介绍。

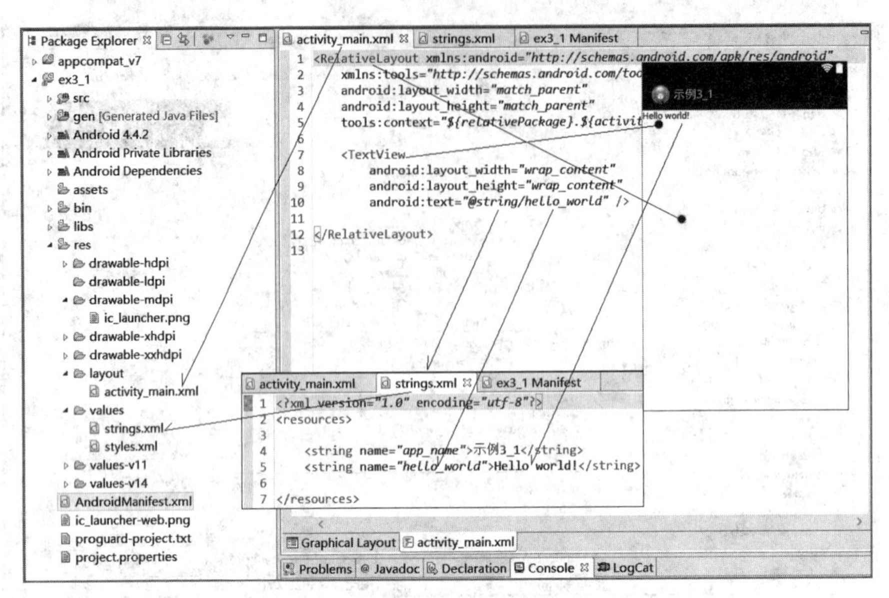


```
1  <RelativeLayout xmlns:android="http://schemas.android.com/apk/res/android"
2      xmlns:tools="http://schemas.android.com/too
3      android:layout_width="match_parent"
4      android:layout_height="match_parent"
5      tools:context="${relativePackage}.${activit
6
7      <TextView
8          android:layout_width="wrap_content"
9          android:layout_height="wrap_content"
10         android:text="@string/hello_world" />
11
12 </RelativeLayout>
13
```

```
1 <?xml version="1.0" encoding="utf-8"?>
2 <resources>
3
4     <string name="app_name">示例3_1</string>
5     <string name="hello_world">Hello world!</string>
6
7 </resources>
```

图 3-15　XML 布局文件与用户界面的对应

3.1.4　初识 Android 应用程序中的 Java 代码

在利用 Eclipse 创建一个 Android 项目时，系统会自动创建一个默认的 Activity，这个 Activity 被包含在一个 Java 代码中，并且提供了与用户交互的可视化界面，如此前创建的 Ex3_1 示例项目中的 MainActivity.java。

通常情况下，需要重写 Activity 中的 onCeate()方法中所包含的 setContentView()方法，以此设置需要显示的用户界面，如图 3-16 所示。这样，当该 Android 应用程序运行时，其 Activity 中的 onCeate()方法就会调用 setContentView()方法，并显示相应的用户界面：activity_main。

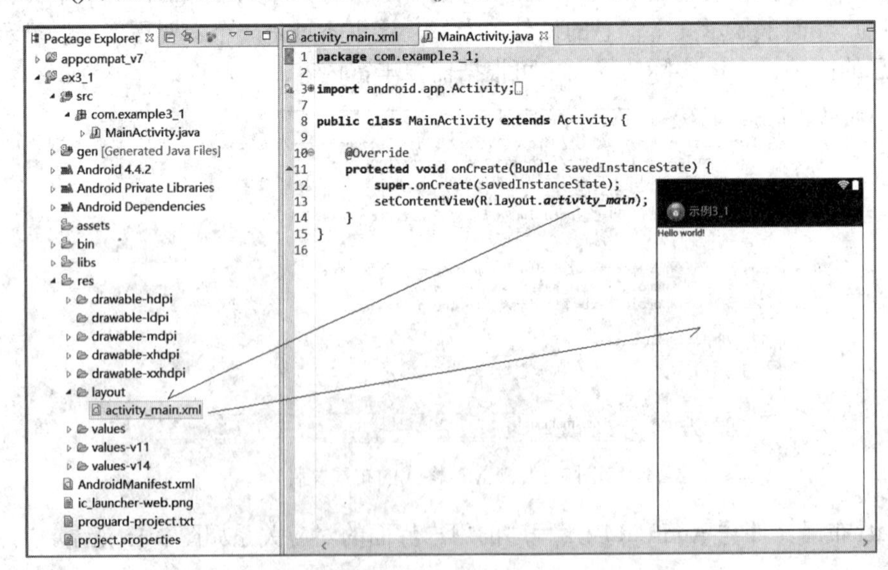


```
1  package com.example3_1;
2
3⊕import android.app.Activity;
7
8  public class MainActivity extends Activity {
9
10⊖    @Override
11     protected void onCreate(Bundle savedInstanceState) {
12         super.onCreate(savedInstanceState);
13         setContentView(R.layout.activity_main);
14     }
15 }
16
```

图 3-16　MainActivity.java 代码及其方法重写

至此，我们就应该清楚一个 Android 应用程序项目的创建方法、组成结构以及其主要代码的基本功能，这些基本的知识将是我们今后进一步深入学习的重要技术基础。

3.2 运 行 项 目

通常，可以通过 Eclipse 的 Android 模拟器（AVD）来模拟运行测试所开发的 Android 应用程序，或者通过 Android 物理设备（如手机或平板电脑等）来实际运行测试所开发的 Android 应用程序。

3.2.1 通过模拟器运行项目

在 Eclipse 的 Package Explorer 中找到需要运行的 Android 项目，右击该项目名称，在弹出的快捷菜单中选择 Run As→Android Application 命令，此时会弹出一个“视频源”对话框，在“选择视频设备”下拉列表框中选择 Front Camera 或者 Rear Camera 选项，然后单击“确定”按钮（也可不做设备选择，直接单击“确定”按钮），稍等片刻就可看到一个适合当前 Android 应用程序版本的 AVD 开始启动，还需要再等一会儿，直到这个 AVD 的桌面出现锁屏状态，如图 3-17 所示。

图 3-17 AVD 锁屏状态

此时用鼠标向右拖曳解锁按钮，即可看到图 3-18 所示的 AVD 中运行的当前 Android 应用程序。

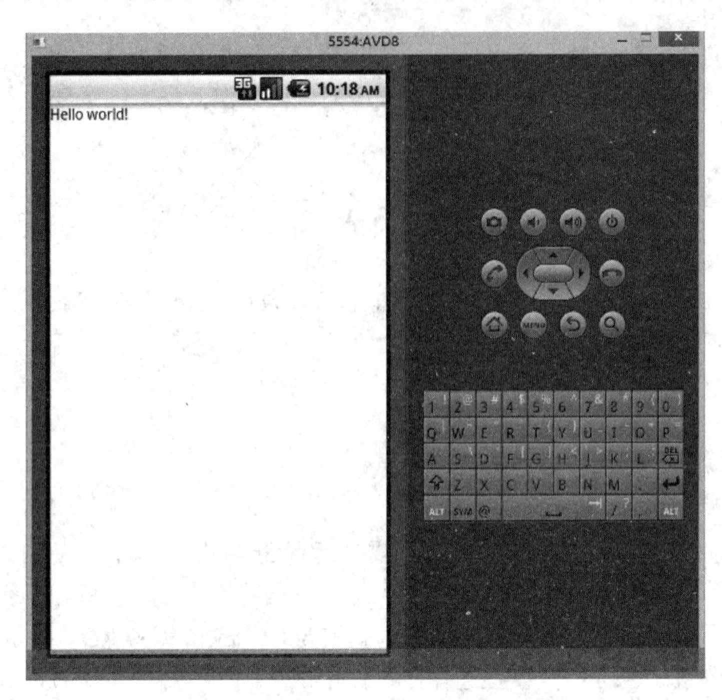

图 3-18　AVD 显示运行的 Android 程序

【说明】当某个 Android 应用程序的项目已经运行过一次以后，下次再需要运行时，除了按照上述方法运行之外，也可以单击 Eclipse 上方的快捷按钮，从其下拉列表中选择需要运行的项目。

3.2.2　通过手机运行项目

首先，需要将待运行测试 Android 应用程序的手机通过 USB 线与计算机连接，并且通过"设置"→"开发人员选项"，选中其中的"USB 调试"，如图 3-19 所示为笔者的 HTC328d 手机的"开发人员选项"的"USB 调试"设置。

可以通过以下两种方法在手机上安装并运行所开发的 Android 应用程序。

方法一：通过 Eclipse 在手机上安装并运行 Android 应用程序

按照上述的通过 AVD 运行 Android 应用程序的方法来操作，不过，与通过 AVD 运行 Android 应用程序不同的是，此时会弹出一个 Android 设备选择对话框，如图 3-20 所示，要求从中选择用来运行 Android 应用程序的相应设备，显然，应该选中 Choose a running Android device 单选按钮，并从中选择实际的 Android 物理设备（如笔者的手机：htc-htc_328d-HC27AMG02858）。

当然，如果选中 Launch a new Android Virtual Device 单选按钮，并从中选择相应的 AVD，也可以通过 AVD 来运行测试 Android 应用程序。

方法二：直接在手机上安装并运行 Android 应用程序

当手机与计算机建立连接之后，在计算机中找到欲在手机上安装的 Android 应用程序的 apk 文件，如图 3-21 所示。

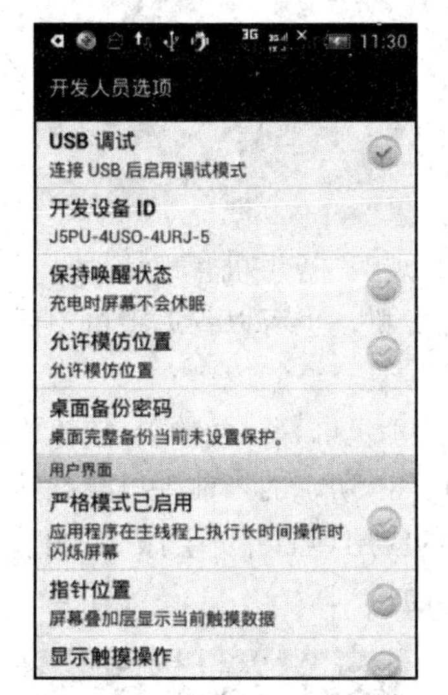

图 3-19　“USB 调试”设置

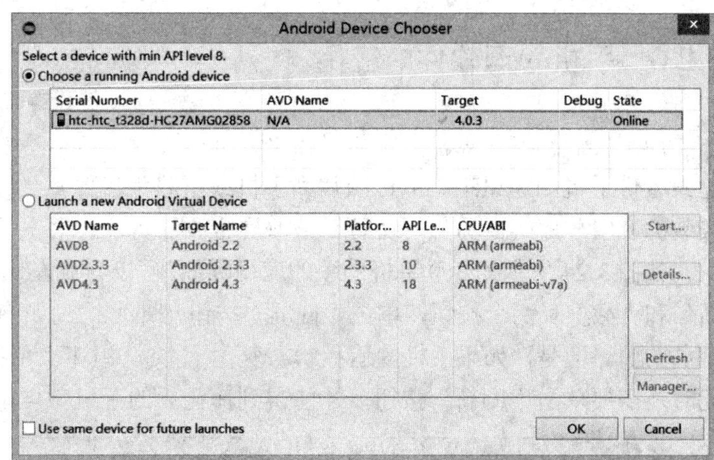

图 3-20　Android 设备选择

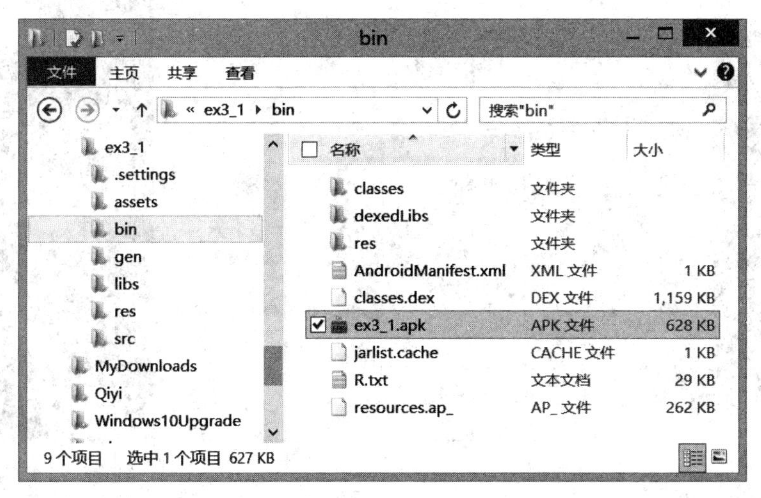

图 3-21　找到欲在手机中安装的 apk 文件

双击该文件，将弹出一个 Android 应用程序安装对话框，如图 3-22 所示，单击“开始安装”按钮，又将弹出一个选择程序安装位置的对话框，如图 3-23 所示，单击“确定”按钮即可将此程序安装到手机上。

图 3-22　准备“开始安装”程序

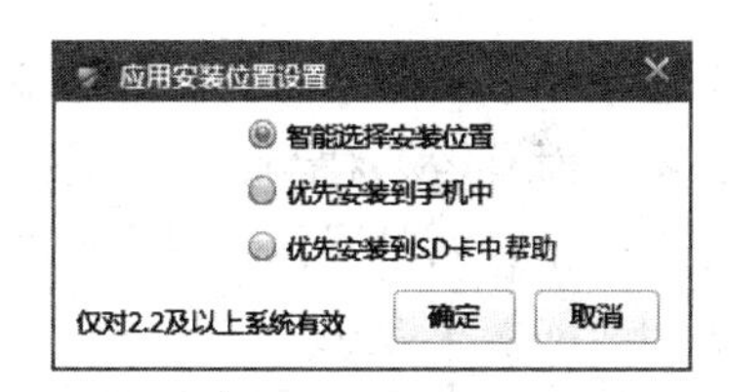

图 3-23　选择程序安装位置并将开始安装

当程序安装完成后，在手机的应用程序组中就可以看到此 Android 应用程序。

3.2.3　手机管理软件的应用

通常我们会在计算机上安装诸如“91 助手”或“360 手机助手”等手机管理软件，以此来备份手机的通讯录、上传照片到手机或下载手机照片到计算机，也可以管理手机中已安装的应用程序等。另外，还可以截取屏幕画面等。

如图 3-24 所示为 360 手机助手的应用界面，可以看到左侧的手机屏幕界面的下方有“刷新”和“截屏”两个按钮，单击“截屏”按钮，即可得到如图 3-25 所示的当前手机状态的截屏画面。但是，如果手机的运行状态变化了，360 手机助手的应用界面并不会跟随改变，此时还需要单击“刷新”按钮，才能得到变化后的手机截屏画面。

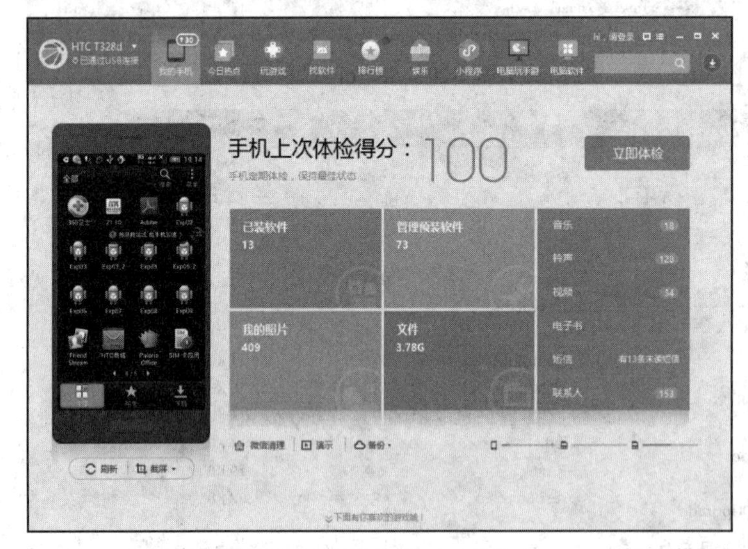

图 3-24　单击“截屏”按钮

图 3-25　得到手机截屏

另外，还可以单击“演示”按钮，此时 360 手机助手将另外显示一个尺寸稍大的、单独的手机屏幕界面，并且该界面会以接近实时性的方式，保持与手机界面的同步变化，这项功能特别适合于课堂教学时的现场实时演示。

3.3　程 序 调 试

程序设计中通常都会不可避免地存在一定数量的错误，可能是语法错误、逻辑错误或者二者兼而有之。对于语法类的错误，Eclipse 集成开发环境能够及时检测出来，给予必要的错误提示（如错误代码用红色波浪下划线标识，并且其行号位置出现红色叉号），并且给出相应的解决方法。对于逻辑类的错误只有在程序运行过程中才可能体现出来，所以要定位并分析这类错误通常比较困难。

为此，Android 系统提供了 LogCat 调试工具，该工具可用于 Android 应用程序调试时的错误定位、分析及修正。

3.3.1　LogCat 简介

LogCat 是 Android 中一个命令行工具，并且可以显示在 Eclipse 集成开发环境中，借助 LogCat 就能够获取 Android 系统提供的系统调试日志信息，包括 Dalvik 虚拟机产生的信息、进程信息、ActivityManager 信息、Homeloader 信息、PackageManager 信息、WindowsManager 信息、Android 运行时信息以及应用程序信息等。

一般来说，在程序开发过程中使用 LogCat 来调试和诊断信息，就像在程序中使用 printf() 语句一样简单易用。

【说明】Android 系统还提供了另外一个用于程序调试和测试的工具 Dev Tools，该工具内置在 Android 模拟器中，读者可根据需要，选择使用这一工具。

3.3.2　LogCat 的基本用法

首先，查看 Eclipse 开发环境的下方是否已经显示 LogCat 页（Eclipse 默认状态下通常是不显示 LogCat 页的），如果 LogCat 页没有显示，可以通过选择 Window→Show View→Other 命令，打开 Show View 窗口，如图 3-26 所示，展开其中的 Android 选项目录，然后选择 LogCat 项，最后单击 OK 按钮，即可在 Eclipse 开发环境的下方看到 LogCat 页已经显示，如图 3-27 所示。

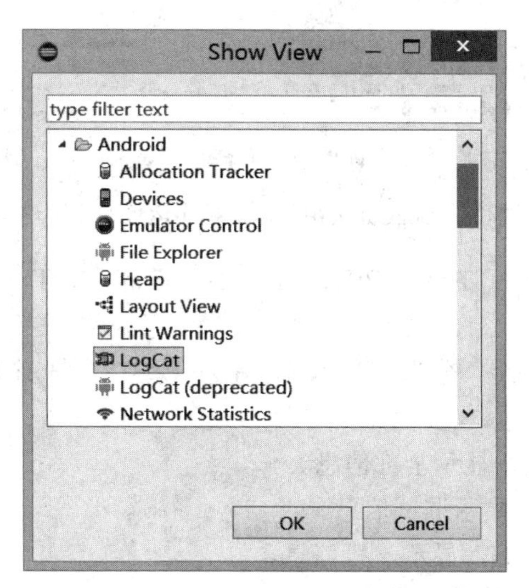

图 3-26　通过 Show View 窗口显示 LogCat 页

运行所开发的应用程序，LogCat 页中就会显示出当前程序运行的相关信息，如图 3-28 所示。

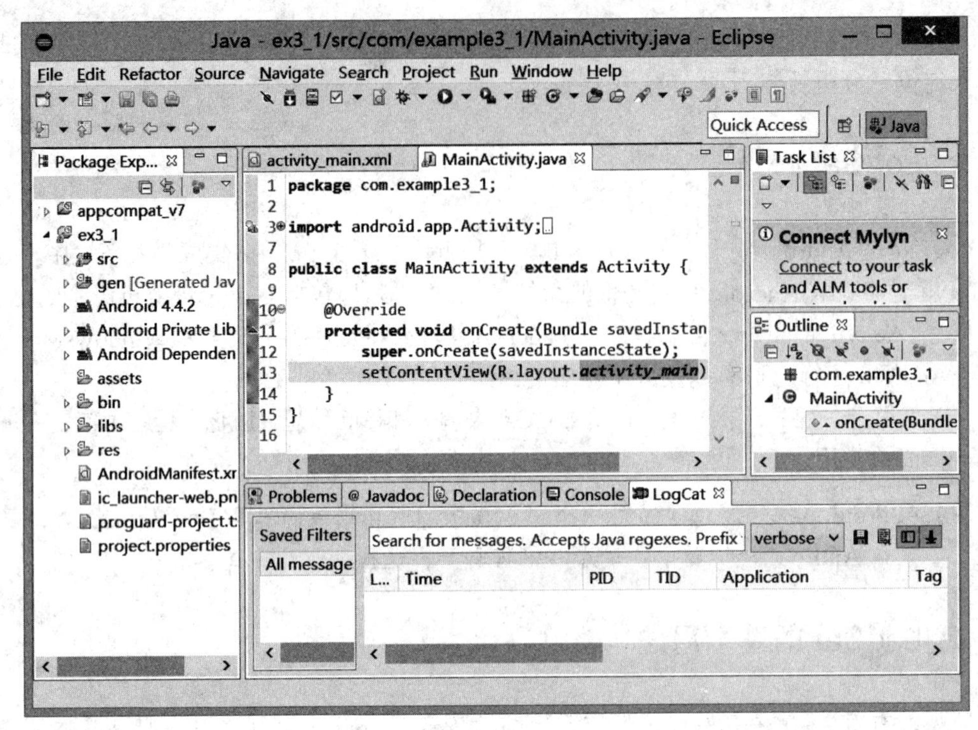

图 3-27　Eclipse 开发环境中的 LogCat 页

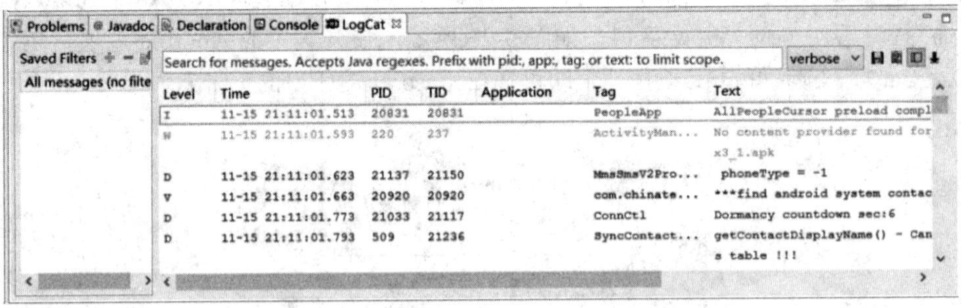

图 3-28　LogCat 页中显示的程序运行的相关信息

每条信息都包含 Level、Time、PID、TID、Application、Tag 和 Text 这几项信息。其中的信息的含义分别如下。

- Level：信息的等级，分为 V、D、I、W 和 E 这 5 类，并且颜色不尽相同，它们的具体表示如下。
  - V：Verbose，显示全部信息。
  - D：Debug，显示调试信息。
  - I：Information，显示一般信息。
  - W：Warming，显示警告信息。
  - E：Error，显示错误信息。

单击 LogCat 上部的下拉列表，可以改变信息的种类的显示范围。例如，选择了 W，那就只有警告信息和错误信息可以显示。

- Time：执行时间。
- PID：程序运行时的进程号。
- Tag：标签。
- Text：进程运行时的一些具体信息。

另外，还可以在 Java 中添加调试代码，例如添加以下代码：

```
Log.d("this is a Debug。");
```

这样就可以在 LogCat 中输出我们需要的相应信息。

【说明】在进行 Android 应用程序调试之前，需要先引入 android.util.Log 包，然后才能使用 Log.v()、Log.d()、Log.i()、Log.w()和 Log.e()这 5 个函数，并在程序中设置相应的“日志点”，借此来调试程序。

3.4　导入或删除项目

1．导入外部项目

我们在利用 Eclipse 进行 Android 应用程序设计时，有时需要将一个外部的 Android 项目加入到 Eclipse 集成开发环境中，具体操作如下。

（1）选择 File→Import 命令，打开 Import 窗口，如图 3-29 所示，展开 Android 文件夹，选择其中的 Existing Android Code Into Workspace。

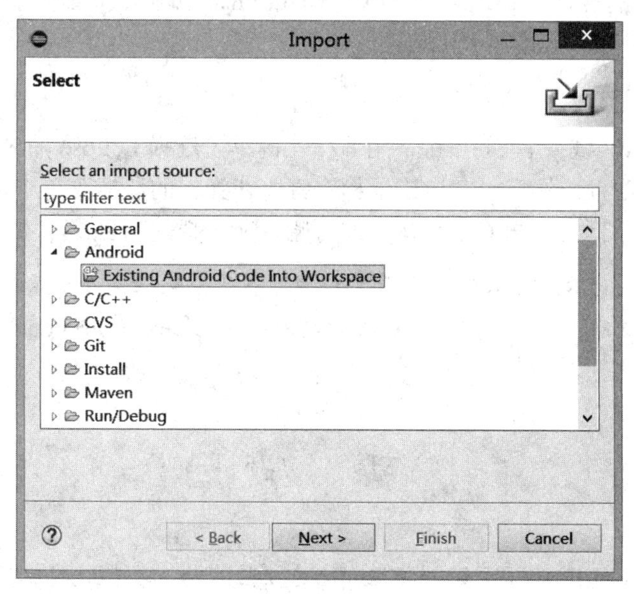

图 3-29　Import 窗口

（2）单击 Next 按钮，打开导入项目窗口，如图 3-30 所示，单击 Browse 按钮，浏览并选择欲导入的 Android 项目源。如果希望将欲导入的项目复制到当前工作空间中，就需要选中 Copy projects into workspace 复选框。

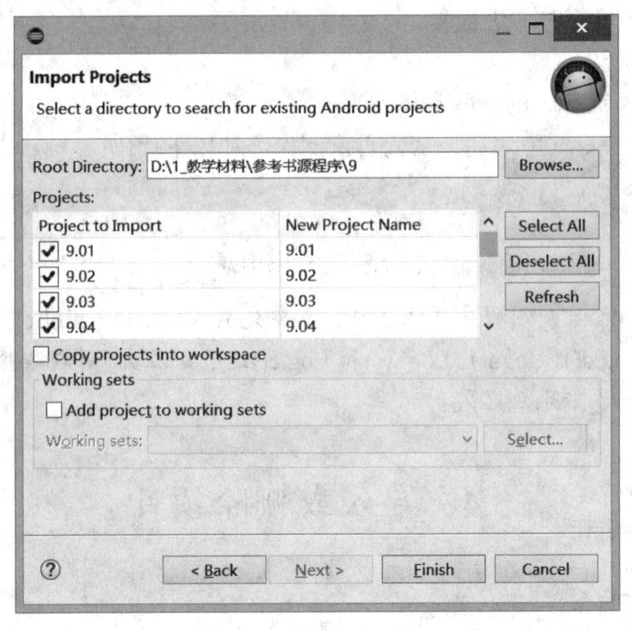

图 3-30　导入项目窗口

【说明】 可以通过直接选择某个文件夹，一次性导入包含在该文件夹下的多个 Android 项目，也可以通过直接选择一个具体的项目文件夹，一次仅导入一个 Android 项目。

（3）完成上述的 Android 项目源选择后，单击 Finish 按钮，即可将所选择的外部 Android 项目导入到 Eclipse 中。

2．删除现有项目

配合使用 Control 键或者 Shift 键，用鼠标左键单击选择 Eclipse 的 Package Explorer 中欲删除的 Android 项目，然后对其单击鼠标右键，在弹出的快捷菜单中选择 Delete 命令，弹出项目源删除对话框，单击 OK 按钮，即可删除所选择的项目。

【说明】 如果要将所选择的项目从当前计算机磁盘中完全删除，而不是仅从 Eclipse 集成开发环境中删除，就要在单击 OK 按钮之前核选 Delete project contents on disk（cannot be undone）。

习　题

1．利用 Eclipse 集成开发工具创建 Android 项目的基本步骤是什么？
2．简述利用 Eclipse 集成开发工具创建的 Android 项目中各相关文件的基本功能。
3．如何将一个 Android 应用程序安装到相应的手机中？
4．简要介绍“91 助手”或“360 手机助手”手机管理软件的基本功能。

第 4 章　用户界面设计

学习要点

- ❑ 理解 XML 布局文件的结构组成。
- ❑ 理解各种布局管理器的功能特点。
- ❑ 掌握各种布局管理器的使用方法。
- ❑ 了解利用 Java 代码设计用户界面的用法。
- ❑ 了解利用 XML 代码和 Java 代码设计用户界面的方法。

4.1　XML 简介及其在用户界面设计中的应用

4.1.1　XML 简介

XML 是 Extensible Markup Language（可扩展标记语言）的缩写，是标准通用标记语言的子集，实际上是一种用于标记电子文件使其具有结构性的标记语言。XML 的设计宗旨是传输数据，而非显示数据。

1．语法规则

XML 文件的语法规则如下：

- ❑ XML 文件的内容包括几乎所有的 Unicode 字符，元素和属性的名称也可以由非 ascii 字符组成。
- ❑ 标记（tag）由包围在一个小于号（<）和一个大于号（>）之间的文本组成。
- ❑ 起始标记（start tag）表示一个特定区域的开始，例如<ImageView>。
- ❑ 结束标记（end tag）表示一个区域的结束，类似开始标记，只是在小于号之后加了一个斜线（/），例如<ImageView>…</ImageView>（或者<ImageView... />）。
- ❑ 标准通用标记语言还定义了标记的特性“属性”，它们是定义在小于号和大于号之间的值，例如<ImageView android:src ="照片文件名.jpg"/>中的“数据源”特性。

2．注意事项

编写 XML 文件需要注意几个事项：

- ❑ 所有 XML 元素都须有关闭标签。
- ❑ XML 标签对大小写敏感。
- ❑ XML 必须正确地嵌套。

- XML 文档必须有一个元素作为所有其他元素的父元素，该元素称为根元素，例如：

```
<root>
  <child>
    <subchild>…</subchild>
  </child>
</root>
```

- XML 的属性值须加引号。
- XML 中注释的语法与 HTML 的语法很相似，例如：

```
<!--  This is a comment  -->
```

4.1.2 利用 XML 文件设计用户界面

通常，Android 应用程序都离不开用户界面，通过相应的界面才能方便地与应用程序进行交互。而 XML 布局文件的使用，则是 Android 系统中设计用户界面的一种常用方法。

实际上，在第 3 章的学习中，已经通过图 3-15 看到了一个简单的 Android 应用程序的布局文件：activity_main.xml，其完整的 XML 代码如下：

```
<?xml version="1.0" encoding="utf-8"?>
<RelativeLayout xmlns:android="http://schemas.android.com/apk/res/
android"
    xmlns:tools="http://schemas.android.com/tools"
    android:layout_width="match_parent"
    android:layout_height="match_parent" >
    <TextView
        android:layout_width="wrap_content"
        android:layout_height="wrap_content"
        android:text="@string/hello_world" />
</RelativeLayout>
```

结合以上 XML 布局文件，总结用户界面设计的以下几个技术要点：

- 在 Eclipse 集成开发环境中，所有的布局文件必须包含在 res/layout 目录中。
- <?xml version="1.0" encoding="utf-8"?>用于指明 xml 的版本及其文档编码。
- 每一个 XML 布局文件的根节点都必须包含 Android 的命名空间，这个命名空间就是 xmlns:android=http://schemas.android.com/apk/res/android。
- 每一个 XML 布局文件至少包含一个被称为布局管理器的根节点，如以上布局示例中的<RelativeLayout ...>...</RelativeLayout>，其用法将在后续章节中具体介绍。
- 根据实际的布局设计，布局管理器之中可能包含一个或者多个控件，如以上布局示例中的文本框<TextView .../>。

【提示】 并非所有的 XML 标记都显式地成对使用，而是采用一个标记和一个斜线（/）复合而成，如以上示例中，文本框控件的 XML 标记是<TextView .../>。

4.2 常用布局管理器在用户界面设计中的应用

在 Android 应用程序的用户界面中，根据功能的需要通常包含多个控件，如文本框（TextView）、编辑框（EditView）和按钮（Button）等，并且这些控件必须在用户界面上按照预定的规划来布置（布局），在 Android 中能够实现这种布局功能的就是布局管理器。

Android 提供了 6 种布局管理器，分别是线性布局管理器（LinearLayout）、表格布局管理器（TableLayout）、相对布局管理器（RelativeLayout）、框架布局管理器（FrameLayout）、绝对布局管理器（AbsoulteLayout）和网格布局管理器（GridLayout）。由于绝对布局管理器在 Android 2.0 中被标记为已过期，而且可以通过相对布局管理器或帧布局管理器替代实现，所以本章介绍另外 5 种布局管理器的使用方法。

4.2.1 线性布局管理器

线性布局管理器（LinearLayout）将其所有的布局控件按照水平方向布局或垂直方向布局，也可以理解为：一个线性布局管理器中的每一行（垂直布局）或每一列（水平布局）中，只能布置一个控件。另外，线性布局中的控件不会换行，当布局的控件已经排列到用户界面的边缘后，随后的控件将不被显示。

1．语法格式

线性布局管理器的基本语法格式如下：

```
<LinearLayout xmlns:android="http://schemas.android.com/apk/res/android"
    …（属性列表）>
</LinearLayout>
```

2．常用属性

通过设置布局管理器的相应属性，可以规划用户界面的显示效果、控件的排列及显示效果等。线性布局管理器具有多个属性，以下仅介绍几个常用的属性。

- ❑ android:orientation

用于设置布局管理器中控件的排列方式，其可选值为 horizontal 和 vertical，默认值为 vertical，表示控件垂直排列，horizontal 表示控件水平排列。

- ❑ Android: gravity

用于设置布局管理器中控件的对齐方式，其可选值包括 top、bottom、left、right、center、center_horizontal 和 center_vertical 等，这些属性值可以同时指定也可以单独指定，同时指定时需要用竖线在各属性之间隔开，例如指定控件靠左上角对齐，可以设置该属性值为 left|top。

gravity 属性的各项可选值的具体功能如表 4-1 所示。

表 4-1　gravity 属性说明

属　性　值	说　　明
top	将控件放在其容器的顶部，不改变其大小
bottom	将控件放在其容器的底部，不改变其大小
left	将控件放在其容器的左侧，不改变其大小
right	将控件放在其容器的右侧，不改变其大小
center_vertical	将控件纵向居中，不改变其大小
fill_vertical	增加控件的纵向大小，以完全充满其容器
center_horizontal	将控件横向居中，不改变其大小
fill_horizontal	增加控件的横向大小，以完全充满其容器
center	将控件横向、纵向居中，不改变其大小
fill	增加控件的横向、纵向大小，以完全充满其容器

❑ android:layout_width 和 android:layout_height

分别用于设置控件的宽度和高度，可选值包括 fill_parent、match_parent 和 wrap_content，其中，fill_parent 强制性地使控件扩展以充满布局单元的空间。从 Android 2.2 开始，match_parent 和 fill_parent 功能相同，如果考虑低版本的使用情况，就只能用 fill_parent。wrap_content 自适应大小，强制性地使视图扩展以便显示其全部内容。

❑ android:id

用于为控件指定一个 id 属性，这样在 Java 代码中就可以通过该属性值来引用相应的控件，并通过代码操作该控件。

❑ Android:background

用于为控件背景指定具体的图片或者设置为某一具体颜色（注意，Eclipse 向导创建的 Android 应用程序的用户界面的默认背景颜色未必是白色）。

【提示】带 layout 的属性用来设置本身控件，例如 android:layout_gravity 设置的是控件本身的对齐方式；不带 layout 的属性用来设置所被包含的子元素，例如 android:gravity 设置的是该容器中控件的对齐方式。

※ 示例 Ex4_1：创建一个包含两个文本框和两个按钮的线性布局用户界面。

在 Eclipse 的项目新建向导的引领下创建一个 Android 项目后，就已经创建了一个名为 activity_main.xml 的布局文件。不过，此布局默认使用的是框架布局管理器（FrameLayout），只要将其开始标记和结束标记的 FrameLayout 均改为 LinearLayout，设置该线性布局管理器的有关属性，并且添加相应的控件。具体的 XML 布局代码如下：

```
<?xml version="1.0" encoding="utf-8"?>
<LinearLayout xmlns:android="http://schemas.android.com/apk/res/android"
    xmlns:tools="http://schemas.android.com/tools"
    android:layout_width="match_parent"
    android:layout_height="match_parent"
    android:orientation="vertical" >
    <TextView
        android:id="@+id/textView1"
        android:layout_width="wrap_content"
```

```
        android:layout_height="wrap_content"
        android:text="控件 1:文本框 1..." />
    <TextView
        android:id="@+id/textView2"
        android:layout_width="wrap_content"
        android:layout_height="wrap_content"
        android:text="控件 2:文本框 2..." />
    <Button
        android:id="@+id/button1"
        android:layout_width="wrap_content"
        android:layout_height="wrap_content"
        android:text="控件 3:按钮 1" />
    <Button
        android:id="@+id/button2"
        android:layout_width="wrap_content"
        android:layout_height="wrap_content"
        android:text="控件 4:按钮 2" />
</LinearLayout>
```

程序在手机上运行后的界面效果如图 4-1 所示。

【提示】布局文件中的 xmlns 的意思为 xml namespace，用来声明 xml 命名空间，其冒号后面的内容 android="http://schemas.android.com/apk/res/android"是给这个引用起的别名。有了这个声明后，在编辑 XML 布局文件时，就可以在输入属性值时，通过按键 Alt+/显示提示，从提示列表中选择需要的属性值，既快捷又不易出错。

（1）改变布局效果 1

修改 orientation 属性，相关的修改代码如下：

```
...
android:orientation="horizontal" >
...
```

程序在手机上运行后的界面效果如图 4-2 所示。

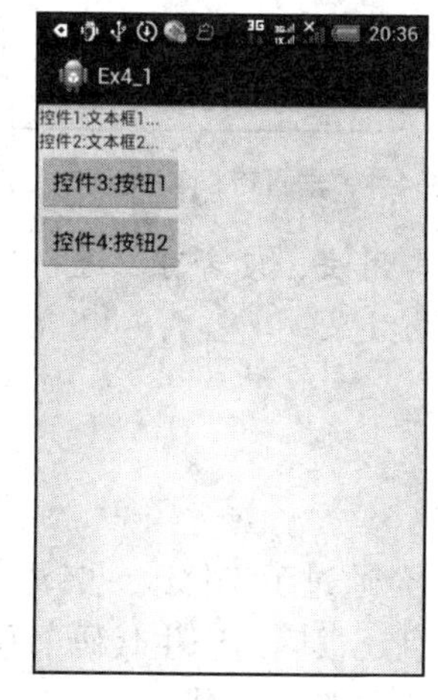

图 4-1　线性垂直方向布局

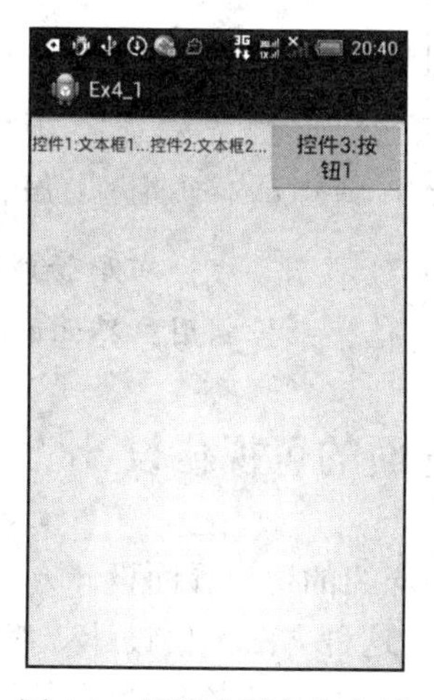

图 4-2　线性水平方向布局

需要注意的是，当余下的布局空间不足以放下最后一个控件时，这个最后控件将被强制改变宽度，如这里的“控件 3：按钮 1”，它的文本内容就被强制换了行；另外，当所有布局空间都已经被占用后，余下的控件将不被显示，如这里的“控件 4：按钮 2”，根本就不显示了。

（2）改变布局效果 2

在图 4-1 所示的布局基础上，添加 gravity 属性，相关的添加代码如下：

```
…
android:gravity="center_vertical" >
…
```

程序在手机上运行后的界面效果如图 4-3 所示。

（3）改变布局效果 3

在图 4-3 所示的布局基础上，修改 gravity 属性，相关的修改代码如下：

```
…
android:gravity="center"
…
```

程序在手机上运行后的界面效果如图 4-4 所示。

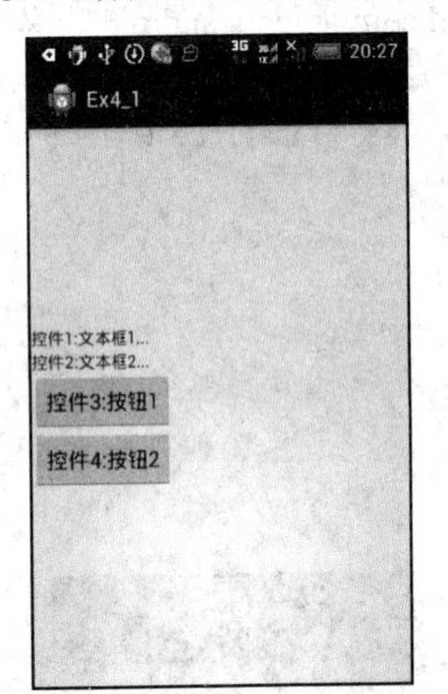

图 4-3　垂直方向布局且垂直居中

图 4-4　垂直方向布局且中心居中

【说明】以上示例仅演示了线性布局管理器的基本用法，读者可以进一步通过设置其他各相关属性值，来控制用户界面的控件布局效果。

4.2.2　用户界面的可视化设计

在 4.2.1 节中介绍的用户界面设计方法，是完全通过手工修改或者添加相应的 XML 代码进行的，显然，这种方法不仅设计效率低，而且还很容易产生代码书写错误，导致界面设计失败。实际上，Eclipse 的集成开发环境也提供了简单、易行的可视化的用户界面设计方式。

在 Eclipse 的图形化布局（Graphical Layout）环境下，展开用户界面设计工作区域左边的 Palette 面板下的 Layouts 布局管理器控件箱，可以看到控件箱中包含了线性布局管理器（LinearLayout）等各种布局管理器。

于是，我们只要用鼠标将需要的布局管理器拖曳到用户界面设计工作区中，就可以添加一个相应的布局管理器。同样，也可以通过拖曳的方式，从相应的控件箱（如 Form Widget）中将相应的控件（如文本框和按钮）添加到布局管理器中。并且，布局管理器的层次结构、属性及所包含的控件的层次结构与属性，都在 Eclipse 右侧的 Outline 布局梗概面板及其 Properties 属性面板中一目了然。

对于示例 Ex4_1，其可视化的用户界面设计如图 4-5 所示。

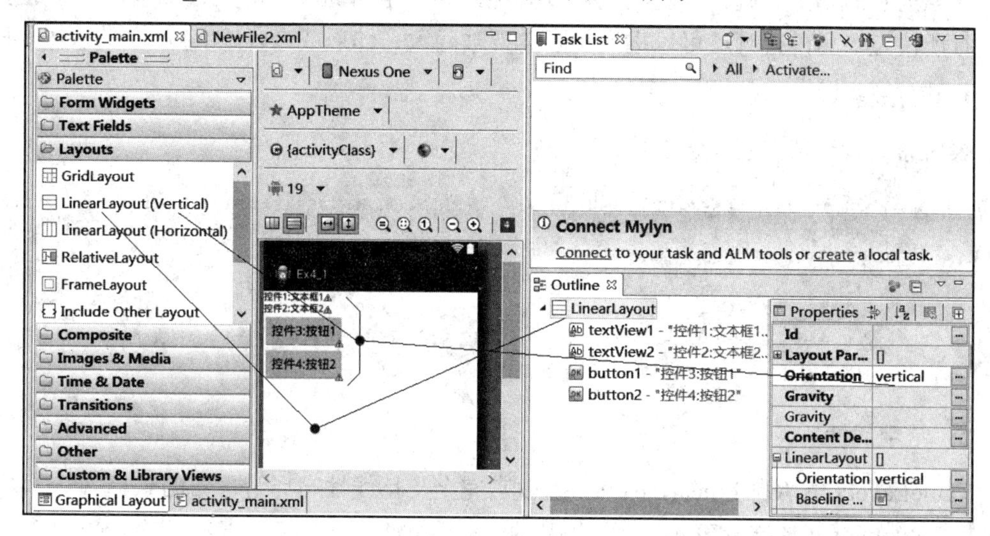

图 4-5　示例 Ex4_1 的可视化用户界面设计

并且，无论是布局管理器还是其所包含的控件的属性值，都可以通过单击其对应的属性右侧的“浏览”按钮，从弹出的属性值对话框中选择确定。如图 4-6 所示，就是单击示例 Ex4_1 的线性布局管理器的 Orientation 属性右侧的“浏览”按钮弹出的属性值对话框。

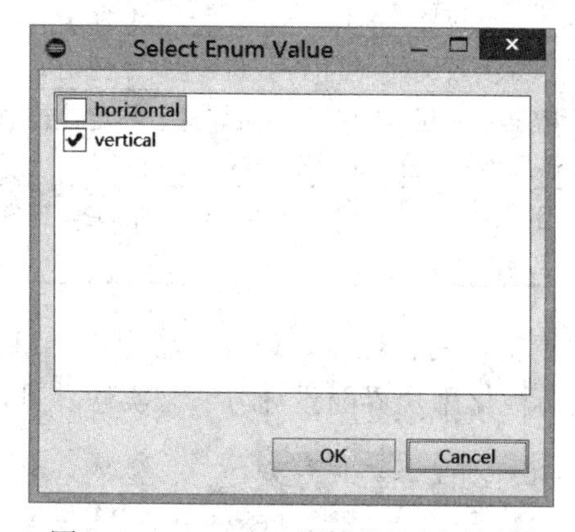

图 4-6　Orientation 属性值选择对话框

【提示】由于 Eclipse 项目新建向导创建的 XML 布局文件中通常已经包含了一个相对布局管理器（RelativeLayout），所以，需要先删除该布局文件中的全部代码，然后转到可视化布局设计界面，再拖曳相应的布局管理器到布局设计工作区。

4.2.3 表格布局管理器

表格布局管理器（TableLayout）用行、列（也称为单元格）方式来管理容器内的控件，无论是在界面的设计状态还是实际运行状态，都不会显示表格线。布局内每添加一个<TableRow>标记，就添加了一行，然后就可以在<TableRow>标记中添加控件，每添加一个控件，当前行就增加一列，并且列也可以为空，该表格布局容器的列数由包含列数最多的那一行所决定。另外，列还可以根据实际需要被隐藏、伸展或者收缩。

1．语法格式

表格布局管理器的基本语法格式如下：

```
<TableLayout xmlns:android="http://schemas.android.com/apk/res/android"
    …（属性列表）>
    <TableRow  …（属性列表）>
    … </TableRow>
    …（其他<TableRow>标记）
</TableLayout>
```

2．常用属性

TableLayout 继承自 LinearLayout，所以它完全支持线性布局管理器的全部 XML 属性，另外，TableLayout 还支持表 4-2 所示的其他 XML 属性。

表 4-2　TableLayout 支持的其他 XML 属性

XML 属性	说　明
android:collapseColumns	设置需要隐藏的列的序号（序号从 0 开始），多个序号之间用逗号分隔
android:stretchColumns	设置需要拉伸的列的序号（序号从 0 开始），多个序号之间用逗号分隔
android:shrinkColumns	设置需要收缩的列的序号（序号从 0 开始），多个序号之间用逗号分隔
android:layout_column	为容器中所包含的控件设置属性，指定该控件在 TableRow 中占据第几列（该属性在 Eclipse 中不会自动提醒）
android:layout_span	为容器中所包含的控件设置属性，指定该控件在 TableRow 中占据几个列（该属性在 Eclipse 中不会自动提醒）

※ 示例 Ex4_2：利用表格布局管理器，设计一个用户登录界面。

利用上述的 Eclipse 的可视化用户界面设计方法来实现。具体的 XML 布局代码如下：

```
<?xml version="1.0" encoding="utf-8"?>
<TableLayout xmlns:android="http://schemas.android.com/apk/res/android"
    android:layout_width="fill_parent"
```

```
    android:layout_height="fill_parent"
    android:background="#FFFFFF"
    android:gravity="center_vertical"
    android:stretchColumns="0,3">
    <!-- 第1行 -->
    <TableRow android:id="@+id/tableRow1"
        android:layout_width="wrap_content"
        android:layout_height="wrap_content">
        <!-- 第1列（序号为0） -->
        <TextView/>
        <!-- 第2列（序号为1） -->
        <TextView android:text="用户名："
            android:id="@+id/textView1"
            android:layout_width="wrap_content"
            android:textSize="24px"
            android:layout_height="wrap_content"
            />
        <!-- 第3列（序号为2） -->
        <EditText android:id="@+id/editText1"
            android:textSize="24px"
            android:layout_width="wrap_content"
            android:layout_height="wrap_content"
            android:minWidth="200px"/>
        <!-- 第4列（序号为3） -->
        <TextView />
    </TableRow>
    <!-- 第2行 -->
    <TableRow android:id="@+id/tableRow2"
        android:layout_width="wrap_content"
        android:layout_height="wrap_content">
        <TextView />
        <TextView android:text="密　码："
            android:id="@+id/textView2"
            android:textSize="24px"
            android:layout_width="wrap_content"
            android:layout_height="wrap_content"/>
        <EditText android:layout_height="wrap_content"
            android:layout_width="wrap_content"
            android:textSize="24px"
            android:id="@+id/editText2"
            android:inputType="textPassword"/>
        <TextView />
    </TableRow>
    <!-- 第3行 -->
    <TableRow android:id="@+id/tableRow3"
        android:layout_width="wrap_content"
        android:layout_height="wrap_content">
        <TextView />
```

```
        <Button
            android:id="@+id/button1"
            android:layout_width="wrap_content"
            android:layout_height="wrap_content"
            android:text="确定"/>
        <Button
            android:id="@+id/button2"
            android:layout_width="wrap_content"
            android:layout_height="wrap_content"
            android:text="取消"/>
        <TextView />
    </TableRow>
</TableLayout>
```

可见，布局管理器中共添加了 6 个可见控件（文本框、文本编辑框和按钮各两个）和 6 个不可见控件（6 个无内容的文本框）。由于左边一列的 3 个控件（textView1、textView2 和 button1）的宽度属性都设置为随控件内容自动调整（android:layout_width="wrap_content"），于是，布局表格这一列的宽度就由左边一列的 3 个控件中最宽的那个控件（textView1）确定。而右边一列的一个控件 editText1 的宽度被明确设定（android:minWidth="200px"），另外两个控件（editText2 和 button2）的宽度属性也都设置为随控件内容自动调整（android: layout_width="wrap_content"）。于是，布局表格这一列的宽度就由控件 editText1 确定，并且控件 editText2 和 button2 的宽度也会自动调整为控件 editText1 的宽度。

至此，布局管理器中可见内容的整体宽度已经明确，但是，由于这个整体宽度尚小于屏幕的实际宽度，所以，还需要将剩余的布局空间填充满，这就是界面两边的 6 个不可见控件（6 个<TextView />）需要完成的功能，并且通过设置表格布局管理器的自动拉伸属性（android:stretchColumns="0,3"），达到表格最外边左、右两列剩余空间的填充目的。

也可以结合图 4-7 所示的 Outline 布局梗概面板，理解上述布局的整体结构。

程序在手机上运行后的用户登录界面如图 4-8 所示。

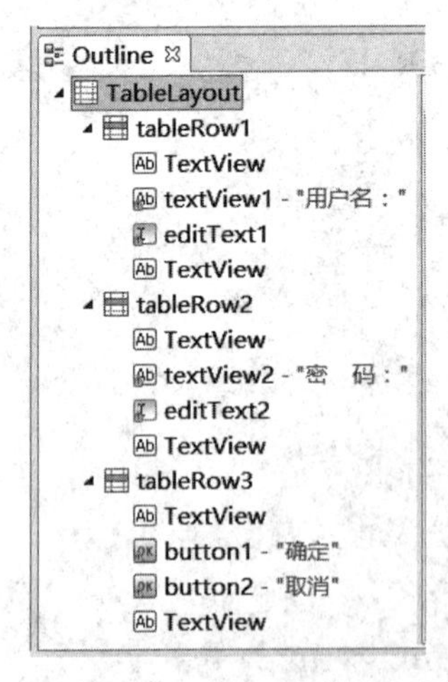

图 4-7　用户登录界面表格布局梗概

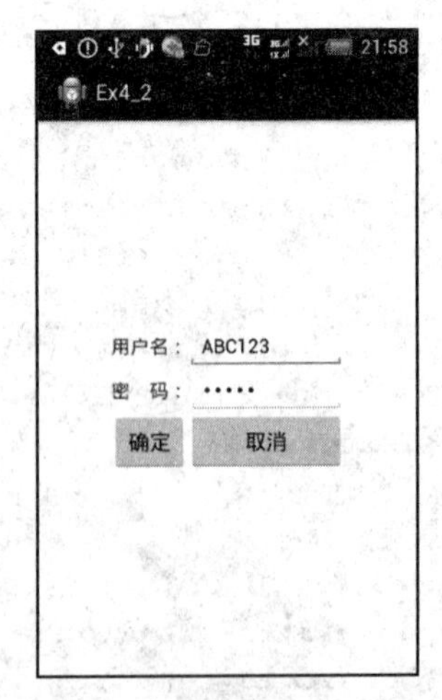

图 4-8　表格布局设计的用户登录界面

4.2.4 框架（帧）布局管理器

框架布局管理器（FrameLayout）也称帧布局管理器，是所有布局管理器中最简单的一种布局。框架布局管理器为容器内的每个控件创建一块空白区域（帧），一帧对应一个控件，后面添加的帧（控件）会叠加在前面的帧（控件）上面。默认情况下，每个帧以屏幕的左上角为坐标起点（0,0）开始布局，当然，也可以通过设置相应的 gravity 属性，来控制每一帧的对齐方式。

1. 语法格式

框架布局管理器的基本语法格式如下：

```
<FrameLayout xmlns:android="http://schemas.android.com/apk/res/android"
    …（属性列表）>
</FrameLayout>
```

2. 常用属性

表 4-3 所示为 FrameLayout 所支持的 XML 属性。

表 4-3　FrameLayout 支持的 XML 属性

XML 属性	说　明
android:foreground	设置当前帧布局容器的前景图像
android:foregroundGravity	定义绘制前景图像的 gravity 属性，也就是前景图像的显示位置

※ 示例 Ex4_3：利用框架（帧）布局管理器，设计一个包含前景图像和几个文本框叠加帧的用户界面。

【提示】在 Eclipse 的用户界面可视化环境下，单击设计区域上方的 Go to next state 下拉列表按钮，选择 Landscape（或者 Switch to Landscape），可将当前的界面设计转为横屏显示方式；选择 Portrait（或者 Switch to Portrait），转为竖屏显示方式。

利用 Eclipse 的可视化用户界面设计方法来实现。具体的 XML 布局代码如下：

```
<?xml version="1.0" encoding="utf-8"?>
<FrameLayout xmlns:android="http://schemas.android.com/apk/res/android"
    android:layout_width="fill_parent"
    android:layout_height="fill_parent"
    android:background="#FFF"
    android:foreground="@drawable/bird2"
    android:foregroundGravity="bottom|rgiht">
    <!-- 蓝色背景的 TextView，显示在最下层 -->
    <TextView android:text="蓝色背景的 TextView"
        android:textColor="#FFF"
        android:id="@+id/textView1"
        android:layout_width="360px"
```

```
        android:layout_height="200px"
        android:background="#FF0000FF"
        android:layout_gravity="center"/>
    <!-- 绿色背景的 TextView，显示在中间层  -->
    <TextView android:text="绿色背景的 TextView"
        android:id="@+id/textView2"
        android:layout_width="240px"
        android:layout_height="100px"
        android:background="#FF00FF00"
        android:layout_gravity="center"/>
    <!-- 红色背景的 TextView，显示在最上层  -->
    <TextView android:text="红色背景的 TextView"
        android:id="@+id/textView3"
        android:textColor="#FFF"
        android:layout_width="wrap_content"
        android:layout_height="wrap_content"
        android:background="#FFFF0000"
        android:layout_gravity="center"/>
</FrameLayout>
```

程序在手机上运行后的界面效果如图 4-9 所示，从图中可以看出，3 个不同尺寸、不同颜色文本框按照设计的布局层次叠加显示，并可见，布局管理器的前景图遮盖了相应的帧。

图 4-9　框架布局管理器的应用

【提示】框架布局管理器经常被用在游戏程序的开发中，用于显示自定义的动态视图。

4.2.5　相对布局管理器

相对布局管理器（RelativeLayout）按照控件之间的相对位置或者控件与容器之间的相对位置来进行定位，如控件 B 在控件 A 的左边、右边、上方或者下方。相对布局是应用较多、使用灵活的常用布局管理器之一。

1．语法格式

相对布局管理器的基本语法格式如下：

```
<RelativeLayout xmlns:android="http://schemas.android.com/apk/res/
android"
```

```
    …（属性列表）>
</RelativeLayout>
```

2．常用属性

表 4-4 所示为 RelativeLayout 所支持的 XML 属性。

表 4-4　RelativeLayout 支持的 XML 属性

XML 属性	说　　明
android:gravity	设置布局管理器中各控件的对齐方式
android:ignoreGravity	指定布局管理器中相应的控件不受 gravity 属性影响

除了表 4-4 所列出的相对布局管理器的基本属性以外，RelativeLayout 还提供了一个内部类 RelativeLayout.LayoutParams，通过这个类提供的 XML 属性，就能够更加灵活地控制布局管理器中的控件。表 4-5 所示为 RelativeLayout.LayoutParams 所支持的 XML 属性。

表 4-5　RelativeLayout.LayoutParams 支持的常用 XML 属性

XML 属性	说　　明
android:layout_above	属性值为参考控件的 id 值，指定本控件位于参考控件的上边
android:layout_bellow	属性值为参考控件的 id 值，指定本控件位于参考控件的下边
android:layout_toLeftOf	属性值为参考控件的 id 值，指定本控件位于参考控件的左边
android:layout_toRightOf	属性值为参考控件的 id 值，指定本控件位于参考控件的右边
android:layout_alignTop	属性值为参考控件的 id 值，指定本控件与参考控件的上边界对齐
android:layout_alignBottom	属性值为参考控件的 id 值，指定本控件与参考控件的下边界对齐
android:layout_alignLeft	属性值为参考控件的 id 值，指定本控件与参考控件的左边界对齐
android:layout_alignRight	属性值为参考控件的 id 值，指定本控件与参考控件的右边界对齐
android:layout_alignParentTop	属性值为 true 或 false，指定本控件是否与布局管理器的顶端对齐
android:layout_alignParentLeft	属性值为 true 或 false，指定本控件是否与布局管理器的左边对齐
android:layout_alignParentRight	属性值为 true 或 false，指定本控件是否与布局管理器的右边对齐
android:layout_alignParentBottom	属性值为 true 或 false，指定本控件是否与布局管理器的底端对齐
android:layout_centerHorizontal	属性值为 true 或 false，指定本控件是否与布局管理器水平居中位置
android:layout_centerInParent	属性值为 true 或 false，指定本控件是否与布局管理器的中间位置
android:layout_centerVertical	属性值为 true 或 false，指定本控件是否与布局管理器垂直居中位置

※ **示例 Ex4_4**：利用相对布局管理器，设计一个 4 幅图像参照另外一幅中心图像进行布局的用户界面。

利用 Eclipse 的可视化用户界面设计方法来实现。具体的 XML 布局代码如下：

```
<?xml version="1.0" encoding="utf-8"?>
<RelativeLayout xmlns:android="http://schemas.android.com/apk/res/
android"
    android:layout_height="fill_parent"
    android:layout_width="fill_parent">
    <!-- 中心位置显示的图片 -->
```

```
    <ImageView
        android:layout_width="wrap_content"
        android:layout_height="wrap_content"
        android:id="@+id/imageButton0"
        android:src="@drawable/bird0"
        android:layout_centerInParent="true"
    />
    <!-- 中心图片上方显示的图片 -->
    <ImageView
        android:layout_width="wrap_content"
        android:layout_height="wrap_content"
        android:id="@+id/imageButton1"
        android:src="@drawable/bird1"
        android:layout_above="@+id/imageButton0"
        android:layout_alignLeft="@+id/imageButton0"
    />
    <!-- 中心图片下方显示的图片 -->
    <ImageView
        android:layout_width="wrap_content"
        android:layout_height="wrap_content"
        android:id="@+id/imageButton2"
        android:src="@drawable/bird2"
        android:layout_below="@+id/imageButton0"
        android:layout_centerHorizontal="true"
    />
    <!-- 中心图片左边显示的图片 -->
    <ImageView
        android:layout_width="wrap_content"
        android:layout_height="wrap_content"
        android:id="@+id/imageButton3"
        android:src="@drawable/bird3"
        android:layout_toLeftOf="@+id/imageButton0"
        android:layout_centerVertical="true"
    />
    <!-- 中心图片右边显示的图片 -->
    <ImageView
        android:layout_width="wrap_content"
        android:layout_height="wrap_content"
        android:id="@+id/imageButton4"
        android:src="@drawable/bird4"
        android:layout_toRightOf="@+id/imageButton0"
        android:layout_alignTop="@+id/imageButton0"
    />
</RelativeLayout>
```

从以上示例的代码可以看出，由于四周的 4 张图片（bird1、bird2、bird3 和 bird4）的显示位置需要参照中心图片（bird0），所以，在分别设置这 4 张图片的相对位置属性之前，必须先设置被参照者（中心图片）的 id（android:id="@+id/imageButton0"），然后才能在设置其他图片的位置属性时使用这个 id（如 android:layout_above="@+id/imageButton0"）。另外，通常情况下会设置两个方向的属性，才能具体确定两个控件的相对位置，如本示例的中心图片上方显示的图片（bird1），不仅需要通过 android:layout_above="@+id/imageButton0"属性使 bird1 显示在 bird0 上方，还需要通过 android:layout_alignLeft="@+id/imageButton0"属性使 bird1 与 bird0 左边对齐（bird1 与 bird0 宽度刚好一致）。

程序在手机上运行后的界面效果如图 4-10 所示。

图 4-10　相对布局管理器的应用

4.2.6　网格布局管理器

网格布局管理器（GridLayout）是 Android SDK 4.0（API Level 14）以后才增加的新的布局方式。这种布局将容器划分为“行×列”的网格，每个控件置于相应的网格中，并且还可以通过设置相关属性使一个控件占据多行或多列的网格中，而表格布局的每个控件只能占据一行一列，由此可见，网格布局管理器比表格布局管理器在界面设计上更加灵活。

1. 语法格式

相对布局管理器的基本语法格式如下：

```
<GridLayout xmlns:android="http://schemas.android.com/apk/res/
android"
    …（属性列表）>
</GridLayout>
```

2. 常用属性

表 4-6 所示为 GridLayout 所支持的 XML 属性。

表 4-6　GridLayout 支持的 XML 属性

XML 属性	说　明
android:orientation	可选值：vertical（控件垂直排列，默认）、horizontal（控件水平排列）
android:rowCount	int 类型数值，设置网格布局的行数
android:columnCount	int 类型数值，设置网格布局的列数
android:layout_row	int 类型数值，设置控件位于本数值指定的行

续表

XML 属性	说　明
android:layout_column	int 类型数值，设置控件位于本数值指定的列
android:layout_rowSpan	int 类型数值，设置控件横跨本数值指定的行数
android:layout_columnSpan	int 类型数值，设置控件横跨本数值指定的列数

※ 示例 Ex4_5：利用网格布局管理器重新设计图 4-8 所示的表格布局管理器设计的用户登录界面。

【说明】由于网格布局允许控件的跨行特性，所以，在此设计中可使“取消”按钮的宽度控制更方便，而不再受到同列中的其他控件宽度的影响。

利用 Eclipse 的可视化用户界面设计方法来实现。具体的 XML 布局代码如下：

```
<?xml version="1.0" encoding="utf-8"?>
<!-- 容器中控件居中显示，网格分成 5 列，0、4 列用于设置边距，1、2、3 列放置控件 -->
<GridLayout xmlns:android="http://schemas.android.com/apk/res/android"
    android:layout_width="wrap_content"
    android:layout_height="wrap_content"
    android:layout_gravity="center"
    android:columnCount="5" >
    <!-- 登录标题（横跨 5 列）-->
    <TextView
        android:id="@+id/textView1"
        android:text="----用户登录-----"
        android:layout_columnSpan="5"
        android:layout_gravity="center_horizontal"
        android:textSize="20dp" />
    <!-- 设置控件区域的左边距 -->
    <TextView
        android:layout_width="20dp"
        android:layout_column="0" />
    <!-- 控件右对齐，以便冒号对齐（“用户名”与“密码”字符宽度不同）-->
    <TextView
        android:id="@+id/textView2"
        android:text="用户名："
        android:layout_gravity="right" />
    <!-- 编辑框跨两列，ems 限定输入字符可显示的数量，超出部分不被显示 -->
    <EditText
        android:id="@+id/editText1"
        android:layout_columnSpan="2"
        android:ems="8" />
    <!-- 设置控件区域的右边距 -->
    <TextView
        android:layout_column="4"
        android:layout_width="20dp" />
    <TextView
        android:id="@+id/textView3"
```

```
        android:text="密码："
        android:layout_column="1"
        android:layout_gravity="right" />
    <EditText
        android:id="@+id/editText2"
        android:layout_columnSpan="2"
        android:inputType="textPassword"
        android:ems="8" />
    <Button
        android:id="@+id/button1"
        android:layout_column="2"
        android:layout_gravity="clip_horizontal"
        android:text="确定" />
    <Button
        android:id="@+id/button2"
        android:layout_column="3"
        android:layout_gravity="clip_horizontal"
        android:text="取消" />
</GridLayout>
```

从以上代码中可以看出，每当布局换行时，需要先设定当前行第一个控件的所在列位置，如第二行的第一个控件的属性 android:layout_column="0"，第三行的第一个控件的属性 android:layout_column="1"，第四行的第一个控件的属性 android:layout_column="2"。

【提示】 由于默认状态下 Eclipse 项目向导创建的 Android 项目的 API 等于 8，而网格布局要求的 API 为 14，所以，当从 Layouts 控件箱中拖曳一个网格布局管理器到布局区域后，Eclipse 会提示错误，此时只要打开 AndroidManifest.xml 文件，将其中的 android:minSdkVersion="8"改为 android:minSdkVersion="14"，问题即可解决。

程序在手机上运行后的界面效果如图 4-11 所示。

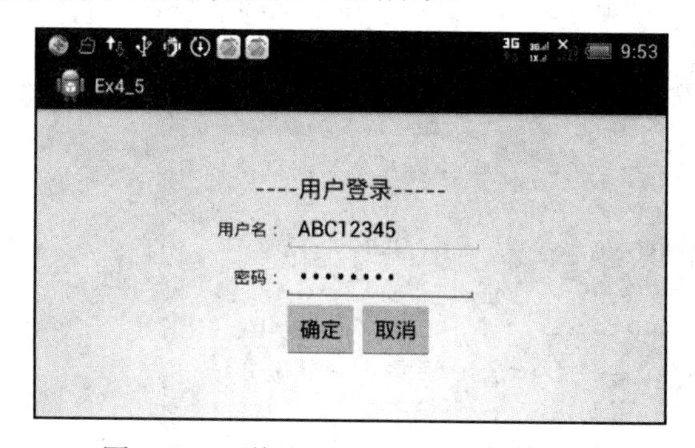

图 4-11　网格布局设计的用户登录界面

4.2.7　布局管理器的嵌套

此前的章节分别介绍了 5 种布局管理器，不过，以上设计方法中，一个用户界面的设计只用了一个布局管理器。其实，在一个用户界面的设计中，也可以同时使用几个布局管理器，也就是将几个布局管理器嵌套使用，这样就可以充分发挥各种布局管理器的优势，使得布局设计更高效、灵活。

※ **示例 Ex4_6**：利用嵌套布局管理器，设计一个包含多个文本框和图片并且排列规范的用户界面。

首先使用一个垂直排列的线性布局管理器作为布局主容器，然后在其中分别嵌套一个水平排列的线性布局管理器（此布局管理器也可省略）和一个 4×4 的表格布局管理器。添加一个文本框显示界面上方的文本内容；同时，利用其中嵌套的表格布局管理器，可以很容易地排列两张图片，并且可以对应地显示这两张图片的标注。

利用 Eclipse 的可视化用户界面设计方法来实现。具体的 XML 布局代码如下：

```
<LinearLayout xmlns:android="http://schemas.android.com/apk/res/android"
   android:layout_width="fill_parent"
   android:layout_height="fill_parent"
   android:gravity="center"
   android:orientation="vertical" >
   <LinearLayout
      android:layout_width="match_parent"
      android:layout_height="wrap_content"
      android:gravity="center_horizontal"
      android:orientation="horizontal" >
      <TextView
         android:id="@+id/textView1"
         android:layout_width="wrap_content"
         android:layout_height="wrap_content"
         android:text="春冬季节的自然景色" />
   </LinearLayout>
   <TableLayout
      android:layout_width="wrap_content"
      android:layout_height="wrap_content" >
      <TableRow
         android:id="@+id/tableRow1"
         android:layout_width="wrap_content"
         android:layout_height="wrap_content" >
         <ImageView
            android:id="@+id/imageView1"
            android:layout_width="wrap_content"
            android:layout_height="wrap_content"
            android:src="@drawable/trees1" />
         <ImageView
            android:id="@+id/imageView2"
            android:layout_width="wrap_content"
            android:layout_height="wrap_content"
            android:src="@drawable/trees2" />
      </TableRow>
      <TableRow
         android:id="@+id/tableRow2"
         android:layout_width="wrap_content"
```

```
            android:layout_height="wrap_content" >
            <TextView
                android:id="@+id/textView2"
                android:layout_width="wrap_content"
                android:layout_height="wrap_content"
                android:gravity="center_horizontal"
                android:text="图 1 春之景色" />
            <TextView
                android:id="@+id/textView3"
                android:layout_width="wrap_content"
                android:layout_height="wrap_content"
                android:gravity="center_horizontal"
                android:text="图 2 冬之景色" />
        </TableRow>
    </TableLayout>
</LinearLayout>
```

程序在手机上运行后的界面效果如图 4-12 所示。

图 4-12　布局管理器的嵌套应用示例

【说明】其实，本示例也可以利用一个网格布局管理器来实现，在此仅为展示布局管理器的嵌套用法而已。同时该示例也表明，同样的界面可以有多种布局实现方法。

4.3　利用 Java 代码设计用户界面

此前章节介绍的用户界面设计都是利用 XML 代码实现的，其实还可以通过编写相应的 Java 代码来设计用户界面。

利用 Java 代码设计用户界面需要经过以下 3 个步骤：

（1）根据界面布局的需要，利用 New 关键字创建相应的布局管理器，如线性布局管理器、相对布局管理器或网格布局管理器等，并且设置布局管理器的相应属性。

（2）根据界面设计需要的控件，利用 New 关键字创建相应的控件，如 TextView、EditText 或 Button 等，并且设置控件的相应属性。

（3）利用 addView()方法将创建的控件添加到布局管理器中，即可完成用户界面的设计。

需要注意的是，当我们录入了利用 New 关键字创建布局管理器的代码后，该行代码的下方会出现红色的波浪下划线，并且在对应的行号位置会显示红色叉号以提示代码有错误，如图 4-13 所示。

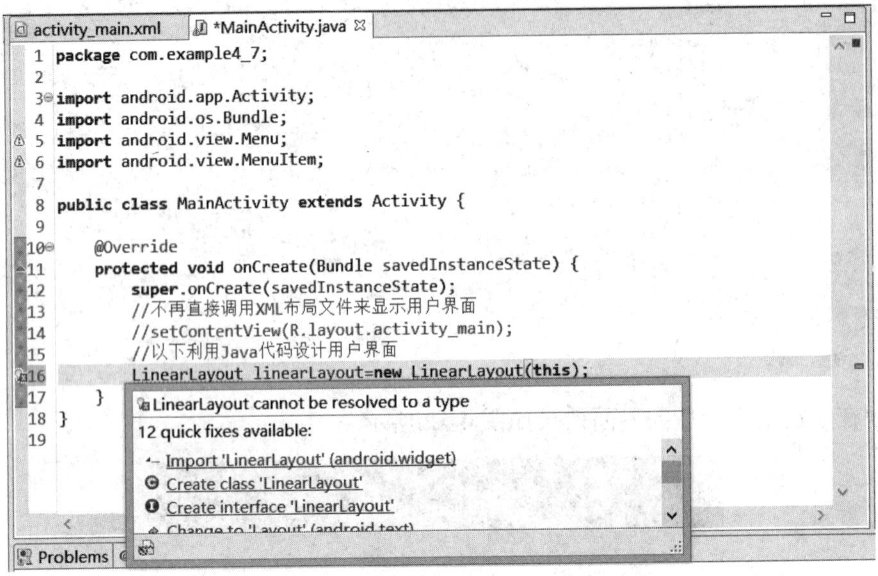

图 4-13　创建布局管理器的代码有错误

此时，将鼠标移到该行的代码位置，代码下方会出现一个代码错误说明以及解决建议，可以单击第一行的提示，如 Import 'LinearLayout'（android widget），错误即可解决，并且可以看到 Eclipse 自动添加了一行代码 “import android.widget.LinearLayout;”。同样，当添加创建其他控件（TextView、EditText 和 Button）的代码时，也会出现类似的错误提示，可以采用同样的办法来解决。

※ 示例 Ex4_7：利用 Java 代码设计一个通过手机号获取提货码的简单用户界面，其中包含文本框、编辑框和按钮各一个。

打开 MainActivity 代码文件，重写其 onCreate()方法，按照上述的 3 个步骤，依次利用 New 关键字创建相应的布局管理器和控件，并且设置它们的相应属性，并最终利用 addView()方法将创建的控件添加到布局管理器中。

具体的 Java 布局代码如下：

```
public class MainActivity extends Activity {
    @Override
    protected void onCreate(Bundle savedInstanceState) {
        super.onCreate(savedInstanceState);
        //不再直接调用 XML 布局文件来显示用户界面
        //setContentView(R.layout.activity_main);
        //以下利用 Java 代码设计用户界面
        //1. 创建布局管理器并设置其属性
        LinearLayout linearLayout=new LinearLayout(this);
        linearLayout.setGravity(Gravity.CENTER);
```

```
        linearLayout.setOrientation(LinearLayout.VERTICAL);
        //设置在 Activity 中显示该 linearLayout
        setContentView(linearLayout);
        //2. 创建 TextView 控件并设置其属性
        TextView textView1=new TextView(this);
        textView1.setText("请输入手机号码");
        textView1.setTextColor(Color.rgb(1,0,0));
        textView1.setLayoutParams(new LinearLayout.LayoutParams(220,
                  LinearLayout.LayoutParams.WRAP_CONTENT));
        textView1.setTextSize(TypedValue.COMPLEX_UNIT_DIP,18);
        linearLayout.addView(textView1); //将 textView1 添加到布局管理器中
        //3. 创建 EditText 控件并设置其属性
        EditText editText1=new EditText(this);
        editText1.setLayoutParams(new LinearLayout.LayoutParams(220,
               LinearLayout.LayoutParams.WRAP_CONTENT));
        linearLayout.addView(editText1); //将 editText1 添加到布局管理器中
        //4. 创建 ButtonView 控件并设置其属性
        Button button1=new Button(this);
        button1.setText("获取快递提货码");
        button1.setLayoutParams(new LinearLayout.LayoutParams(250,
               LinearLayout.LayoutParams.WRAP_CONTENT));
        linearLayout.addView(button1); //将 button1 添加到布局管理器中
    }
}
```

程序在手机上运行后的用户界面如图 4-14 所示。

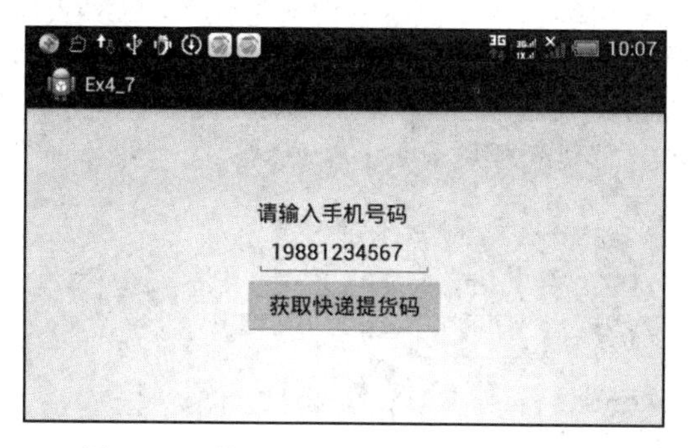

图 4-14　利用 Java 代码设计的用户界面

4.4　综合利用 XML 代码和 Java 代码设计用户界面

此前章节分别介绍了通过编写 XML 代码或者 Java 代码来设计用户界面的基本方法。第一种方法虽然直观、快捷且简单、易行，但是缺乏动态设计的灵活性；第二种方法则相反，虽然不够直观快捷且实现烦琐，但是具有动态设计的灵活性。所以，兼顾这两种方法的优势，可以将二者结合起来使用。

综合利用 XML 代码和 Java 代码设计用户界面的基本步骤如下：

（1）将变化比较小且行为比较明确的控件利用 XML 代码来创建和布局。

（2）获取 XML 文件中定义的布局管理器。

（3）将变化比较大且行为不明确的控件利用 Java 代码来创建和布局。

※ 示例 Ex4_8：综合利用 XML 文件和 Java 代码设计用户界面，界面中包含一个确定的内容标题（“利用 XML 文件和 Java 代码设计用户界面”）和几张需要灵活控制的图片，并且整体布局垂直排列、水平居中。

具体的设计步骤如下：

（1）在项目的 res/drawable/图片资源文件夹中存放 3 张预先准备好的图片（img1.jpg、img2.jpg 和 img3.jpg）。

（2）删除 Eclipse 创建的默认布局，分别从 Layouts 和 Form Widgets 控件箱中拖曳两个 LinearLayout 和一个 TextView 到界面布局工作区，并且构成一个嵌套布局。通过 Outline 属性面板，设置 TextView 的 text 属性，并设置外层 LinearLayout 的 id、orientation 和 gravity 属性值分别为 layout1、vertical 和 center，内层 LinearLayout 的相应属性值分别为 layout2、horizontal、center。具体的 XML 布局代码如下：

```
<LinearLayout xmlns:android="http://schemas.android.com/apk/res/android"
   xmlns:tools="http://schemas.android.com/tools"
   android:id="@+id/layout1"
   android:layout_width="fill_parent"
   android:layout_height="fill_parent"
   android:gravity="center"
   android:orientation="vertical" >
   <TextView
      android:layout_width="wrap_content"
      android:layout_height="wrap_content"
      android:text="利用 XML 文件和 Java 代码设计用户界面" />
   <LinearLayout
      android:id="@+id/layout2"
      android:layout_width="match_parent"
      android:layout_height="wrap_content"
      android:gravity="center"
      android:orientation="horizontal" >
   </LinearLayout>
</LinearLayout>
```

（3）打开 MainActivity 代码文件，重写其 onCreate()代码以实现界面中欲灵活控制的 ImageView 控件的添加与属性设置等。

```
import android.app.Activity;
import android.os.Bundle;
//创建控件需要添加的代码
import android.view.ViewGroup.LayoutParams;
import android.widget.ImageView;
import android.widget.LinearLayout;
public class MainActivity extends Activity {
```

```
    private ImageView[] img=new ImageView[3];//声明一个 ImageView 控件的数组
    private int[] imagePath=new int[]{ //声明并初始化一个保存访问图片的数组
            R.drawable.img1, R.drawable.img2, R.drawable.img3};
    @Override
    protected void onCreate(Bundle savedInstanceState) {
        super.onCreate(savedInstanceState);
        setContentView(R.layout.activity_main);
        //获取 XML 文件中定义的线性布局管理器
        LinearLayout layout =(LinearLayout)findViewById(R.id.layout);
        for (int i = 0; i < imagePath.length; i++) {
            img[i]=new ImageView(this);//创建一个 ImageView 控件
            img[i].setImageResource(imagePath[i]);//为 ImageView 控件指定的图片
            img[i].setPadding(5, 5, 5, 5);//设置 ImageView 控件的内边距
            LayoutParams params=new LayoutParams(267,200);//设置图片宽度和高度
            img[i].setLayoutParams(params);//为 ImageView 控件设置布局参数
            layout.addView(img[i]);//将 ImageView 控件添加到布局管理器中
        }
    }
}
```

程序在手机上运行后的用户界面如图 4-15 所示。

图 4-15　综合利用 XML 文件和 Java 代码设计用户界面

通过以上示例的设计，我们显然能够感受到，利用 XML 代码的界面布局设计，不仅控件的添加和属性设置简单、易行，而且设计效果一目了然，所以，在实际的用户界面设计中，通常优先采用 XML 布局文件，而只对那些需要灵活控制的布局，才会考虑采用编写 Java 代码的方式来实现。

【说明】本书中，为了简化示例的设计过程，无论是对于 xml 布局文件中控件 id 的命名，还是对于 Java 代码中控件对象的定义，基本使用的是 Eclipse 的默认名，实际开发程序过程中，建议使用有较明确示意的命名。

习　　题

1．Android 应用程序的用户界面设计通常使用哪几种布局管理器？各有什么特点？

2．在 XML 布局文件中，布局管理器的属性 xmlns 表示什么？嵌套于内部的布局管理器是否还需要设置此项属性？

3．同一个用户界面的设计方法是唯一的吗？试举例说明。

4．表格布局管理器与网格布局管理器有何异同？请结合实际应用说明此二者哪个使用更灵活、方便。

5．结合一个简单应用实例，简要说明如何在 Eclipse 集成开发环境的可视化用户界面设计中，利用拖曳控件和 Outline 面板的属性值选择，快速地创建一个用户界面。

6．请结合框架（帧）布局管理器的特点说明，为什么框架布局管理器常被用于游戏的界面设计中？

第 5 章　基本程序单元 Activity

学习要点

- ❑ 了解 Activity 的运行状态及其生命周期。
- ❑ 掌握 Activity 的创建、启动、关闭及配置。
- ❑ 掌握如何调用其他 Activity。
- ❑ 掌握如何在 Activity 之间传递数据。
- ❑ 掌握如何保留返回前输入的 Activity 数据。

5.1　Activity 简介

Activity（中文释义：活动）是 Android 的 4 大组件（Activity、Service、Content Provider 和 BroadcastReceiver）之一，它是用户与应用程序进行交互的接口。一个 Android 应用程序中，根据功能的需要，既可以只有一个 Activity，也可以有多个 Activity，并且每个 Activity 都被赋予一个默认的窗口（如 activity_main.xml）进行绘制，一般情况下，这个窗口既可以是满屏的，也可以是一个位于其他窗口之上的浮动小窗口。

Activity 窗口显示的可视内容是由一系列视图构成的，这些视图均继承自 View 基类，每个视图均控制着窗口中一块特定的矩形区域，父级视图包含并组织其子视图的布局，而底层视图则在它所控制的矩形区域中进行绘制，并响应用户的操作，所以，视图是 Activity 与用户进行交互的界面。

因为 Activity 是一个类，是一个继承了 Activity 的类，所以，创建一个 Activity 类必须注意以下几点（可参考此前章节中利用 Eclipse 向导创建的 Android 项目的相关内容）：

- ❑ 必须创建一个 Activity 的子类（或者一个 Activity 的子类的子类）。
- ❑ 必须继承 Android 系统提供的 Acitivity 类。
- ❑ 必须重写 Activity 的 OnCreate()方法，因为这是一个 Activity 生命周期的开始。
- ❑ 所编写的 Activity 必须在 AndroidManifest.xml 文件中进行注册，因为只有注册过的 Activity 才是合法的，才会被系统认可。

5.2　Activity 的运行状态及生命周期

当我们准备使用 Activity 之前，需要先了解 Activity 的运行状态及其生命周期，这样才能正确地编写相应的程序，更好地发挥 Activity 的功能。

5.2.1　Activity 的运行状态

Activity 一般表现为以下 4 种状态：

- Running（活动）状态

一个新的 Activity 启动入栈后，显示在屏幕最前端，它是可见的、有焦点的，并且可与用户进行交互，此时即处于 Running 状态。

- Paused（暂停）状态

Activity 可见但不拥有焦点（当然也不可与用户交互），此时即处于 Paused 状态。

- Stopped（停止）状态

当 Activity 不可见时，它就处于 Stopped 状态。这时 Activity 仍然留在内存里并保存所有的状态和成员信息。一旦 Activity 退出或关闭，当前的状态和成员信息就丢失了。

- Killed（销毁）状态

Activity 从堆栈中被移除后，即处于 Killed 状态，需要重新启动才可以再次使用。

5.2.2　Activity 的生命周期

Activity 的生命周期是从程序启动到程序终止的全过程。Android 系统中的 Activity 类提供了 onCreate()、onPause()、onResume()和 onStop()等方法，这些方法的有序执行，构成了 Activity 的一个生命周期。图 5-1 所示为 Android 官方给出的 Activity 对象的生命周期。图中用矩形框包含可以被回调的 Activity 方法，用椭圆框包含 Activity 的状态。

每个 Activity 回调方法的调用时刻分别简介如下：

- onCreate()方法

第一次调用一个 Activity 时就会执行 onCreate()方法。利用 Eclipse 向导新建一个 Android 项目时，在其自动创建的 Activity 中，默认重写了 onCreate()方法，此方法用于对该 Activity 进行初始化。

- onStart()方法

当 Activity 启动并处于可见状态时就会调用 onStart()方法。

- onResume()方法

当 Activity 由暂停状态恢复为活动状态时就会调用 onResume()方法。

- onRestart()方法

当 Activity 没有被销毁又重新使用这个 Activity 时就会调用 onRestart()方法。

- onPause()方法

当 Activity 被遮挡、处于暂停状态时就会调用 onPause()方法。

- onStop()方法

当 Activity 被停止时就会调用 onStop()方法。

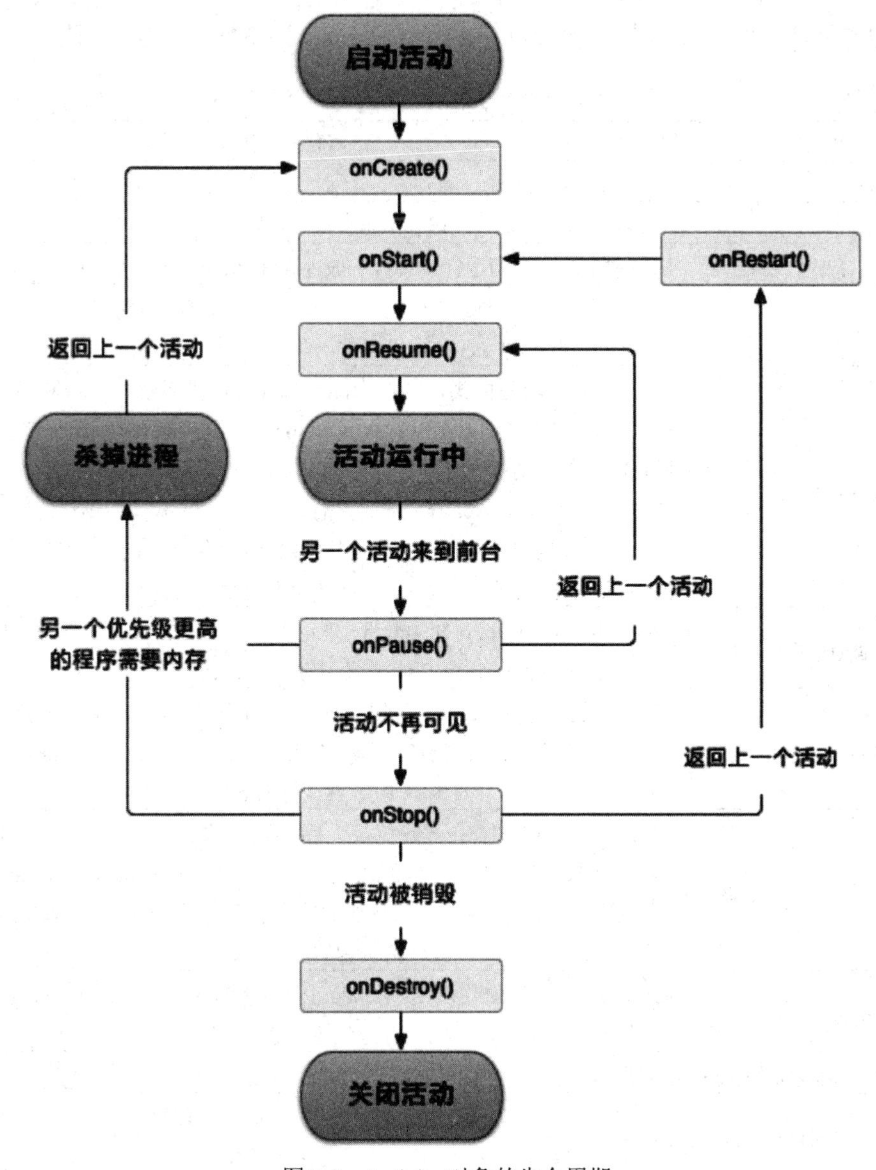

图 5-1　Activity 对象的生命周期

- onDestory()方法

当 Activity 被销毁时就会调用 onDestory()方法。

【说明】在 Android 应用程序的开发过程中，通常都会根据功能实现的具体需要，重写 Activity 的相应方法，其中，onCreate()是最常被重写的方法。

5.2.3　Activity 的属性

在 Android 系统中，Activity 是作为一个对象存在的，所以它与 Android 中的其他对象类似，也支持相应的 XML 属性。表 5-1 列出了 Activity 支持的常用 XML 属性。

表 5-1　Activity 支持的常用 XML 属性

XML 属性	说　明
android:name	Application 子类的全名
android:label	指定显示的名称，一般在 Launcher 中显示
android:icon	声明整个 APP 的图标，图片一般保存在 drawable 文件夹中
android:theme	是一个资源的风格，它定义了一个默认的主题风格给所有的 activity，当然也可以在自己的 theme 中设置它，类似 style
android:screenOritation	Activity 显示的模式，默认为 unspecified，由系统自动判断显示方向；landscape 横屏模式，宽度比高度大；portrait 竖屏模式，高度比宽度大；user 模式，用户当前首选的方向；behind 模式，和该 Activity 下面的那个 Activity 的方向一致（在 Activity 堆栈中的）；sensor 模式，由物理的感应器来决定。如果用户旋转设备这屏幕则会横竖屏切换；nosensor 模式，忽略物理感应器，这样就不会随着用户旋转设备而更改了
android:taskAffinity	拥有相同的 affinity 的 Activity 理论上属于相同的 Task，应用程序默认的 affinity 的名字是<manifest>元素中设定的 package 名
android:allowTaskReparenting	用来标记一个 Activity 实例在当前应用退居后台后，是否能从启动它的那个 Task 移动到有共同 affinity 的 Task，true 表示可以移动，false 表示它必须停留在当前应用的 Task 中，默认值为 false
android:alwaysRetainTaskState	当用户离开一个 Task 一段时间后，系统就会清除掉这个 Task 中除了根 Activity 以外的 Activity，如果这个 Task 的 Activity 的 android:alwaysRetainTaskState 属性设置为 true，那么上述描述的默认情况就不会出现了，即 Task 即使过了一段时间，也会一直保留所有的 Activity
android:launchMode	Activity 有 4 种加载模式：standard、singleTop、singleTask、singleInstance（其中，前两个是一组、后两个是一组），默认为 standard
android:finishTaskOnLauncher	当用户重新启动这个任务时，是否关闭已经打开的 Activity
android:clearTaskOnLauncher	当根 Activity 为 true，且用户离开 Task 并返回时，Task 会清除直到根 Activity
android: noHistory	当用户切换到其他屏幕时，该 Activity 是否从 Activity stack 中清除，默认是 false
android:excludeFromRecents	是否可被显示在最近打开的 Activity 列表里，默认是 false
android:exported	是否允许 Activity 被其他程序调用
android:stateNotNeeded	Activity 被销毁或者成功重启时是否保存状态
android:configChanges	当配置 list 发生修改时，是否调用 onConfigurationChanged()方法
android:multiprocess	是否允许多进程，默认是 false
android: process	一个 activity 运行时所在的进程名，所有程序组件运行在应用程序默认的进程中，这个进程名跟应用程序的包名一致

5.3　Activity 的应用基础

要想在 Android 应用程序中使用 Activity，需要先创建并配置它，然后才可以根据功能实现的具体需要来启动或者关闭它。

5.3.1　创建、启动和关闭 Activity

1．创建 Activity

※ **示例 Ex5_1**：创建一个包含两个 Activity 的 Android 应用程序，第一个 Activity 有对应的 XML 布局，第二个 Activity 暂不需创建对应的 XML 布局。

具体步骤如下：

（1）按照此前章节中介绍的方法，利用 Eclipse 向导创建一个名为 Ex5_1 的 Android 应用程序，默认情况下，项目中会自动创建一个名为 MainActivity 的 Activity，它继承了 android.app.Activity 类（如加粗斜体部分的代码所示），主要代码如下：

```
import android.app.Activity;
public class MainActivity extends Activity {
    @Override
    protected void onCreate(Bundle savedInstanceState) {
        super.onCreate(savedInstanceState);
        setContentView(R.layout.activity_main);
    }
}
```

并且，Eclipse 向导还自动为此 Activity 重写了 onCreate()方法，该方法中设置了要显示的视图（如加粗斜体部分的代码所示），具体代码如下：

```
@Override
protected void onCreate(Bundle savedInstanceState) {
    super.onCreate(savedInstanceState);
    setContentView(R.layout.activity_main);
}
```

接下来继续在项目中创建第二个 Activity，进一步完成此示例设计。

（2）右击所建项目的 src 资源文件夹，在弹出的快捷菜单中选择 New→Class 命令，弹出如图 5-2 所示的“新建 Java 类”对话框。

（3）单击 Superclass（超类）文本框右边的 Browse 按钮，弹出如图 5-3 所示的“超类选择”对话框，在 Choose a type 下方的文本框中输入欲查找的 activity，随之可见 Matching items（匹配项）中列表显示出可选项，选择其中的 Activity-android.app，然后单击 OK 按钮，完成选项的选择。

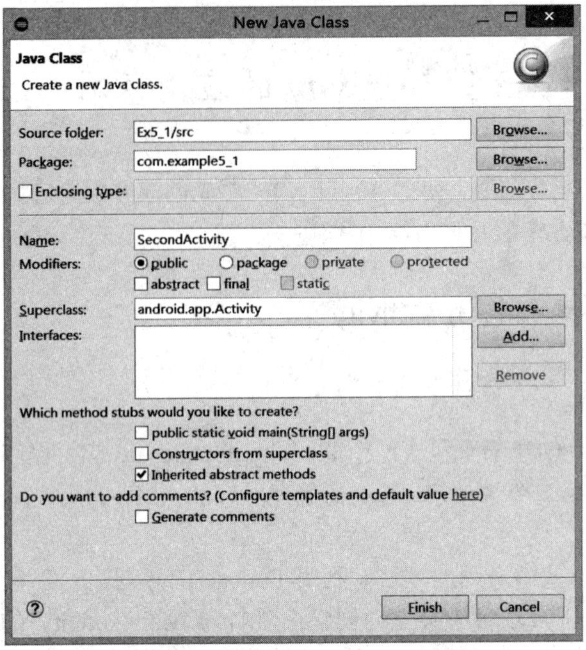

图 5-2　“新建 Java 类”对话框

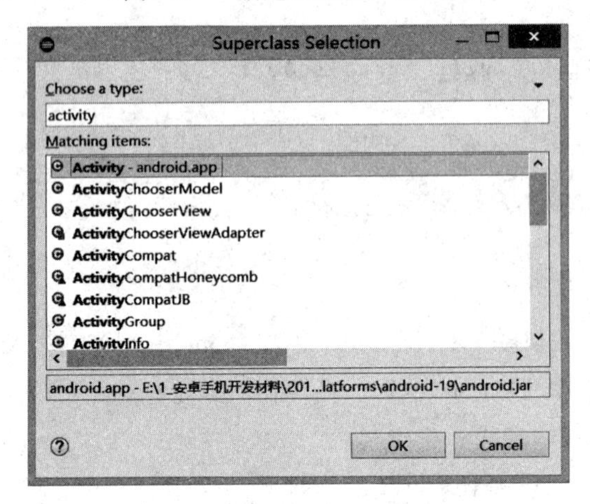

图 5-3　“超类选择”对话框

（4）最后单击 Finish 按钮，完成此 Activity 的创建。此时，Eclipse 通常会自动显示新建 Activity 的代码：

```
import android.app.Activity;
public class SecondActivity extends Activity {
}
```

可见，这个 Activity 的代码还不具备任何具体功能，所以，通常还需重写此 Activity 的 onCreate()方法以实现相应的功能。

（5）右击项目的 src 资源文件夹中的 SecondActivity.java 文件，在弹出的快捷菜单中选择 Source→Override/Implement Methods 命令，弹出如图 5-4 所示的“覆盖/实现方法”对话框。

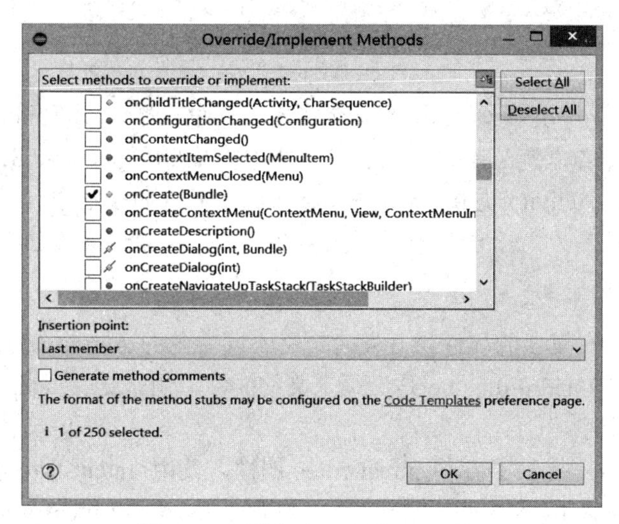

图 5-4　“覆盖/实现方法”对话框

（6）向下拖动“覆盖/实现方法”对话框的纵向滑块，找到需要重写的 onCreate()方法，选中其复选框，单击 OK 按钮，即可看到 Eclipse 已经初步完成了 onCreate()方法的重写，具体代码如下：

```
import android.app.Activity;
import android.os.Bundle;

public class SecondActivity extends Activity {
    @Override
    protected void onCreate(Bundle savedInstanceState) {
        super.onCreate(savedInstanceState);
    }
}
```

【说明】通常，还需要创建一个对应 SecondActivity 类的布局文件，此项设计工作将稍后具体介绍。

5.3.2　配置 Activity

1．Activity 配置简介

创建 Activity 后，还需要在 AndroidManifest.xml 文件中对其进行相应的配置，如果没有配置，而又在程序中启动了该 Activity，将导致应用程序运行异常。

具体的配置方法是在<application></application>标记中添加<activity></activity>标记，并设置相应的属性。<activity>标记的基本格式如下：

```
<activity
    android:name="需要配置的 Activity 类名称"
```

```
    android:label="对当前 Activity 类的说明" >
    …（其他标记属性）
</activity>
```

【说明】如果该 Activity 类在<manifest>标记指定的包中，那么 android:name 属性值可以直接设置为类名称，也可以加一个“.”号（如 android:name=".SecondActivity"）；否则，如果该 Activity 类在<manifest>标记指定的包的子包中，那么 android:name 属性值需要设置为“.子包序列.类名称”的形式，或者设置为包括了包的路径在内的完整类名称。

其实，<activity>有很多的属性供开发者定义不同特色的 Activity，如 lable、icon、theme 以及 style 等。其中的 android:name 是必须定义的属性，用来定义 activity 的名字，当应用发布后就不能再改变了。

另外，<activity>还提供了各种 intent-filter 属性，使用<intent-filter>来声明其他应用组件如何激活（启动）Activity，<intent-filter>又包含了<action>和<category>这两个元素，如<action android:name="android.intent.action.MAIN" />用来表示应用程序需要最先启动该 Activity，以此作为应用程序的主要入口。

2．Activity 示例配置

对于以上创建的第二个 Activity（SecondActivity），对其配置后的 AndroidManifest.xml 的完整代码如下：

```
<?xml version="1.0" encoding="utf-8"?>
<manifest xmlns:android="http://schemas.android.com/apk/res/android"
    package="com.example5_1"
    android:versionCode="1"
    android:versionName="1.0" >
    <uses-sdk
        android:minSdkVersion="8"
        android:targetSdkVersion="21" />
    <application
        android:allowBackup="true"
        android:icon="@drawable/ic_launcher"
        android:label="@string/app_name"
        android:theme="@style/AppTheme" >
        <activity
            android:name=".MainActivity"
            android:label="@string/app_name" >
            <intent-filter>
                <action android:name="android.intent.action.MAIN" />
                <category android:name="android.intent.category.LAUNCHER" />
            </intent-filter>
        </activity>
        <activity
            android:name=".SecondActivity"
            android:label="第二个 Activity" >
```

```
        </activity>
    </application>
</manifest>
```

以上代码中的第二个<activity>标记，就是对 SecondActivity 的基本配置。

5.4　Activity 的基本用法

5.4.1　调用其他 Activity

在一个 Android 应用程序中，通常包含多个用户界面，并且这些界面之间一般存在着相互调用的操作。

※ **示例 Ex5_1（继续）**：在此前创建的示例程序 Ex5_1 的基础上，继续新建另一个 Activity（SecondActivity）的布局，并在第一个 Activity 中调用这个 Activity。

具体步骤如下：

（1）右击项目的 layout 文件夹，在弹出的快捷菜单中选择 New→Android XML File 命令，弹出如图 5-5 所示的“新建 Android XML 文件”对话框。

图 5-5　“新建 Android XML 文件”对话框

（2）在 File 文本框中输入文件名 secondactivity，并在列表框中选择 LinearLayout 布局管理器，然后单击 Finish 按钮，完成此布局文件 secondactivity.xml 的新建过程。

（3）打开 secondactivity.xml 布局文件，在 Eclipse 的布局设计可视环境下，从 Form Widgets 控件箱中拖曳一个 TextView 文本框控件到该布局中，并设置其内容为“这是 SecondActivity 对应的界面”，具体的布局代码如下：

```
<?xml version="1.0" encoding="utf-8"?>
<LinearLayout xmlns:android="http://schemas.android.com/apk/res/android"
    android:layout_width="match_parent"
    android:layout_height="match_parent"
    android:orientation="vertical" >
    <TextView
        android:id="@+id/textView1"
        android:layout_width="wrap_content"
        android:layout_height="wrap_content"
        android:text="这是 SecondActivity 对应的界面" />
</LinearLayout>
```

（4）打开 SecondActivity.java 文件，重写 onCreate()方法，添加设置显示相应视图的具体代码：

```
public class SecondActivity extends Activity {
    @Override
    protected void onCreate(Bundle savedInstanceState) {
        super.onCreate(savedInstanceState);
        //设置该 Activity 中要显示的内容视图
        setContentView(R.layout.secondactivity);
    }
}
```

（5）打开 activity_main.xml 布局文件，在 Eclipse 的布局设计可视环境下，从 Form Widgets 控件箱中拖曳一个 Button 按钮控件到该布局中，设置其文本内容为“调用另一个 Activity”，并且调整各控件的相应布局属性，具体的布局代码如下：

```
<RelativeLayout
    xmlns:android="http://schemas.android.com/apk/res/android"
    xmlns:tools="http://schemas.android.com/tools"
    android:layout_width="match_parent"
    android:layout_height="match_parent"
    tools:context="${relativePackage}.${activityClass}" >
    <TextView
        android:id="@+id/textView1"
        android:layout_width="wrap_content"
        android:layout_height="wrap_content"
        android:text="@string/hello_world" />
    <Button
        android:id="@+id/button1"
        android:layout_width="wrap_content"
        android:layout_height="wrap_content"
        android:layout_alignParentLeft="true"
        android:layout_below="@+id/textView1"
        android:text="调用另一个 Activity" />
</RelativeLayout>
```

【说明】因为本示例旨在介绍 Activity 的基本知识，对布局效果没有具体要求，所以，上述两个用户界面中的文本框和按钮的布局可以任意设置。

（6）打开 MainActivity.java 文件，重写其中的 onCreate()方法，具体代码如下：

```
package com.example5_1;
import android.app.Activity;
import android.content.Intent;
import android.os.Bundle;
import android.view.View;
import android.widget.Button;
public class MainActivity extends Activity {
    @Override
    protected void onCreate(Bundle savedInstanceState) {
        super.onCreate(savedInstanceState);
        //设置该 Activity 中要显示的视图
        setContentView(R.layout.activity_main);
        //定义并获取一个 Button 对象
        Button button1=(Button)findViewById(R.id.button1);
        //为调用按钮添加单击监听事件
        button1.setOnClickListener(new View.OnClickListener() {
            @Override
            public void onClick(View v) {
                //创建一个 Intent 对象
                Intent intent=new Intent();
                intent.setClass(MainActivity.this,SecondActivity.class);
                //启动新的 Activity
                startActivity(intent);
            }
        });
    }
}
```

程序在手机上运行后的测试效果分别如图 5-6 和图 5-7 所示。

图 5-6　Activity 的调用者界面

图 5-7　被调用的 Activity 界面

5.4.2　在 Activity 之间传递数据

在 Android 应用程序的实际应用中，有些情况下，一个 Activity 调用另一个 Activity 的同时，还需要将当前 Activity 中的相应数据也传递给被调用的 Activity。

【提示】 在 Activity 之间传递数据的方法是：利用 Android.os.Bundle 对象封装数据，通过 Bundle 对象在不同的 Intent 之间传递数据。关于 Intent 的具体用法将在后续的第 8 章中详细介绍。

※ **示例 Ex5_1（继续）**：在以上示例程序 Ex5_1 的基础上，继续实现在一个 Activity 中调用另一个 Activity 的同时传递相应数据的功能。

具体步骤如下：

（1）打开 activity_main.xml 布局文件，在 Eclipse 的布局设计可视环境下，从 Text Fields 控件箱中拖曳一个 EditText 编辑框控件到该布局中，以便利用此编辑框提供向另一个 Activity 传递的数据，具体的布局代码如下：

```
<RelativeLayout
   xmlns:android="http://schemas.android.com/apk/res/android"
   xmlns:tools="http://schemas.android.com/tools"
   android:layout_width="match_parent"
   android:layout_height="match_parent"
   tools:context="${relativePackage}.${activityClass}" >
   <TextView
      android:id="@+id/textView1"
      android:layout_width="wrap_content"
      android:layout_height="wrap_content"
      android:text="@string/hello_world" />
   <EditText
      android:id="@+id/editText1"
      android:layout_width="wrap_content"
      android:layout_height="wrap_content"
      android:layout_alignParentLeft="true"
      android:layout_below="@+id/textView1"
      android:ems="10" >
      <requestFocus />
   </EditText>
   <Button
      android:id="@+id/button1"
      android:layout_width="wrap_content"
      android:layout_height="wrap_content"
      android:layout_alignParentLeft="true"
      android:layout_below="@+id/editText1"
      android:text="调用另一个 Activity" />
</RelativeLayout>
```

（2）打开 MainActivity.java 文件，继续重写其中的 onCreate()方法，调用并传递数据给 SecondActivity，具体代码如下：

```
package com.example5_1;
import android.app.Activity;
import android.content.Intent;
import android.os.Bundle;
import android.view.View;
import android.widget.Button;
import android.widget.EditText;
public class MainActivity extends Activity {
    @Override
    protected void onCreate(Bundle savedInstanceState) {
        super.onCreate(savedInstanceState);
        setContentView(R.layout.activity_main);
        Button button1=(Button)findViewById(R.id.button1);
        button1.setOnClickListener(new View.OnClickListener() {
            @Override
            public void onClick(View v) {
                Intent intent=new Intent();
                intent.setClass(MainActivity.this,SecondActivity.class);
                //获取输入数据
                String editText1=((EditText)findViewById(R.id.editText1))
                                 .getText().toString();
                //定义并实例化一个 Bundle 对象
                Bundle bundle=new Bundle();
                //函数 bundle.putString()传递键值对，eText1 为键名，editText1 为键值
                bundle.putString("eText1",editText1);
                //将 Bundle 对象添加到 Intent 对象中
                intent.putExtras(bundle);
                startActivity(intent);
            }
        });
    }
}
```

（3）打开 SecondActivity.java 文件，继续重写其中的 onCreate()方法，接收并显示由 Activity 传递来的数据，具体代码如下：

```
package com.example5_1;
import android.app.Activity;
import android.os.Bundle;
import android.widget.TextView;
public class SecondActivity extends Activity {
    //定义一个 TextView 对象（显示相应的数据）
    private TextView tv1;
    @Override
    protected void onCreate(Bundle savedInstanceState) {
        //TODO Auto-generated method stub
```

```
        super.onCreate(savedInstanceState);
        setContentView(R.layout.secondactivity);
        //取得 Intent 中的 Bundle 对象
        Bundle bundle=this.getIntent().getExtras();
        //取得 Bundle 对象中的数据
        String editText1=bundle.getString("eText1");
        //获取 TextView 对象
        tv1=(TextView)findViewById(R.id.textView1);
        //设置文本框的内容
        tv1.setText("前一个 Activity 传递来的数据是: "+editText1);
    }
}
```

程序在手机上运行后的测试效果分别如图 5-8 和图 5-9 所示。

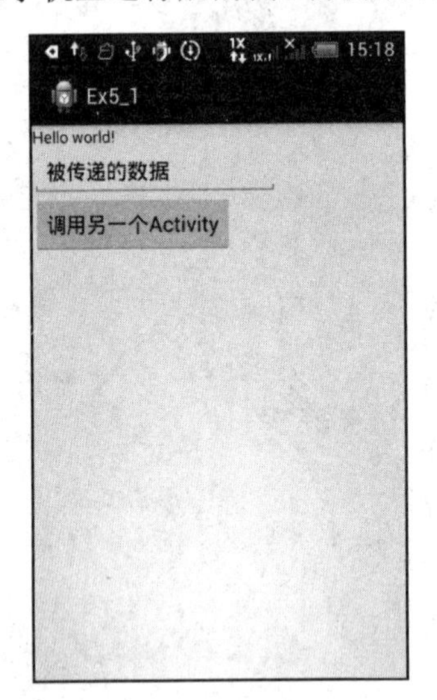

图 5-8　调用并传递数据的 Activity 界面

图 5-9　被调用并接收数据的 Activity 界面

5.4.3　返回到前一个 Activity 并保留其数据

实际应用中，当在前一个 Activity 中调用了另一个 Activity，并将前一个 Activity 中的相应数据传递给被调用的 Activity 之后，可能又会返回到前一个 Activity，并且其之前输入的相应数据仍然被保留着。

为了能够保留 Activity 调用者之前输入的相应数据，在调用另一个 Activity 时，就不能再使用 startActivity(Intent intent)，而是要用 startActivityForResult(Intent intent,Int requestCode)，该方法的第一个参数是 Intent 对象，第二个参数 requestCode 是一个大于等于 0 的整数，用于在方法 onActivityResult()中区别是哪个子模块回传的数据。

※ **示例 Ex5_2**：开发一个 Android 应用程序，包含两个 Activity，一个 Activity 调用另一个 Activity，并且单击按钮返回到调用者 Activity 时，其之前输入的数据仍存在。

为了便于读者对比查看示例程序的代码，本节的示例将另外新建一个项目，但其前面部分的创建步骤与此前的示例程序 Ex5_1 完全一样，所以下文的“具体步骤”将仅介绍项目中需要添加和修改部分的内容。

具体步骤如下：

（1）打开 secondactivity.xml 文件，在 Eclipse 的布局设计可视环境下，从 Form Widgets 控件箱中拖曳一个 Button 按钮框控件到该布局中，并设置其内容为“返回到前一个 Activity”。

（2）打开 MainActivity.java 文件，重写其中的 onCreate()方法和 onActivityResult()方法，具体代码如下：

```
package com.example5_2;
import android.app.Activity;
import android.content.Intent;
import android.os.Bundle;
import android.view.View;
import android.widget.Button;
import android.widget.EditText;
public class MainActivity extends Activity {
    private EditText editText1;
    @Override
    protected void onCreate(Bundle savedInstanceState) {
        super.onCreate(savedInstanceState);
        setContentView(R.layout.activity_main);
        Button button1=(Button)findViewById(R.id.button1);
        editText1=(EditText)findViewById(R.id.editText1);
        button1.setOnClickListener(new View.OnClickListener() {
            @Override
            public void onClick(View v) {
                Intent intent=new Intent();
                intent.setClass(MainActivity.this,SecondActivity.class);
                String Text1=editText1.getText().toString();
                Bundle bundle=new Bundle();
                bundle.putString("eText1",Text1);
                intent.putExtras(bundle);
                //启动新的 Activity
                startActivityForResult(intent,0);
            }
        });
    }
    //重写 onActivityResult()方法
    @Override
    protected void onActivityResult(int requestCode, int resultCode,
        Intent data) {
        //判断返回的 resultCode（结果码）
        if(resultCode==Activity.RESULT_OK){
            //获取传递的数据包
            String val = data.getExtras().getString("eText1");
            //显示获取的数据
```

```
            editText1.setText(val);
        }
    }
}
```

（3）打开 SecondActivity.java 文件，在此前程序的基础上进一步重写 onCreate()方法，具体代码如下：

```
package com.example5_2;
import android.app.Activity;
import android.content.Intent;
import android.os.Bundle;
import android.view.View;
import android.widget.Button;
import android.widget.TextView;
public class SecondActivity extends Activity {
    private TextView tv1;
    //定义一个 Bundle 对象
    Bundle bundle;
    //定义一个 Intent 对象
    Intent intent;
    @Override
    protected void onCreate(Bundle savedInstanceState) {
        // TODO Auto-generated method stub
        super.onCreate(savedInstanceState);
        setContentView(R.layout.secondactivity);
        final Intent intent=getIntent();
        bundle=this.getIntent().getExtras();
        String editText1=bundle.getString("eText1");
        //获取 TextView 对象的数据
        tv1=(TextView)findViewById(R.id.textView1);
        //设置文本框内容
        tv1.setText("前一个 Activity 传递来的数据是："+editText1);
        /**********************************************
            返回到前一个 Activity，并保留其之前输入的相应数据
        **********************************************/
        Button button1=(Button)findViewById(R.id.button1);
        button1.setOnClickListener(new View.OnClickListener() {
            @Override
            public void onClick(View v) {
                //返回 result 给前一个 Activity
                SecondActivity.this.setResult(RESULT_OK,intent);
                //关闭当前 Activity
                SecondActivity.this.finish();
            }
        });
    }
}
```

【提示】 为了让应用程序知道返回的数据来自于哪个新的 Activity，需要使用 requestCode 结果码。

程序在手机上运行后的测试效果分别如图 5-10~图 5-12 所示。可以看出，图 5-10 和图 5-12 中输入数据完全一样，表明以上程序的确实现了“返回到前一个 Activity，并保留其之前输入的相应数据”的基本功能。

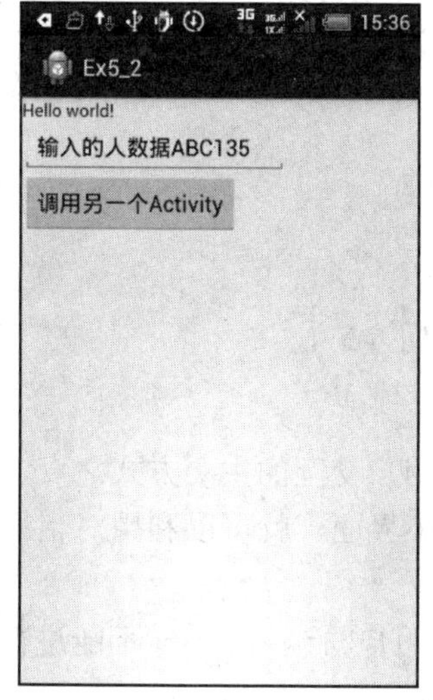

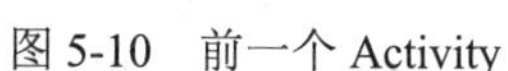
图 5-10　前一个 Activity

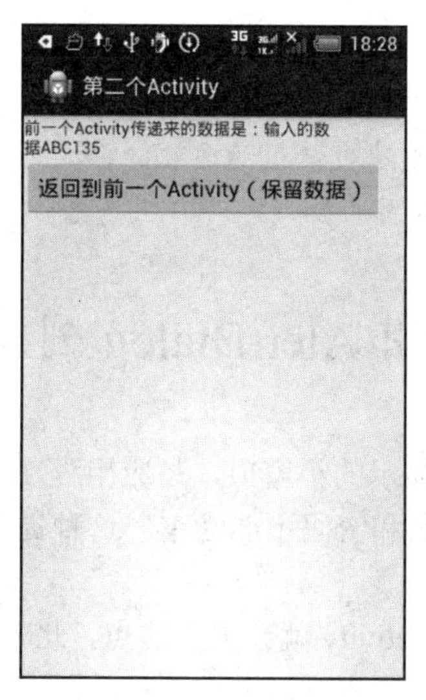

图 5-11　被调用的 Activity

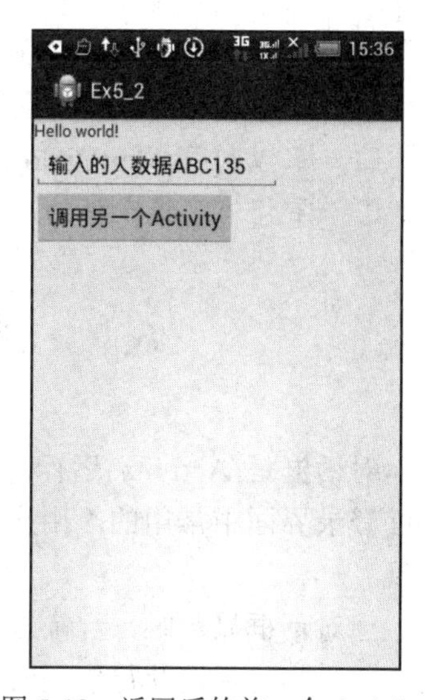

图 5-12　返回后的前一个 Activity

习　　题

1．什么是 Activity 的生命周期？各有什么特点？

2．如何在 AndroidManifest.xml 文件中配置 Activity，其中，哪个标记是必须使用？

3．简要说明 startActivity()与 startActivityForResult()的功能区别？

4．简要说明 setResult()的基本功能。

5．开发一个 Android 应用程序，实现在一个 Activity 中输入生日后，在另一个 Activity 中计算出其属相，并显示对应的属性图片。

第6章　Android的对话框与消息框

学习要点

- ❑ 了解Android系统各种对话框的基本功能。
- ❑ 掌握利用AlertDialog创建对话框的方法。
- ❑ 掌握消息提示框的基本用法。

6.1　利用AlertDialog创建对话框

对话框是Activity运行时显示的小窗口，是应用程序与用户交互的主要方式之一，例如在登录界面中常用的“用户名和密码不能为空”这种提示小界面，就可以利用对话框来实现。

当对话框显示时，当前的Activity就会失去焦点，此时，用户与该Activity不能进行交互，并且当对话框获得焦点时，用户可以操作该对话框。

Android系统中有多种对话框类型，主要包括普通对话框、包含按钮的对话框、单选按钮对话框、复选框对话框、列表选项对话框、可输入数据的对话框、进度条对话框、日期对话框以及时间对话框，另外，还可以显示自定义的对话框。

1．AlertDialog构造方法简介

AlertDialog的构造方法是Protected类型的，所以不能直接通过new来创建一个AlertDialog，而要用AlertDialog.Builder中的create()方法。

利用AlertDialog.Builder创建对话框需要使用以下几个方法。

- ❑ setTitle：为对话框设置标题。
- ❑ setIcon：为对话框设置图标。
- ❑ setMessage：为对话框设置内容。
- ❑ setView：为对话框设置自定义样式。
- ❑ setItems：设置对话框要显示的一个list，一般用于显示几个命令的情况下。
- ❑ setMultiChoiceItems：用来设置对话框显示一系列的复选框。
- ❑ setNeutralButton：用来设置普通按钮。
- ❑ setPositiveButton：为对话框添加Yes按钮。
- ❑ setNegativeButton：为对话框添加No按钮。
- ❑ create：创建对话框。
- ❑ show：显示对话框。

2．创建对话框

※ **示例 Ex6_1**：开发一个 Android 应用程序，利用 AlertDialog 的构造方法，分别创建普通对话框、包含按钮的对话框、单选按钮对话框、复选框对话框、列表选项对话框、可输入数据的对话框。

具体设计步骤如下：

（1）利用 Eclipse 向导创建一个名为 Ex6_1 的 Android 应用程序，打开默认创建的布局 activity_main.xml，重新添加一个线性布局管理器 ，并在其中添加 5 个按钮，用来显示 5 种类型的对话框，具体代码如下：

```
<LinearLayout xmlns:android="http://schemas.android.com/apk/res/android"
    android:layout_width="fill_parent"
    android:layout_height="fill_parent"
    android:orientation="vertical" >
    <TextView
        android:id="@+id/textView1"
        android:layout_width="wrap_content"
        android:layout_height="wrap_content"
        android:text="显示 5 种基本类型对话框：" />
    <Button
        android:id="@+id/button1"
        android:layout_width="wrap_content"
        android:layout_height="wrap_content"
        android:text="“确定/取消”对话框" />
    <Button
        android:id="@+id/button2"
        android:layout_width="wrap_content"
        android:layout_height="wrap_content"
        android:text="单选按钮对话框" />
    <Button
        android:id="@+id/button3"
        android:layout_width="wrap_content"
        android:layout_height="wrap_content"
        android:text="复选框对话框" />
    <Button
        android:id="@+id/button4"
        android:layout_width="wrap_content"
        android:layout_height="wrap_content"
        android:text="列表选项对话框" />
    <Button
        android:id="@+id/button5"
        android:layout_width="wrap_content"
        android:layout_height="wrap_content"
        android:text="可输入数据对话框" />
</LinearLayout>
```

（2）打开 MainActivity.java 文件，重写其中的 onCreate()方法，为每个按钮添加相应的单击事件处理，分别打开 5 个不同类型的对话框，具体代码如下：

```
package com.example.ex6_1;
import android.app.Activity;
import android.app.AlertDialog;
import android.content.DialogInterface;
import android.os.Bundle;
import android.view.View;
import android.widget.Button;
import android.widget.EditText;
public class MainActivity extends Activity {
    //选项数组
    final String[] travelType={"高铁/动车","飞机","自驾游"};
    @Override
    protected void onCreate(Bundle savedInstanceState) {
        super.onCreate(savedInstanceState);
        setContentView(R.layout.activity_main);
        /******  包含“确定/取消”按钮的对话框  ******/
        Button button1=(Button)findViewById(R.id.button1);
        button1.setOnClickListener(new View.OnClickListener() {
            @Override
            public void onClick(View v) {
                //准备创建 AlertDialog 对象
                new AlertDialog.Builder(MainActivity.this)
                //为对话框设置图标
                .setIcon(R.drawable.ic_launcher)
                //设置对话框的标题
                .setTitle("提示")
                //设置对话框的内容
                .setMessage("是否退出应用程序？")
                /***** 注：若不使用“确定”和“取消”按钮，则为普通对话框 *****/
                //为“确定”按钮添加单击事件处理
                .setPositiveButton("确定",
                        new DialogInterface.OnClickListener() {
                            @Override
                            public void onClick(DialogInterface dialog,
                                    int which) {
                                //退出当前程序
                                finish();
                            }
                        })
                //“取消”按钮单击无事件处理
                .setNegativeButton("取消", null)
                //创建并显示对话框
                .create().show();
            }
        });
        /******  单选按钮对话框  ******/
        Button button2=(Button)findViewById(R.id.button2);
        button2.setOnClickListener(new View.OnClickListener() {
            @Override
            public void onClick(View v) {
```

```
                new AlertDialog.Builder(MainActivity.this)
                .setIcon(R.drawable.ic_launcher)
                .setTitle("你喜欢的出行方式是：")
                //设置对话框类型
                .setSingleChoiceItems(travelType,0, null)
                .setPositiveButton("确定", null)
                .setNegativeButton("取消", null)
                .create().show();
            }
        });
        /******  复选框对话框  ******/
        Button button3=(Button)findViewById(R.id.button3);
        button3.setOnClickListener(new View.OnClickListener() {
            @Override
            public void onClick(View v) {
                new AlertDialog.Builder(MainActivity.this)
                .setIcon(R.drawable.ic_launcher)
                .setTitle("你喜欢的出行方式是：")
                //设置对话框类型
                .setMultiChoiceItems(travelType,null, null)
                .setPositiveButton("确定", null)
                .setNegativeButton("取消", null)
                .create().show();
            }
        });
        /******  列表选项对话框  ******/
        Button button4=(Button)findViewById(R.id.button4);
        button4.setOnClickListener(new View.OnClickListener() {
            @Override
            public void onClick(View v) {
                new AlertDialog.Builder(MainActivity.this)
                .setIcon(R.drawable.ic_launcher)
                .setTitle("你喜欢的旅游出行方式是：")
                //设置对话框类型
                .setItems(travelType, null)
                .setPositiveButton("确定", null)
                .setNegativeButton("取消", null)
                .create().show();
            }
        });
        /******  可输入数据对话框  ******/
        final EditText et = new EditText(this);
        Button button5=(Button)findViewById(R.id.button5);
        button5.setOnClickListener(new View.OnClickListener() {
            @Override
            public void onClick(View v) {
                new AlertDialog.Builder(MainActivity.this)
                .setIcon(R.drawable.ic_launcher)
                .setTitle("请输入旅游人数：")
                //设置对话框类型
```

```
                    .setView(et)
                    .setPositiveButton("确定", null)
                    .setNegativeButton("取消", null)
                    .create().show();
            }
        });
    }
}
```

【说明】本示例程序只是显示了相应类型的对话框，并没有获取相应的数据或者选项，实际应用时，会根据具体需要，对数据或选项做出相应的处理或反应。

程序在手机上运行后的测试效果分别如图 6-1（a）~图 6-1（f）所示。

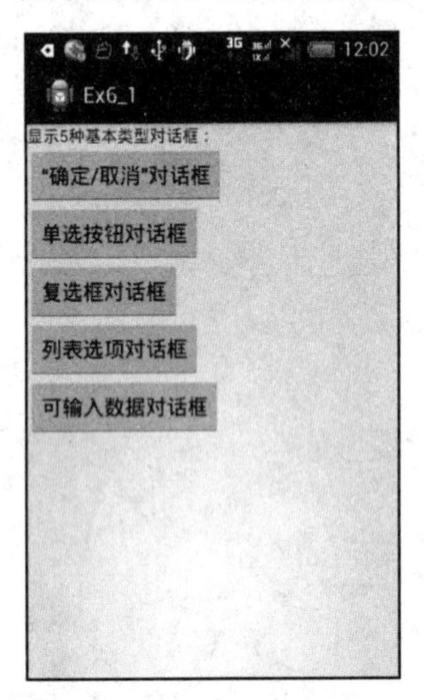

（a）选择对话框类型

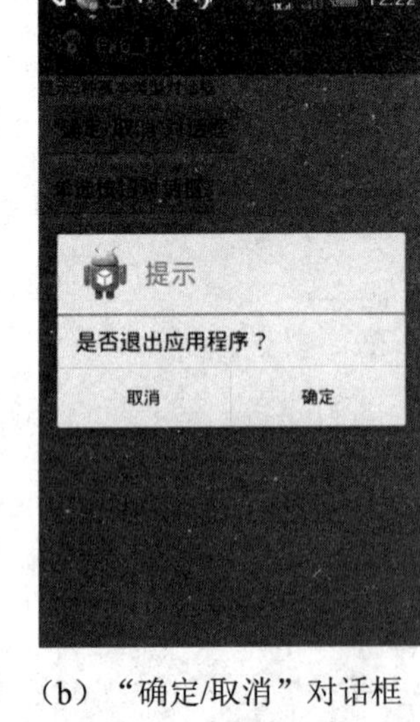

（b）“确定/取消”对话框

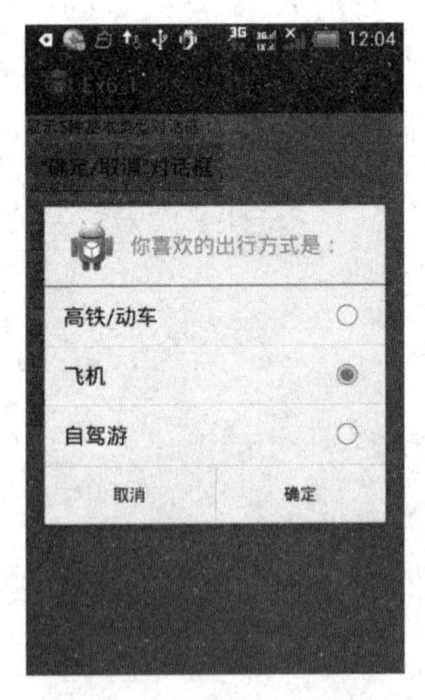

（c）单选按钮对话框

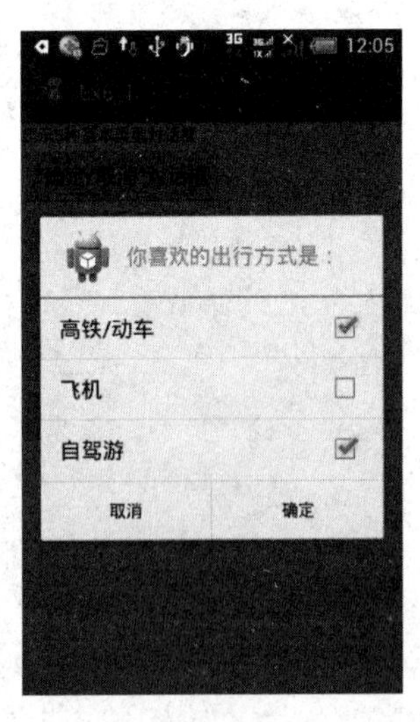

（d）复选框对话框

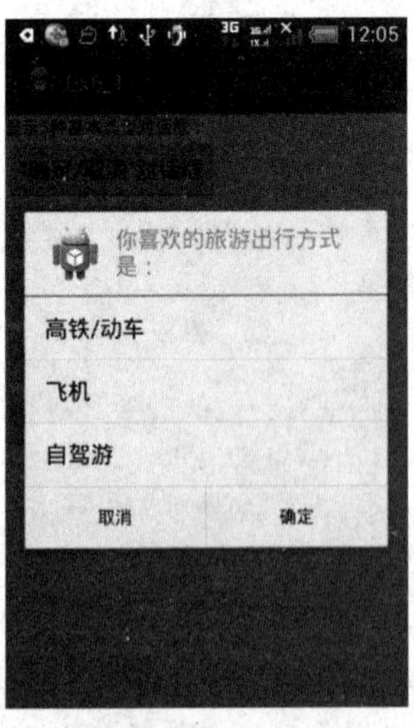

（e）列表对话框

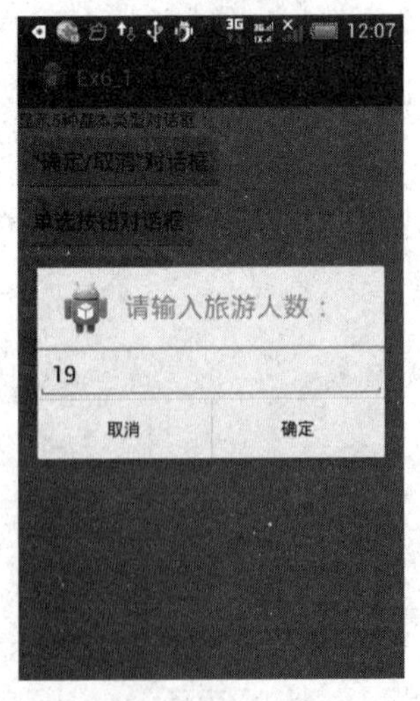

（f）可输入对话框

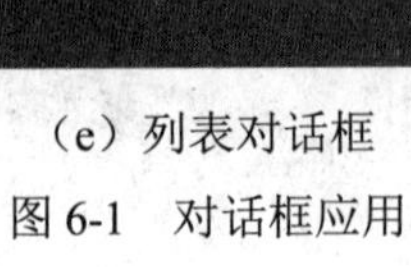

图 6-1　对话框应用

【说明】在 Android 2.X 版本中，“确定/OK”按钮是在对话框的左侧，“取消/Cancel”按钮是在对话框的右侧，而在 4.0 及以后的版本中则调换了二者的位置。

6.2　利用 Toast 显示消息提示框

在 Android 系统中，如果仅是弹出一个小窗口向用户短时、简要显示相应的信息（如音量控制提示或者信息保存成功提示等），而无须用户进行其他操作，就可以使用 Toast 来显示一个提示或说明。

Toast 是 Android 中提供的一种简洁的信息视图，该视图浮于应用程序之上。与 Dialog 不同的是，Toast 是没有焦点的，所以，即使用户正在输入也不影响该视图的显示。另外，Toast 显示的时间有限，过一定的时间就会自动消失。

1．Toast 的使用方法

Toast 是一个类，主要管理消息的提示。

makeText()是 Toast 的一个方法，用来显示相应的信息，它有 3 个参数，分别介绍如下。

- 第一个参数：this，是上下文参数，指当前页面显示。
- 第二个参数：“string string string”，是要显示的内容。
- 第三个参数：是显示的时间，Toast.LENGTH_LONG 对应的时间稍微长（约 3.5 秒），ToastLENGTH_SHORT 对应的时间稍微长（约 2 秒）。

Toast 消息提醒框通过 show()方法来显示。

2．创建消息提示框

※ **示例 Ex6_2**：开发一个 Android 应用程序，其中包含一个文本框和一个按钮，单击该按钮，弹出一个图文并茂的消息提示框。

具体设计步骤如下：

（1）利用 Eclipse 向导创建一个名为 Ex6_2 的 Android 应用程序，首先删除默认创建的布局 activity_main.xml 中 RelativeLayout 布局管理器，然后在可视化设计环境中，添加一个 LinearLayout 布局管理器，在其中添加一个文本框和一个按钮，并设置这个文本框和按钮的文本内容，具体代码如下：

```
<LinearLayout xmlns:android="http://schemas.android.com/
   apk/res/android"
   android:layout_width="fill_parent"
   android:layout_height="fill_parent"
   android:orientation="vertical" >
   <TextView
      android:id="@+id/textView1"
      android:layout_width="wrap_content"
      android:layout_height="wrap_content"
      android:text="显示一个包含图片的消息提示框：" />
   <Button
```

```
        android:id="@+id/button1"
        android:layout_width="wrap_content"
        android:layout_height="wrap_content"
        android:text="显示消息提示框" />
</LinearLayout>
```

（2）打开 MainActivity.java 文件，重写其中的 onCreate()方法，具体代码如下：

```
package com.example6_2;
import android.app.Activity;
import android.os.Bundle;
import android.view.Gravity;
import android.view.View;
import android.widget.Button;
import android.widget.ImageView;
import android.widget.LinearLayout;
import android.widget.Toast;
public class MainActivity extends Activity {
    @Override
    protected void onCreate(Bundle savedInstanceState) {
        super.onCreate(savedInstanceState);
        setContentView(R.layout.activity_main);
        Button button1=(Button)findViewById(R.id.button1);
        button1.setOnClickListener(new View.OnClickListener() {
            @Override
            public void onClick(View v) {
                //定义一个 Toast 对象
                Toast toast = Toast.makeText(MainActivity.this,
                    "这是一个包含图片的 Android 消息提示框（Toast）。"
                    , Toast.LENGTH_LONG);
                //获取 Toast 对象的布局
                LinearLayout toastView = (LinearLayout) toast.getView();
                //定义一个 ImageView 对象
                ImageView image = new ImageView(MainActivity.this);
                //为 ImageView 对象设置图片资源
                image.setImageResource(R.drawable.ic_launcher);
                //将 ImageView 对象加入到 Toast 视图中
                toastView.addView(image);
                //设置 Toast 视图在屏幕中间位置显示
                toast.setGravity(Gravity.CENTER, 0, 0);
                //显示该 Toast
                toast.show();
            }
        });
    }
}
```

程序在手机上运行后的测试效果分别如图 6-2（a）和图 6-2（b）所示。

（a）显示消息提示框之前

（b）显示消息提示框之时

图 6-2　消息提示框应用

【说明】在本示例中，将默认布局 activity_main.xml 中的 RelativeLayout 布局管理器换成 LinearLayout 布局管理器，是为了使用代码 toast.setGravity(Gravity.CENTER, 0, 0)，设置 Toast 视图在屏幕中间位置显示。

习　　题

1．AlertDialog 对话框包含哪些常用类型？

2．AlertDialog 对话框与 Toast 消息提示框有何异同？

3．开发一个 Android 应用程序，在 Eclipse 向导创建的默认 RelativeLayout 布局中添加一个按钮，单击该按钮，弹出一个位置默认显示的 Toast 消息提示框。

4．思考一下：有什么办法，在 4.0 及以后的版本中，仍然可以使得“确定/OK”按钮显示在对话框的左侧，“取消/Cancel”按钮显示在对话框的右侧。

第 7 章　常用资源的使用

学习要点

- ❑ 掌握字符串资源、颜色资源的定义及使用方法。
- ❑ 掌握图片资源的定义及使用方法。
- ❑ 掌握数组资源的使用方法。
- ❑ 了解尺寸资源、样式资源及主题资源的定义及使用方法。

对于 Android 应用程序中的各种资源（如字符串、颜色、图片以及主题等），可以被保存在项目的 res 目录下的相应子目录下的相应文件中，并且这些文件会被编译到应用程序中，被 Java 程序使用，或者被 XML 布局文件和其他 XML 文件使用。

7.1　字符串资源

在 Android 中，为了实现应用程序的可配置性，便于信息的维护或者灵活、动态地控制有些数据，可以将这些信息或者数据，以字符串资源的形式，声明在相应的配置文件中。

7.1.1　定义字符串资源

字符串资源被保存在项目的 res\values 子目录下的 XML 文件中，通常命名该文件为 strings.xml，根元素是<resources></resources>标记，使用<string></string>标记来设置相应的字符串。每一对<string></string>标记并设置不同的 name（字符串名）属性，即可定义不同的字符串资源。

※ **示例 Ex7_1**：开发一个 Android 应用程序，在其中，定义并使用相应的字符串资源、颜色资源和图片资源。

具体设计步骤如下：

利用 Eclipse 向导创建一个名为 Ex7_1 的 Android 应用程序，并在布局中添加一个文本内容为“将 textView1 的文本改为红色”的 Button 控件。项目创建的基本步骤类似于示例 Ex5_1（此略）。

打开示例 Ex7_1 的 res\values 子目录下的字符串资源文件 strings.xml，其中，定义了一个名为 app_name 的字符串资源，用来为应用程序命名；定义了一个名为 hello_world 的字符串资源（在此保留了 Eclipse 向导创建的默认资源名称 hello_world，当然，也可以另外命名），用来为文本框 textView1 赋值，如加粗斜体部分的代码所示，具体代码如下：

```
<?xml version="1.0" encoding="utf-8"?>
<resources>
    <string name="app_name">Ex7_1</string>
    <string name="hello_world">Hello world!</string>
</resources>
```

【提示】资源文件的文件名不能使用大写字母，必须以小写字母 a~z 开头，由字母 a~z、0~9 或者下划线“_”组成。

7.1.2　使用字符串资源

在字符串资源文件中定义了字符串资源之后，就可以在 XML 文件或者 Java 程序中使用这些资源了。

在 XML 文件中使用字符串资源的语法格式如下：

```
@[<package>:]string/字符串名
```

在 Java 程序中使用字符串资源的语法格式如下：

```
[<package>:]R.string.字符串资源名
```

※ **示例 Ex7_1（继续）**：打开示例 Ex7_1 的布局文件 activity_main.xml，其中，加粗斜体部分的代码就是此前定义的为文本框赋值的 hello_world 字符串资源的应用，具体代码如下：

```
<RelativeLayout xmlns:android="http://schemas.android.com/apk/res
    /android"
    xmlns:tools="http://schemas.android.com/tools"
    android:layout_width="match_parent"
    android:layout_height="match_parent"
    tools:context="${relativePackage}.${activityClass}" >
    <TextView
        android:id="@+id/textView1"
        android:layout_width="wrap_content"
        android:layout_height="wrap_content"
        android:text="@string/hello_world" />
    <Button
        android:id="@+id/button1"
        android:layout_width="wrap_content"
        android:layout_height="wrap_content"
        android:layout_alignParentLeft="true"
        android:layout_below="@+id/textView1"
        android:text="将 textView1 的文本改为红色" />
</RelativeLayout>
```

程序在手机上运行后的测试效果分别如图 7-1（a）、图 7-1（b）或者图 7-1（c）所示，可以看到，布局中 textView1 文本框的文本内容确实是我们在字符串资源 hello_world 中指定的 Hello world!。

【说明】实际上，也可以利用字符串资源为布局中的 button1 按钮设置文本内容，读者自己不妨设置测试一下。

7.2 颜色资源

颜色（Color）资源也是 Android 应用程序开发中常用的资源，通过颜色资源，可以更方便地为控件的文字或者界面的背景等设置颜色。

7.2.1 定义颜色值

在 Android 中，颜色值定义的语法格式如下：

```
#[A]RGB
```

或者：

```
#[AA]RRGGBB
```

其中，A、R、G 和 B 的取值都是十六进制数值：0~f（或者 0~F，不分大小写）。A 用来表示颜色的透明度，0 和 00 表示完全透明，f（或者 F）和 ff（或者 FF）表示完全不透明；R 和 RR 表示红色，G 和 GG 表示绿色，B 和 BB 表示蓝色。

【说明】如果省略透明度，定义颜色资源为#RGB 或者#RRGGBB，那么该颜色即为默认的完全不透明。

7.2.2 定义颜色资源

颜色资源被保存在项目的 res\values 子目录下的 XML 文件中，通常命名该文件为 colors.xml，根元素是<resources></resources>标记，使用<color></color>标记来设置相应的颜色。每一对<color></color>标记设置不同的 name（颜色名）属性，即可定义不同的颜色资源。

※ **示例 Ex7_1**（继续）：为示例 Ex7_1 定义 3 个颜色资源，通过它们分别为布局中的 textView1 文本框和 button1 按钮设置相应颜色，具体设计步骤如下：

（1）右击项目资源管理器的 values 文件夹，在弹出的快捷菜单中选择 New→Android XML File 命令，在弹出的“新建 Android XML 文件”对话框的 File 文本框中输入文件名 colors，然后单击 Finish 按钮，完成颜色资源文件 colors.xml 的新建。

（2）打开以上新建的颜色资源文件 colors.xml，定义 3 个颜色资源，其中，前两个颜色资源（text_color1 和 text_color2）用来设置 textView1 的颜色，第 3 个颜色资源（_）用来设置 button1 的颜色，具体代码如下：

```
<?xml version="1.0" encoding="utf-8"?>
<resources>
    <!-- 定义一个红色的颜色资源 -->
    <color name="text_color1">#F00</color>
    <!-- 定义一个绿色的颜色资源 -->
    <color name="text_color2">#0F0</color>
    <!-- 定义一个蓝色的颜色资源 -->
    <color name="button_color">#0000FF</color>
</resources>
```

7.2.3 使用颜色资源

在颜色资源文件中定义了颜色资源之后，就可以在 XML 文件或者 Java 程序中使用这些资源了。

在 XML 文件中使用颜色资源的语法格式如下：

```
@[<package>:]color/颜色资源名
```

在 Java 程序中使用颜色资源的语法格式如下：

```
[<package>:]R.color.颜色资源名
```

※ **示例 Ex7_1（继续）**：打开示例 Ex7_1 的布局文件 activity_main.xml，为布局中的 textView1 文本框和 button1 按钮指定相应的颜色，如加粗斜体部分的代码所示，具体代码如下：

```
<RelativeLayout xmlns:android="http://schemas.android.com/apk/res
    /android"
    xmlns:tools="http://schemas.android.com/tools"
    android:layout_width="match_parent"
    android:layout_height="match_parent"
    tools:context="${relativePackage}.${activityClass}" >
    <TextView
        android:id="@+id/textView1"
        android:layout_width="wrap_content"
        android:layout_height="wrap_content"
        android:textColor="@color/text_color2"
        android:text="@string/hello_world" />
    <Button
        android:id="@+id/button1"
        android:layout_width="wrap_content"
```

```
        android:layout_height="wrap_content"
        android:layout_alignParentLeft="true"
        android:layout_below="@+id/textView1"
        android:textColor="@color/button_color"
        android:text="将 textView1 的文本改为红色" />
</RelativeLayout>
```

【说明】以上是通过 XML 布局文件，为 textView1 文本框设置颜色资源 text_color2，至于颜色资源 text_color1，将在接下来的 Java 程序设计中，重新为 textView1 文本框设置颜色。

※ 示例 Ex7_1（继续）：打开示例 Ex7_1 的 MainActivity.java 文件，重写其中的 onCreate() 方法，通过单击 button1 按钮，动态设置 textView1 文本框的颜色，具体代码如下：

```
package com.example7_1;
import android.app.Activity;
import android.os.Bundle;
import android.view.View;
import android.widget.Button;
import android.widget.TextView;
public class MainActivity extends Activity {
    @Override
    protected void onCreate(Bundle savedInstanceState) {
        super.onCreate(savedInstanceState);
        setContentView(R.layout.activity_main);
        Button button1=(Button)findViewById(R.id.button1);
        button1.setOnClickListener(new View.OnClickListener() {
            @Override
            public void onClick(View v) {
                TextView tv1=(TextView)findViewById(R.id.textView1);
                //重新设置文本框的文本颜色
                tv1.setTextColor(getResources()
                    .getColor(R.color.text_color1));
            }
        });
    }
}
```

程序在手机上运行后的测试效果分别如图 7-1（a）~ 7-1（c）所示，其中，图 7-1（a）的 textView1 文本是系统默认颜色（黑色）；图 7-1（b）是通过 XML 布局文件重新设置了 textView1 文本颜色（绿色）；图 7-1（c）则是通过 Java 程序再次重新设置了 textView1 文本颜色（红色）。

【说明】因为本教程非彩色印刷，所以上面的屏幕截图效果对比差异并不明显，请读者自己实际运行此程序后，再查看对比结果。

（a）默认文本框颜色

（b）利用 XML 设置颜色

（c）利用 Java 设置颜色

图 7-1　字符串资源和颜色资源的应用

7.3　图 片 资 源

显然，图片也是 Android 应用程序开发中必不可少的资源，通过图片资源，就可以更直观地展示一些具体的、可视的信息，也因此有“一图胜千言”之说。

7.3.1　关于图片资源

1．图片的格式

在 Android 系统中，除了可以使用扩展名为 jpg、png 和 gif 这样常用压缩格式的图片之外，还可以使用扩展名为 9. png 的图片（被称为 9-Patch 图片）。

9-Patch 图片是利用 Android SDK 中提供的工具 Draw 9-Patch 生成的。9-Patch 图片是一种可伸缩的标准 PNG 图像，Android 会自动调整大小来容纳显示的内容。

2．图片的存放

在 Android 系统中，将不同分辨率的图片存放在不同的 res/drawable-*子目录中，程序在不同分辨率的手机上运行时，会自动加载相应目录下的资源，或寻找最接近的目录资源。

Android 系统的图片资源的匹配规则如下。

- ❑ drawalbe-ldpi：低分辨率的图片，如 QVGA（240×320）。
- ❑ drawable-mdpi：中等分辨率的图片，如 HVGA（320×480）。
- ❑ drawable-hdpi：高分辨率的图片，如 WVGA（480×800）、FWVGA （480×854）。
- ❑ drawable-xhdpi：至少 960×720。

- ❑ drawable-xxhdpi：1280×720。

7.3.2 使用图片资源

在drawable子目录中存放好了相应图片资源之后，就可以在XML文件或者Java程序中使用这些资源了。

在XML文件中使用图片资源的语法格式如下：

```
@[<package>:]drawable/图片文件名
```

在Java程序中使用图片资源的语法格式如下：

```
[<package>:]R.drawable.图片文件名
```

【提示】无论是在XML文件中还是在Java程序中使用图片资源，都无须加图片扩展名。

※ 示例Ex7_1（继续）

（1）将分辨率为400×300、文件名分别为flower1.jpg和flower2.jpg的两张图片，保存在drawable-mdpi文件夹中。

（2）打开示例Ex7_1的布局文件activity_main.xml，先在布局中添加一个图片视图控件imageView1，并为其设置图片资源，如加粗斜体部分的代码所示，然后再添加一个文本内容为“更换图片”的按钮button1，具体代码如下：

```
<RelativeLayout xmlns:android="http://schemas.android.com/
   apk/res/android"
   xmlns:tools="http://schemas.android.com/tools"
   android:layout_width="match_parent"
   android:layout_height="match_parent"
   tools:context="${relativePackage}.${activityClass}" >
   <TextView
      android:id="@+id/textView1"
      android:layout_width="wrap_content"
      android:layout_height="wrap_content"
      android:textColor="@color/text_color2"
      android:text="@string/hello_world" />
   <Button
      android:id="@+id/button1"
      android:layout_width="wrap_content"
      android:layout_height="wrap_content"
      android:layout_alignParentLeft="true"
      android:layout_below="@+id/textView1"
      android:textColor="@color/button_color"
      android:text="将textView1的文本改为红色" />
   <ImageView
      android:id="@+id/imageView1"
      android:layout_width="wrap_content"
```

```
        android:layout_height="wrap_content"
        android:layout_alignParentLeft="true"
        android:layout_below="@+id/button1"
        android:src="@drawable/flower1" />
    <Button
        android:id="@+id/button2"
        android:layout_width="wrap_content"
        android:layout_height="wrap_content"
        android:layout_below="@+id/imageView1"
        android:layout_alignParentLeft="true"
        android:text="更换图片" />
</RelativeLayout>
```

（3）打开示例 Ex7_1 的 MainActivity.java 文件，重写其中的 onCreate()方法，通过单击 button2 按钮，动态更换图片视图控件的图片资源，具体代码如下：

```
package com.example7_1;
import android.app.Activity;
import android.os.Bundle;
import android.view.View;
import android.widget.Button;
import android.widget.ImageView;
import android.widget.TextView;
public class MainActivity extends Activity {
    protected void onCreate(Bundle savedInstanceState) {
        super.onCreate(savedInstanceState);
        setContentView(R.layout.activity_main);
        Button button1=(Button)findViewById(R.id.button1);
        button1.setOnClickListener(new View.OnClickListener() {
            @Override
            public void onClick(View v) {
                TextView tv1=(TextView)findViewById(R.id.textView1);
                //重新设置文本框的文本颜色
                tv1.setTextColor(getResources()
                    .getColor(R.color.text_color1));
            }
        });
        Button button2=(Button)findViewById(R.id.button2);
        button2.setOnClickListener(new View.OnClickListener() {
            @Override
            public void onClick(View v) {
                ImageView image1=(ImageView)findViewById(R.id.imageView1);
                //重新设置图片资源
                image1.setImageResource(R.drawable.flower2);
            }
        });
    }
}
```

程序在手机上运行后的测试效果分别如图 7-2（a）和图 7-2（b）所示，其中，图 7-2（a）是通过 XML 文件设置初始的图片资源，图 7-2（b）是通过 Java 程序重新设置图片资源。

（a）利用 XML 设置初始图片　　（b）利用 Java 动态设置图片

图 7-2　图片资源的应用

7.4　数 组 资 源

在 Android 系统中，除了可以在 Java 代码中定义数组，还可以在资源文件中定义数组，然后在 Java 代码中解析资源，从而获取相应的数组。

在 Android 应用程序的实际开发中，推荐将数据存放在资源文件中，以实现程序的逻辑代码与数据分离，减少对 Java 代码的修改，便于项目的管理和维护。

7.4.1　定义数组资源

数组资源文件通常保存于 res/values 文件夹中，其根元素是<resources></resources>标记，该根元素中包含 3 个子元素：

- < array name="…"></ array>子元素，用于定义普通类型的数组。
- < integer -array name="…"></ integer -array>子元素，用于定义整数类型的数组。
- <string-array name="…"></string-array>子元素，用于定义字符串类型的数组。

在子元素中，利用 name 属性定义数组的名称，并且利用<item>…</item>标记定义数组中的元素。

以下是一个包含了年份和城市信息的示例数组资源文件 arrays.xml：

```
<?xml version="1.0" encoding="utf-8"?>
<resources>
```

```
    <integer-array name="year">
        <item>2015</item>
        <item>2016</item>
        <item>2017</item>
        <item>2018</item>
    </integer-array>
    <string-array name="city">
        <item>北京</item>
        <item>上海</item>
        <item>南京</item>
        <item>西安</item>
    </string-array>
</resources>
```

7.4.2　使用数组资源

在数组资源文件中定义了数组资源之后，就可以在 XML 文件或者 Java 程序中使用这些资源了。

在 XML 文件中使用图片资源的语法格式如下：

```
@[<package>:]array/数组名
```

以 ListView 控件为例（spinner 的 android:entries 属性需要的是数组资源），在 XML 文件中引用以上数组资源 arrays.xml 的代码如下：

```
<ListView
    android:id="@+id/listView1"
    android:layout_width="match_parent"
    android:layout_height="wrap_content"
    android:entries="@array/year" >
</ListView>
<ListView
    android:id="@+id/listView2"
    android:layout_width="match_parent"
    android:layout_height="wrap_content"
    android:entries="@array/city" >
</ListView>
```

在 Java 程序中使用图片资源的语法格式如下：

```
[<package>:]R.array.数组名
```

例如，在 Java 程序中引用以上数组资源 arrays.xml 的代码如下：

```
Resources res =getResources();
String[]year = res.getStringArray(R.array.year);
String[]city = res.getIntArray(R.array.city);
```

【提示】 其实，数组资源只是建议而非必须定义在 values/arrays.xml 文件中，也可以将其定义在 strings.xml 中。

习　题

1．试定义并保存一个半透明的绿色资源。

2．图片资源通常保存在项目的哪个子文件夹中？为什么？

3．开发一个 Android 应用程序，包含两个按钮，这两个按钮的文本内容通过字符串设置。单击这两个按钮，可以将用户界面的背景色分别更改为浅绿色或者橙色。

4．数组资源通常有哪两种定义方法？举例说明。

第8章　常 用 控 件

学习要点

- ❑ 掌握文本框、编辑框、按钮、单选按钮与复选框及图片视图的使用方法。
- ❑ 掌握图像切换器、下拉列表、滚动视图、进度条及滑块的使用方法。

控件是 Android 应用程序的用户界面的重要组成元素，也正是因为有这么多具有各种功能的各种类型控件，才使得我们的程序开发过程更简单、高效。所以，熟练地掌握那些常用的基本控件和高级控件，是开发 Android 应用程序所必需具备的基本功。

8.1　基 本 控 件

诸如文本框、编辑框和按钮等都属于基本控件。其实，有些基本控件（如单选按钮和复选框等），在之前的应用程序设计中已经使用过了，但在本章中的用法略有不同。

8.1.1　文本框与编辑框

1．文本框

TextView（文本框）是用于显示字符串的控件，对于用户来说，就是屏幕中一块用于显示文本的区域。

在 XML 文件中添加文本框的基本语法格式如下：

```
<TextView
    android:id="@+id/textView1"
    android:layout_width="wrap_content"
    android:layout_height="wrap_content"
    android:text="字符串…" />
```

TextView 控件具有很多属性，这些属性既可以在 XML 文件中通过标记的属性设置，也可以在程序中通过 Java 代码动态设置。

TextView 控件的常用属性设置如表 8-1 所示。

表 8-1　TextView 的常用属性及其 Java 对应的方法

XML 标记属性	Java 对应方法	说　　明
android:text	setText(CharSequence)	设置 TextView 的显示内容
android:hint	setHint(int)	当文本为空时显示的提示信息

续表

XML 标记属性	Java 对应方法	说　　明
android:autoLink	setAutoLinkMask(int)	控制是否自动查找并转换文本为超链接，默认值为 none，禁止该属性。可选值为 web、email、phone、map 和 all
android:ems	setEms(int)	使 TextView 匹配指定个数的字符宽度
android:height	setHeight(int)	设置 TextView 的高度
android:width	setWidth(int)	设置 TextView 的宽度
android:textColor	setTextColor(int)	直接或者通过资源设置 TextView 的文本颜色
android:textSize	setTextSize(int,float)	设置 TextView 的文本大小
android:gravity	setGravity(int)	指定当显示的文本比视图小时，横向和纵向的对齐方式

【说明】添加文本框的基本 xml 语法格式不仅可以是<TextView…（属性列表）/>，也可以是<TextView…（属性列表）></TextView >，后续的其他控件的这类语法格式与此相同。

2．编辑框

EditText（编辑框）也是一种可以显示字符串的控件，它与 TextView 的不同之处是用户可以对 EditText 的内容进行编辑，并且还可以为其设置监听器，用来检测用户的输入是否合法等。

在 XML 文件中添加编辑框的基本语法格式如下：

```
<EditText
    android:id="@+id/edit_text"
    android:layout_width="fill_parent"
    android:layout_height="wrap_content"
    android:text="字符串…"/>
```

EditText 控件具有很多属性，这些属性既可以在 XML 文件中设置，也可以在 Java 代码中动态设置。

EditText 控件的常用属性及其对应方法如表 8-2 所示。

表 8-2　EditText 的常用属性及其 Java 对应的方法

XML 标记属性	Java 对应方法	说　　明
android:lines	SetLines(int)	设置文本的行数
android:maxLength	SetFilters(InputFilter)	限制显示的文本长度，超出部分不显示
android:maxLines	SetMaxLines(int)	设置文本的最大显示行数
android:minLines	SetMinLines(int)	设置文本的最小行数
android:inputType	setInputType(int)	设置文本的输入格式，可选值有密码格式 textPassword、邮件地址格式 textEmailAddress 以及数字格式和日期格式等

8.1.2　普通按钮

Button（普通按钮）是用户界面中经常用到的控件之一，通过为按钮添加事件监听器及相应的处理程序，可以完成一些具体的功能。

Android 系统中的按钮主要有 Button（普通按钮）和 ImageButton（图片按钮）两种控件，由于两种按钮的使用方法大同小异，所以本章只介绍普通按钮的用法。

在 XML 文件中添加普通按钮的基本语法格式如下：

```
<Button
    android:id="@+id/button1"
    android:layout_width="wrap_content"
    android:layout_height="wrap_content"
    android:text="字符串…" />
```

在用户界面中添加了按钮之后，还需要为其添加事件监听器，接下来才可以编写相应的处理程序。Android 系统中提供了 4 种添加按钮单击事件监听器的方法：

- 通过重写 Activity 的 onCreate()方法，为指定的按钮添加单击事件监听器。
- 在 Activity 中编写一个包含 View 类型参数的方法，为指定的按钮添加单击事件监听器。
- 在 Activity 中编写一个包含 View 类型参数的方法，将 View 强制转换为 Button 对象，利用 switch-case 根据 Button 组件的 id 进行单击事件的对象监听识别。这种方法适合数量较多按钮的单击事件处理。
- 创建一个继承自 View.OnClickListener 的 Activity，由此 Activity 实现 OnClick(View view)方法，在此方法中利用 switch-case 根据 Button 组件的 id 进行单击事件的对象监听识别。这种方法适合按钮数量较多的单击事件处理。

※ **示例 Ex8_1**：开发一个 Android 应用程序，其用户界面中包含 3 个普通按钮，利用上述的前 3 种方法为这 3 个按钮添加单击事件。

具体设计步骤如下：

（1）利用 Eclipse 向导创建一个名为 Ex8_1 的 Android 应用程序，打开默认创建的布局 activity_main.xml，在其中添加两个按钮，并修改或者添加相应的标记属性，如加粗斜体部分的代码所示，具体代码如下：

```
<RelativeLayout xmlns:android="http://schemas.android.com/apk/res
    /android"
    xmlns:tools="http://schemas.android.com/tools"
    android:layout_width="match_parent"
    android:layout_height="match_parent"
    tools:context="${relativePackage}.${activityClass}" >
    <TextView
        android:id="@+id/textView1"
        android:layout_width="wrap_content"
        android:layout_height="wrap_content"
        android:text="3 种添加按钮单击事件监听的方法" />
    <Button
        android:id="@+id/button1"
        android:layout_width="wrap_content"
        android:layout_height="wrap_content"
        android:layout_below="@+id/textView1"
        android:text="按钮单击事件监听方法 1" />
```

```
    <Button
        android:id="@+id/button2"
        android:layout_width="wrap_content"
        android:layout_height="wrap_content"
        android:layout_below="@+id/button1"
        android:onClick="button2Click"
        android:text="按钮单击事件监听方法 2" />
    <Button
        android:id="@+id/button3"
        android:layout_width="wrap_content"
        android:layout_height="wrap_content"
        android:layout_below="@+id/button2"
        android:text="按钮单击事件监听方法 3" />
</RelativeLayout>
```

（2）打开 MainActivity.java 文件，重写其中的 onCreate()方法，并编写一个 button2Click()方法以及其他实现相应功能的代码，具体代码如下：

```
package com.example8_1;
import android.app.Activity;
import android.os.Bundle;
import android.view.View;
import android.view.View.OnClickListener;
import android.widget.Button;
import android.widget.Toast;
public class MainActivity extends Activity {
    @Override
    protected void onCreate(Bundle savedInstanceState) {
        super.onCreate(savedInstanceState);
        setContentView(R.layout.activity_main);
        //获得各按钮控件
        Button button1=(Button)findViewById(R.id.button1);
        Button button2=(Button)findViewById(R.id.button2);
        Button button3=(Button)findViewById(R.id.button3);
        /***** 用于第 3 种按钮单击事件监听 *****/
        //与方法 1 二选一
        //button1.setOnClickListener(MyClickListener);
        //与方法 2 二选一
        //button2.setOnClickListener(MyClickListener);
        button3.setOnClickListener(MyClickListener);
        //第 1 种按钮单击事件监听的方法
        button1.setOnClickListener(new OnClickListener() {
            @Override
            public void onClick(View v) {
                Toast.makeText(MainActivity.this, "第 1 种按钮单击事件
                    监听到 button1", Toast.LENGTH_SHORT).show();
            }
        });
    }
    //第 2 种按钮单击事件监听的方法
    public void button2Click(View view){
```

```
        Toast.makeText(MainActivity.this, "第 2 种按钮单击事件监听到 button2"
            , Toast.LENGTH_SHORT).show();
    }
    //第 3 种按钮单击事件监听的方法
    private android.view.View.OnClickListener MyClickListener =
        new android.view.View.OnClickListener() {
        public void onClick(View v) {
            //将 View 强制转换为 Button 对象
            Button button=(Button)v;
            //根据 Button 组件的 id 进行判断
            switch (button.getId()) {
            case R.id.button1:
                Toast.makeText(MainActivity.this, "第 3 种按钮单击事件
                    监听到 button1", Toast.LENGTH_SHORT).show();
                break;
            case R.id.button2:
                Toast.makeText(MainActivity.this, "第 3 种按钮单击事件
                    监听到 button2"
                    , Toast.LENGTH_SHORT).show();
                break;
            case R.id.button3:
                Toast.makeText(MainActivity.this, "第 3 种按钮单击事件
                    监听到 button3", Toast.LENGTH_SHORT).show();
                break;
            }
        }
    };
}
```

程序在手机上运行后的测试效果分别如图 8-1（a）~图 8-1（c）所示，测试时可以看到，如果对于同一个按钮同时添加了 3 种单击事件监听，只有其中一种方法优先执行，显然，实际应用开发时，只会选择上述的一种单击事件监听用法。

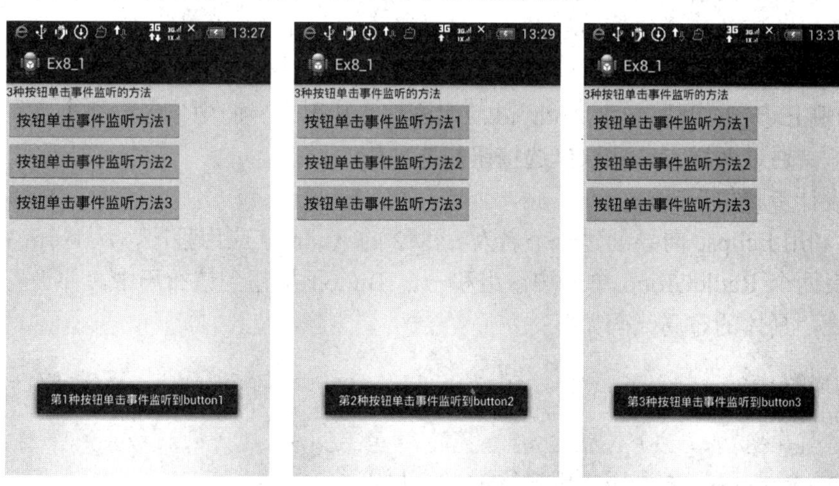

（a）监听方法 1　　（b）监听方法 2　　（c）监听方法 3

图 8-1　按钮单击事件监听

【说明】关于利用继承自 View.OnClickListener 的 Activity，由此 Activity 的 OnClick(View view)方法实现按钮单击事件监听的程序设计，请读者自行完成。

8.1.3　单选按钮与复选框

1．单选按钮

顾名思义，RadioButton（单选按钮）的功能就是只能在众多选项之中选择其一，如单项选择题。需要注意的是，当在同一个用户界面中有不止一个单选题目时，需要使用单选按钮组来容纳同一组的单选按钮，以避免不同选题之间的选择冲突。

在 XML 文件中添加单选按钮的基本语法格式如下：

```
<RadioButton
   android:id="@+id/radio1"
   android:layout_width="wrap_content"
   android:layout_height="wrap_content"
   android:checked="true|false"
   android:text="字符串…" />
```

RadioButton 控件通常与 RadioGroup 控件联合使用，以避免不同选项组之间的选择冲突。

在 XML 文件中添加单选按钮的基本语法格式如下：

```
<RadioGroup
   android:id="@+id/radioGroup1"
   android:layout_width="wrap_content"
   android:layout_height="wrap_content"
   … （多个 RadioButton 控件）/>
</RadioGroup>
```

Android 系统中提供了两种获取单选按钮的选项值的方法：

- ❑ 通过遍历单选按钮组中每个单选按钮的选项状态来获取选项值。
- ❑ 为单选按钮组添加事件监听器，当其选项状态发生变化时获取选项值。

※ **示例 Ex8_2**：开发一个 Android 应用程序，其用户界面中包含两组单选按钮和一个普通按钮，并通过两种方法获取单选按钮的选项值。

具体设计步骤如下：

（1）利用 Eclipse 向导创建一个名为 Ex8_2 的 Android 应用程序，从 Form Widgets 控件箱中拖曳两个 RadioGroup 单选按钮组和一个 Button 按钮到该布局中，并设置各个控件的相应属性，具体的布局代码如下：

```
<RelativeLayout xmlns:android="http://schemas.android.com/apk/res
   /android"
   xmlns:tools="http://schemas.android.com/tools"
   android:layout_width="match_parent"
   android:layout_height="match_parent" >
   <TextView
```

```
    android:id="@+id/textView1"
    android:layout_width="wrap_content"
    android:layout_height="wrap_content"
    android:text="1.请选择你的职业：" />
<RadioGroup
    android:id="@+id/radioGroup1"
    android:layout_width="wrap_content"
    android:layout_height="wrap_content"
    android:layout_alignParentLeft="true"
    android:layout_below="@+id/textView1" >
    <RadioButton
        android:id="@+id/radio1"
        android:layout_width="wrap_content"
        android:layout_height="wrap_content"
        android:checked="true"
        android:text="教师" />
    <RadioButton
        android:id="@+id/radio2"
        android:layout_width="wrap_content"
        android:layout_height="wrap_content"
        android:text="工程师" />
</RadioGroup>
<TextView
    android:id="@+id/textView2"
    android:layout_width="wrap_content"
    android:layout_height="wrap_content"
    android:layout_alignParentLeft="true"
    android:layout_below="@+id/radioGroup1"
    android:text="2.请选择你的酷好：" />
<RadioGroup
    android:id="@+id/radioGroup2"
    android:layout_width="wrap_content"
    android:layout_height="wrap_content"
    android:layout_alignParentLeft="true"
    android:layout_below="@+id/textView2" >
    <RadioButton
        android:id="@+id/radio3"
        android:layout_width="wrap_content"
        android:layout_height="wrap_content"
        android:checked="true"
        android:text="游泳" />
    <RadioButton
        android:id="@+id/radio4"
        android:layout_width="wrap_content"
        android:layout_height="wrap_content"
        android:text="打羽毛球" />
    <RadioButton
        android:id="@+id/radio5"
        android:layout_width="wrap_content"
```

```
            android:layout_height="wrap_content"
            android:text="长跑" />
    </RadioGroup>
    <Button
        android:id="@+id/button1"
        android:layout_width="wrap_content"
        android:layout_height="wrap_content"
        android:layout_alignParentLeft="true"
        android:layout_below="@+id/radioGroup2"
        android:text="显示第 1 题的选择结果" />
</RelativeLayout>
```

（2）打开 MainActivity.java 文件，重写其中的 onCreate()方法，具体代码如下：

```
package com.example8_2;
import android.app.Activity;
import android.os.Bundle;
import android.view.View;
import android.view.View.OnClickListener;
import android.widget.Button;
import android.widget.RadioButton;
import android.widget.RadioGroup;
import android.widget.RadioGroup.OnCheckedChangeListener;
import android.widget.Toast;
public class MainActivity extends Activity {
    protected void onCreate(Bundle savedInstanceState) {
        super.onCreate(savedInstanceState);
        setContentView(R.layout.activity_main);
        /**********第 1 种获取单选结果的方法***********/
        //获取单选按钮组 1
        final RadioGroup question1 = (RadioGroup) findViewById(R.id
            .radioGroup1);
        Button button = (Button) findViewById(R.id.button1);
        //为提交按钮添加单击事件监听
        button.setOnClickListener(new OnClickListener() {
            public void onClick(View v) {
                //通过 for 循环遍历单选按钮组 1
                for (int i = 0; i < question1.getChildCount(); i++) {
                    RadioButton r = (RadioButton) question1.getChildAt(i);
                    if (r.isChecked()) { //判断单选按钮是否被选中
                        Toast.makeText(MainActivity.this,"你的职业是："
                            + r.getText(), Toast.LENGTH_SHORT).show();
                        break; //跳出 for 循环
                    }
                }
            }
        });
        /**********第 2 种获取单选结果的方法***********/
        //获取单选按钮组 2
```

```
        final RadioGroup question2 = (RadioGroup) findViewById(R
            .id.radioGroup2);
        //为单选按钮组 2 添加事件监听
        question2.setOnCheckedChangeListener(new OnCheckedChangeListener()
        {
            public void onCheckedChanged(RadioGroup group, int checkedId) {
                //获取被选择的单选按钮
                RadioButton r = (RadioButton) findViewById(checkedId);
                Toast.makeText(MainActivity.this,"你的爱好是："
                    + r.getText(), Toast.LENGTH_SHORT).show();
            }
        });
    }
}
```

程序在手机上运行后的测试效果分别如图 8-2（a）和 8-2（b）所示。

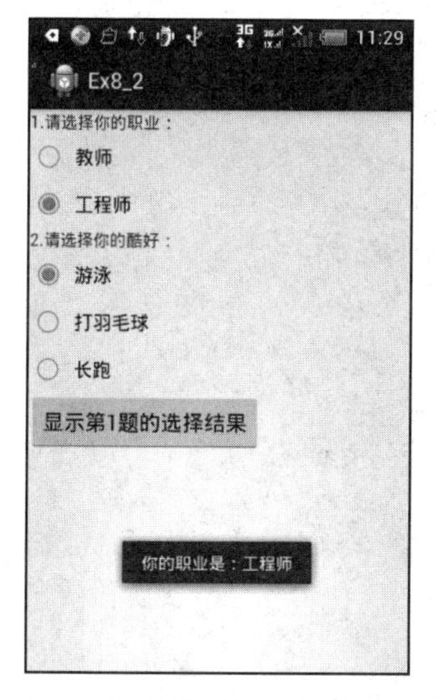

（a）获取选择结果方法 1

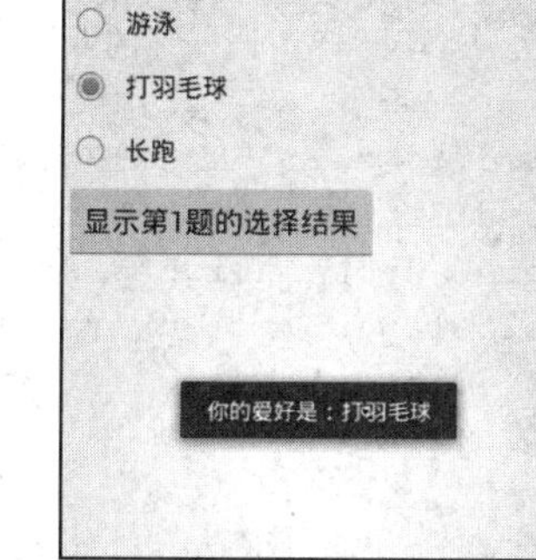

（b）获取选择结果方法 2

图 8-2　获取单选按钮选择结果

2．复选框

顾名思义，CheckBox（复选框）的功能就是可以在众多选项之中任选或者不选，如多项选择题。由于每个按钮都有一个唯一的 id 标识，所以，即使在同一个用户界面中有不止一个多选题目，也无须为了避免不同选题之间的选择冲突而分组创建每个多选题目。

在 XML 文件中添加复选框的基本语法格式如下：

```
<CheckBox
    android:id="@+id/checkBox1"
    android:layout_width="wrap_content"
    android:layout_height="wrap_content"
    android:checked="true|false"
    android:text="字符串…" />
```

Android 系统中提供了两种获取单选按钮的选项值的方法：

- ❑ 通过遍历每个复选框的选项状态来获取选项值。
- ❑ 创建一个复选框状态变化的事件监听器，当某个复选框的选项状态发生变化时获取其选项值。

※ **示例 Ex8_3**：开发一个 Android 应用程序，其用户界面中包含 3 个复选框和一个普通按钮，并通过两种方法获取复选框的选项值。

具体设计步骤如下：

（1）利用 Eclipse 向导创建一个名为 Ex8_3 的 Android 应用程序，从 Form Widgets 控件箱中拖曳 3 个 RadioGroup 单选框组合和一个 Button 按钮到该布局中，并设置各个控件的相应属性，具体的布局代码如下：

```
<RelativeLayout xmlns:android="http://schemas.android.com/apk/
    res/android"
    xmlns:tools="http://schemas.android.com/tools"
    android:layout_width="match_parent"
    android:layout_height="match_parent" >
    <TextView
        android:id="@+id/textView1"
        android:layout_width="wrap_content"
        android:layout_height="wrap_content"
        android:text="请选择你的业余爱好：" />
    <CheckBox
        android:id="@+id/checkBox1"
        android:layout_width="wrap_content"
        android:layout_height="wrap_content"
        android:layout_alignParentLeft="true"
        android:layout_below="@+id/textView1"
        android:text="弹钢琴" />
    <CheckBox
        android:id="@+id/checkBox2"
        android:layout_width="wrap_content"
        android:layout_height="wrap_content"
        android:layout_alignParentLeft="true"
        android:layout_below="@+id/checkBox1"
        android:text="打网球" />
    <CheckBox
        android:id="@+id/checkBox3"
        android:layout_width="wrap_content"
        android:layout_height="wrap_content"
        android:layout_alignParentLeft="true"
        android:layout_below="@+id/checkBox2"
        android:text="摄影" />
    <Button
        android:id="@+id/button1"
        android:layout_width="wrap_content"
        android:layout_height="wrap_content"
```

```
        android:layout_alignParentLeft="true"
        android:layout_below="@+id/checkBox3"
        android:text="显示选择结果" />
</RelativeLayout>
```

（2）打开 MainActivity.java 文件，重写其中的 onCreate()方法，具体代码如下：

```
package com.example8_3;
import android.app.Activity;
import android.os.Bundle;
import android.view.View;
import android.view.View.OnClickListener;
import android.widget.Button;
import android.widget.CheckBox;
import android.widget.CompoundButton;
import android.widget.CompoundButton.OnCheckedChangeListener;
import android.widget.Toast;
public class MainActivity extends Activity {
    protected void onCreate(Bundle savedInstanceState) {
        super.onCreate(savedInstanceState);
        setContentView(R.layout.activity_main);
        final CheckBox checkBox1=(CheckBox)findViewById(R.id.checkBox1);
        final CheckBox checkBox2=(CheckBox)findViewById(R.id.checkBox2);
        final CheckBox checkBox3=(CheckBox)findViewById(R.id.checkBox3);
        //为每个复选按钮添加状态改变监听器
        checkBox1.setOnCheckedChangeListener(checkBox_listener);
        checkBox2.setOnCheckedChangeListener(checkBox_listener);
        checkBox3.setOnCheckedChangeListener(checkBox_listener);
        Button button = (Button) findViewById(R.id.button1);
        button.setOnClickListener(new OnClickListener() {
            public void onClick(View v) {
                /**********第 2 种获取复选结果的方法***********/
                //保存选中的值
                String hobby="你的业余爱好是：";
                //当某个复选框被选中
                if(checkBox1.isChecked())
                    hobby+=checkBox1.getText().toString()+" ";
                if(checkBox2.isChecked())
                    hobby+=checkBox2.getText().toString()+" ";
                if(checkBox3.isChecked())
                    hobby+=checkBox3.getText().toString()+" ";
                //显示被选中的复选框的值
                Toast.makeText(MainActivity.this, hobby,
                    Toast.LENGTH_SHORT).show();
            }
        });
    }
    /**********第 1 种获取复选结果的方法***********/
    //创建一个状态改变监听对象
    private OnCheckedChangeListener checkBox_listener=new
```

```
        OnCheckedChangeListener() {
        public void onCheckedChanged(CompoundButton buttonView,
            boolean isChecked) {
            //判断复选框是否被选中
            if(isChecked){
                Toast.makeText(MainActivity.this, "你选择了["+buttonView
                    .getText().toString()+"]", Toast.LENGTH_SHORT).show();
            }
        }
    };
}
```

程序在手机上运行后的测试效果分别如图 8-3（a）和 8-3（b）所示。

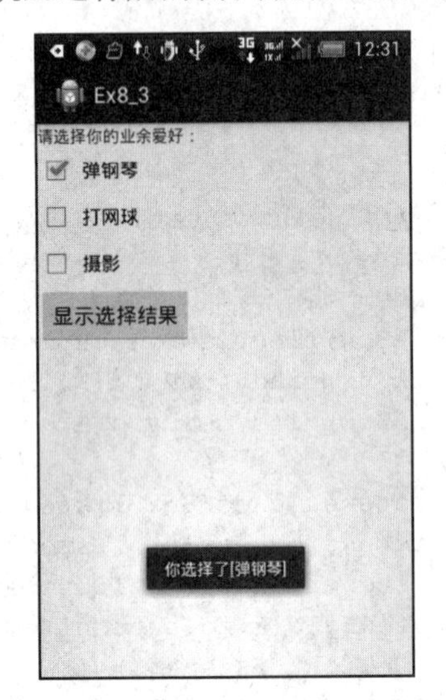

（a）获取选择结果方法 1

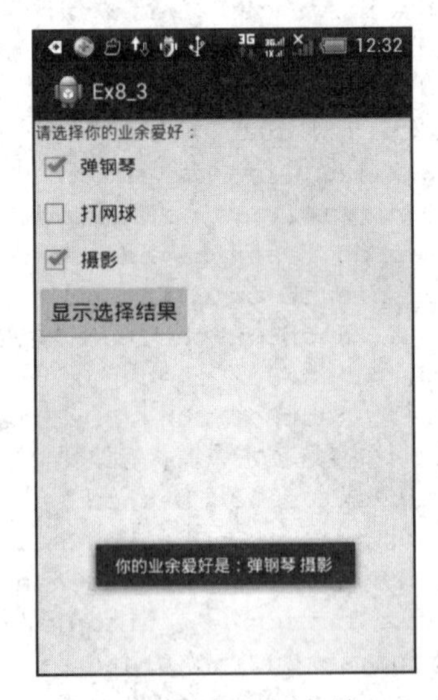

（b）获取选择结果方法 2

图 8-3　获取复选框选择结果

8.1.4　图片视图

ImageView（图片视图）控件用来显示图片，其图片的来源既可以是资源文件的 id，也可以是 Drawable 对象或 Bitmap 对象，还可以是 Content Provider 的 URI。

在 XML 文件中添加图片视图的基本语法格式如下：

```
<ImageView
    android:id="@+id/imageView1"
    android:layout_width="wrap_content"
    android:layout_height="wrap_content"
    android:src="@drawable/图片文件名" />
```

ImageView 控件的常用属性设置如表 8-3 所示。

表 8-3　ImageView 的常用属性及其 Java 对应的方法

XML 标记属性	Java 对应方法	说　明
android:adjustViewBounds	setAdjustViewBounds(boolean)	设置是否需要 ImageView 调整自己的边界来保证所显示图片的长、宽比例
android:maxHeight	setMaxHeight(int)	设置 ImageView 的最大高度
android:maxWidth	setMaxWidth(int)	设置 ImageView 的最大宽度
android:scaleType	setScaleType(Image View.ScaleType)	调整图片或移动以适合 ImageView 尺寸
android:src	setImageResource(int)	设置 ImageView 显示的图片

另外，ImageView 类还有几个常用的方法，如表 8-4 所示。

表 8-4　ImageView 类的常用方法

方　法	说　明
setImageBitmap(Bitmap bm)	设置 ImageView 所显示的内容为指定的 Bitmap 对象
setImageDrawable(Drawable drawable)	设置 ImageView 所显示的内容为指定的 Drawable 对象
setImageResource(int resId)	设置 ImageView 所显示的内容为指定 id 的资源
setImageURI(Uri uri)	设置 ImageView 所显示的内容为指定 Uri
setAlpha(int alpha)	设置 ImageView 的透明度

※ **示例 Ex8_4**：开发一个简单的 Android 图片浏览器，用户可以通过“上一张”和“下一张”两个按钮，更换图片视图的内容。

具体设计步骤如下：

（1）利用 Eclipse 向导创建一个名为 Ex8_4 的 Android 应用程序，创建一个 LinearLayout 布局，包含一个 ImageView 和两个 Button，并设置各控件的相应属性，具体的布局代码如下：

```
<LinearLayout xmlns:android="http://schemas.android.com/apk/res/android"
   android:layout_width="fill_parent"
   android:layout_height="fill_parent"
   android:gravity="center" >
   <Button
      android:id="@+id/button1"
      android:layout_width="wrap_content"
      android:layout_height="wrap_content"
      android:text="上一张" />
   <ImageView
      android:id="@+id/imageView1"
      android:layout_width="wrap_content"
      android:layout_height="wrap_content"
      android:layout_weight="0.4"
      android:src="@drawable/image1" />
   <Button
      android:id="@+id/button2"
      android:layout_width="wrap_content"
      android:layout_height="wrap_content"
```

```
        android:text="下一张" />
</LinearLayout>
```

（2）将事先准备好的 4 张图片 image1.jpg、image2.jpg、image3.jpg 和 image4.jpg 保存到当前项目的 drawable-mdpi 文件夹中（注意，文件名须小写字母，否则出现“R 文件错误！”）。

（3）打开 MainActivity.java 文件，重写其中的 onCreate()方法，具体代码如下：

```
package com.example8_4;
import android.app.Activity;
import android.os.Bundle;
import android.view.View;
import android.view.View.OnClickListener;
import android.widget.Button;
import android.widget.ImageView;
public class MainActivity extends Activity {
    private int[] imageId = new int[] { R.drawable.image1,
        R.drawable.image2,R.drawable.image3,R.drawable.image4 };//图片ID数组
    private int index = 1; //当前显示图片的索引
    private ImageView imgView1; //声明一个图片视图对象
    public void onCreate(Bundle savedInstanceState) {
        super.onCreate(savedInstanceState);
        setContentView(R.layout.activity_main);
        imgView1 = (ImageView) findViewById(R.id.imageView1);//获取图片视图
        imgView1.setImageResource(imageId[index]); //显示默认的图片
        Button button1 = (Button) findViewById(R.id.button1);
        Button button2 = (Button) findViewById(R.id.button2);
        //显示上一张图片
        button1.setOnClickListener(new OnClickListener() {
            public void onClick(View v) {
                if (index > 0) {
                    index--;
                } else {
                    index = imageId.length - 1;
                }
                imgView1.setImageResource(imageId[index]);
            }
        });
        //显示下一张图片
        button2.setOnClickListener(new OnClickListener() {
            public void onClick(View v) {
                if (index < imageId.length - 1) {
                    index++;
                } else {
                    index = 0;
                }
                imgView1.setImageResource(imageId[index]);
            }
        });
    }
}
```

程序在手机上运行后的测试效果分别如图 8-4（a）和图 8-4（b）所示。

（a）浏览默认图片

（b）浏览“下一张”图片

图 8-4　简单图片浏览器

8.2　高级控件

除了上述的各种简单、易用的基本控件外，Android 系统还提供了一些功能更强也很实用的高级控件，本节仅介绍两种比较常用的图像切换器和选项卡的基本用法。

8.2.1　图像切换器

ImageSwitcher（图像切换器）是一种功能类似图片视图用来显示图片的控件，不过，其功能比图片视图更强一些，例如，图像切换器可以实现图片切换时的淡入/淡出效果，还可以用来设计左右滑动的图片浏览器等。

在 XML 文件中添加图像切换器的基本语法格式如下：

```
<ImageSwitcher
    android:id="@+id/imageSwitcher1"
    android:layout_width="wrap_content"
    android:layout_height="wrap_content" />
```

在使用 ImageSwitcher 时，必须实现 ViewSwitcher.ViewFactory 接口，并通过 makeView()方法来创建显示图片的 ImageView，makeView()方法将返回一个显示图片的 imageView，另外，还需要使用 setImageResource()方法为 ImageSwitcher 指定要显示的图片资源。

※ **示例 Ex8_5**：开发一个简单的图片浏览器，用户可以通过“上一张”和“下一张”两个按钮，以淡入/淡出的动画效果更换图片视图的内容。

具体设计步骤如下：

（1）设计步骤类似示例 Ex8_4，即利用 Eclipse 向导创建一个名为 Ex8_5 的 Android 应用程序，首先删除默认创建的布局 activity_main.xml 中 RelativeLayout 布局管理器，然后在可视化设计环境中，添加一个 LinearLayout 布局管理器，在其中添加一个 ImageSwitcher 图像切换器和两个 Button 按钮，并设置各个控件的相应属性，具体的布局代码如下：

```
<LinearLayout xmlns:android="http://schemas.android.com/apk/res/android"
    android:layout_width="fill_parent"
    android:layout_height="fill_parent"
    android:gravity="center" >
    <Button
        android:id="@+id/button1"
        android:layout_width="wrap_content"
        android:layout_height="wrap_content"
        android:text="上一张" />
    <ImageSwitcher
        android:id="@+id/imageSwitcher1"
        android:layout_width="wrap_content"
        android:layout_height="wrap_content"
        android:layout_weight="0.4"
        android:layout_gravity="center" >
    </ImageSwitcher>
    <Button
        android:id="@+id/button2"
        android:layout_width="wrap_content"
        android:layout_height="wrap_content"
        android:text="下一张" />
</LinearLayout>
```

（2）将事先准备好的 4 张图片（本文分别为其命名为 image1、image2、image3 和 image4），保存到当前项目的 drawable-mdpi 文件夹中。

（3）打开 MainActivity.java 文件，重写其中的 onCreate()方法，具体代码如下：

```
package com.example8_5;
import android.app.Activity;
import android.os.Bundle;
import android.view.View;
import android.view.View.OnClickListener;
import android.view.animation.AnimationUtils;
import android.widget.Button;
import android.widget.ImageSwitcher;
import android.widget.ImageView;
import android.widget.ViewSwitcher.ViewFactory;
import android.view.ViewGroup.LayoutParams;
public class MainActivity extends Activity {
    //声明并初始化一个保存要显示图片 ID 的数组
    private int[] imageId = new int[] { R.drawable.image1,
            R.drawable.image2,R.drawable.image3,R.drawable.image4 };
    //当前显示图片的索引
    private int index = 1;
    //声明一个图片视图对象
    private ImageSwitcher imgSwitcher1;
    public void onCreate(Bundle savedInstanceState) {
        super.onCreate(savedInstanceState);
        setContentView(R.layout.activity_main);
```

```
        //获取图片视图
        imgSwitcher1 = (ImageSwitcher) findViewById(R.id.imageSwitcher1);
        /***** 设置图片显示的动画效果 *****/
        //设置淡入动画
        imgSwitcher1.setInAnimation(AnimationUtils.loadAnimation(this,
                android.R.anim.fade_in));
        //设置淡出动画
        imgSwitcher1.setOutAnimation(AnimationUtils.loadAnimation(this,
                android.R.anim.fade_out));
        imgSwitcher1.setFactory(new ViewFactory() {
            public View makeView() {
                //实例化一个 ImageView 类的对象
                ImageView imageView = new ImageView(MainActivity.this);
                //设置保持纵横比居中缩放图片
                imageView.setScaleType(ImageView.ScaleType.FIT_CENTER);
                imageView.setLayoutParams(new ImageSwitcher.LayoutParams(
                    LayoutParams.WRAP_CONTENT, LayoutParams.WRAP_CONTENT));
                //返回 imageView 对象
                return imageView;
            }
        });
        //显示默认的图片
        imgSwitcher1.setImageResource(imageId[index]);
        Button button1 = (Button) findViewById(R.id.button1);
        Button button2 = (Button) findViewById(R.id.button2);
        //显示上一张图片
        button1.setOnClickListener(new OnClickListener() {
            public void onClick(View v) {
                    if (index > 0) {
                        index--;
                    } else {
                        index = imageId.length - 1;
                    }
                    imgSwitcher1.setImageResource(imageId[index]);
            }
        });
        //显示下一张图片
        button2.setOnClickListener(new OnClickListener() {
            public void onClick(View v) {
                if (index < imageId.length - 1) {
                    index++;
                } else {
                    index = 0;
                }
                imgSwitcher1.setImageResource(imageId[index]);
            }
        });
    }
}
```

程序在手机上运行后的界面仍然如图 8-4（a）和图 8-4（b）所示，但是可以看出，在切换图片时，Ex8_5 不像示例 Ex8_4 那样立刻就隐去当前图片并显示另一张图片，而是以一种淡入/淡出的动画效果更换图片。

8.2.2　下拉列表

Spinner（下拉列表）提供了从一个数据集合中快速选择一项值的办法。默认情况下 Spinner 显示的是当前选择的值，单击 Spinner 会弹出一个包含所有可选值的下拉菜单，从该菜单中可以为 Spinner 选择一个新值。

在 XML 文件中添加下拉列表的基本语法格式如下：

```
<Spinner
   android:id="@+id/spinner1"
   android:layout_width="wrap_content"
   android:layout_height="wrap_content"
   android:entries="@array/数组资源名" />
```

有两种方法被用来为 Spinner 提供下拉选项数值：

- 在 XML 布局文件中直接指定 Spinner 的数据来自资源数组（示例 Ex8_6 中采用了这种方法）。
- 利用 Spinner 的 setAdapter()方法，通过将 Spinner 与一个 adapter 绑定来指定 Spinner 的数据。

※ **示例 Ex8_6**：开发一个 Android 应用程序，实现下拉列表选项操作的功能，并且通过消息提示来显示所选择的数值。

具体设计步骤如下：

（1）利用 Eclipse 向导创建一个名为 Ex8_6 的 Android 应用程序，在默认创建的布局文件 activity_main.xml 中添加一个 Spinner 下拉列表，并设置各个控件的相应属性，具体的布局代码如下：

```
<RelativeLayout xmlns:android="http://schemas.android.com/
   apk/res/android"
   xmlns:tools="http://schemas.android.com/tools"
   android:layout_width="match_parent"
   android:layout_height="match_parent"
   tools:context="${relativePackage}.${activityClass}" >
   <TextView
      android:id="@+id/textView1"
      android:layout_width="wrap_content"
      android:layout_height="wrap_content"
      android:text="请选择你所在的院系：" />
   <Spinner
      android:id="@+id/spinner1"
      android:layout_width="wrap_content"
      android:layout_height="wrap_content"
```

```
        android:layout_alignParentLeft="true"
        android:entries="@array/facultys"
        android:layout_below="@+id/textView1" />
</RelativeLayout>
```

（2）在项目的 res\values 子目录下，新建一个数组资源文件 facultys.xml 来保存下拉列表中的选择数据，具体代码如下：

```
<?xml version="1.0" encoding="utf-8"?>
<resources>
    <string-array name="facultys">
        <item>外文学院</item>
        <item>计算机科学 与技术学院</item>
        <item>文法学院</item>
        <item>信息与控制工程学院</item>
        <item>化工学院</item>
    </string-array>
</resources>
```

（3）打开 MainActivity.java 文件，重写其中的 onCreate()方法，为 Spinner 添加选择监听器及其数据选择后事件处理，具体代码如下：

```
package com.example8_6;
import android.app.Activity;
import android.os.Bundle;
import android.view.View;
import android.widget.AdapterView;
import android.widget.AdapterView.OnItemSelectedListener;
import android.widget.Spinner;
import android.widget.Toast;
public class MainActivity extends Activity {
    @Override
    protected void onCreate(Bundle savedInstanceState) {
        super.onCreate(savedInstanceState);
        setContentView(R.layout.activity_main);
        //获取一个 spinner 对象
        Spinner spinner = (Spinner) findViewById(R.id.spinner1);
        //为 Spinner 添加选择监听器
        spinner.setOnItemSelectedListener(new OnItemSelectedListener() {
            @Override
            //数据选择事件处理
            public void onItemSelected(AdapterView<?> parent, View view,
                    int pos, long id) {
                String[] languages = getResources()
                    .getStringArray(R.array.facultys);
                //显示选择结果
                Toast.makeText(MainActivity.this, "你所在的学院是:"
                    +languages[pos], 3000).show();
            }
```

```
            @Override
            public void onNothingSelected(AdapterView<?> parent) {
                // Another interface callback
            }
        });
    }
}
```

程序在手机上运行后的测试效果分别如图 8-5（a）和图 8-5（b）所示。

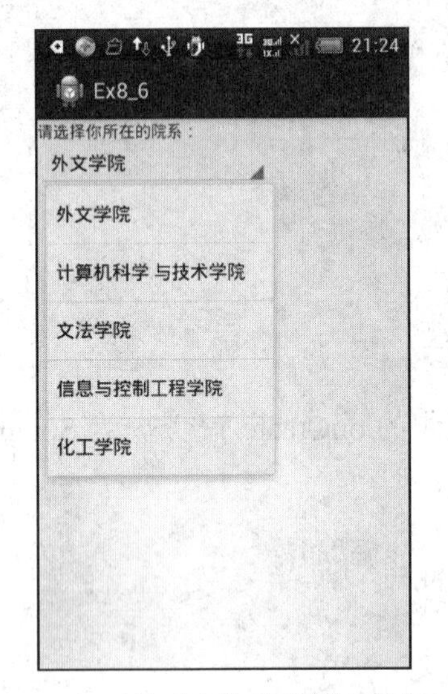

（a）下拉列表数值选择过程中

（b）下拉列表数值选择之后

图 8-5　下拉列表的应用

8.2.3　滚动视图

由于手机屏幕可视区域的有限性，当需要浏览或者操作的内容较多时，在一屏中就无法完全展示。Android 的 ScrollView（滚动视图）控件提供了一种可滚动页面的层次结构布局管理器，从而实现了通过滚动有限的屏幕空间展示更多内容的目的。

ScrollView 实际上是一种特殊的 FrameLayout，其只能放置一个子元素，并且该子元素可以是一个包含了多个对象的布局管理器（通常使用垂直方向的 LinearLayuout）。

【说明】虽然 TextView 也具有滚动功能（例如，利用属性 android:scrollbars="vertical"实现内容的纵向滚动），但其只能显示字符串内容，不能包含其他控件，并且其滚动范围也仅限于设定的自身尺寸之内，而非扩展了屏幕显示区域。

在 XML 文件中添加滚动视图的基本语法格式如下：

1．纵向滚动

```
<ScrollView xmlns:android="http://schemas.android.com/apk
    /res/android"
```

```
    android:id="@+id/horizontalScrollView1"
    android:layout_width="fill_parent"
    android:layout_height="fill_parent" >
    …（布局元素）
</ScrollView>
```

2．横向滚动

```
<HorizontalScrollView xmlns:android="http://schemas.android.com/apk
    /res/android"
    android:id="@+id/horizontalScrollView1"
    android:layout_width="fill_parent"
    android:layout_height="fill_parent" >
    …（布局元素）
</HorizontalScrollView>
```

※ **示例 Ex8_7**：开发一个 Android 应用程序，利用滚动视图控件 ScrollView 及其他相应的控件，设计包含了两个多字符文本框、两张图片和一个按钮的 UI。

具体设计步骤如下：

（1）利用 Eclipse 向导创建一个名为 Ex8_7 的 Android 应用程序，在布局中添加一个 ScrollView 控件、一个 LinearLayout 控件以及其他相应的控件，并设置各个控件的相应属性，具体的布局代码如下：

```
<?xml version="1.0" encoding="utf-8"?>
<ScrollView xmlns:android="http://schemas.android.com/apk/res/android"
    android:layout_width="fill_parent"
    android:layout_height="wrap_content" >
   <LinearLayout
       android:layout_width="fill_parent"
       android:layout_height="wrap_content"
       android:gravity="top|center_horizontal"
       android:orientation="vertical" >
       <ImageView
          android:id="@+id/imageView1"
          android:layout_width="wrap_content"
          android:layout_height="200dp"
          android:src="@drawable/flower2" />
       <TextView
          android:id="@+id/textView1"
          android:layout_width="260dp"
          android:layout_height="wrap_content"
          android:text="@string/content1" />
       <Button
          android:id="@+id/button1"
          android:layout_width="wrap_content"
          android:layout_height="wrap_content"
```

```
            android:text="转发 >>" />
        <ImageView
            android:id="@+id/imageView2"
            android:layout_width="wrap_content"
            android:layout_height="200dp"
            android:src="@drawable/flower1" />
        <TextView
            android:id="@+id/textView2"
            android:layout_width="260dp"
            android:layout_height="wrap_content"
            android:text="@string/content2" />
    </LinearLayout>
</ScrollView>
```

（2）在项目的 res\values 子目录下的 strings.xml 文件，在其中添加相应的字符串资源，具体代码如下：

```
<?xml version="1.0" encoding="utf-8"?>
<resources>
    <string name="app_name">Ex8_7</string>
    <string name="content1">王安石《梅花》：墙角数枝梅，凌寒独自开。遥知不是雪，
        为有暗香来。</string>
    <string name="content2">毛泽东《卜算子·咏梅》：风雨送春归，飞雪迎春到。已是
    悬崖百丈冰，犹有花枝俏。俏也不争春，只把春来报。待到山花烂漫时，她在丛中笑。</string>
</resources>
```

程序在手机上运行后的测试效果如图 8-6（a）所示，然后将布局代码中的 ScrollView 替换为 HorizontalScrollView（完整的布局代码略），将原本的纵向滚动替换为横向滚动，再次在手机上运行后的测试效果如图 8-6（b）所示。

（a）纵向滚动

（b）横向滚动

图 8-6　滚动视图应用

8.2.4　进度条与滑块

1．进度条

因为有些耗时的应用程序在后台运行时，用户的前台界面一般不会有所体现，所以用户不能及时了解该程序运行的进展情况，甚至可能会让用户误以为程序失去了响应。

ProgressBar（进度条）是用户界面中一种常用的组件，可用于向用户显示比较耗时的操作或者程序运行的进展情况，从而更好地提高用户界面的友好性。

Android 系统提供了三大类进度条式样：长形进度条、圆形进度条和跳跃旋转画面进度条，并且这几类进度条又可进一步分为细、粗型或者大、中、小型。Android 的 ProgressBar 是利用 style 属性来设置其式样的。

ProgressBar 的常用 style 属性值如表 8-5 所示。

表 8-5　ProgressBar 的常用 style 属性值

XML 属性	说　明
?android:attr/progressBarStyleHorizontal	细的长形进度条
?android:attr/progressBarStyleLarge	大尺寸圆形进度条
?android:attr/progressBarStyleSmall	小尺寸圆形进度条
@android:style/Widget.ProgressBar.Horizontal	粗的长形进度条
@android:style/Widget.ProgressBar.Large	大尺寸跳跃旋转画面进度条
@android:style/Widget.ProgressBar.Small	小尺寸跳跃旋转画面进度条

【说明】如果不指定圆形进度条的 style 属性，那么它就是常规（中等）尺寸的进度条。

在 XML 文件中添加进度条的基本语法格式如下：

```
<progressBar android:id="@+id/progressBar1"
   android:layout_width="wrap_content"
   android:layout_height="wrap_content"
   style="?android:attr/progressBarStyleLarge">
</ProgressBar>
```

ProgressBar 支持的常用 XML 属性如表 8-6 所示。

表 8-6　ProgressBar 支持的常用 XML 属性

XML 属性	说　明
android:max	用于设置进度条的最大值
android:progress	设置进度的默认值，值介于 0 到 max
android:secondaryProgress	定义二级进度值，值介于 0 到 max。该进度在主进度和背景之间。如播放网络播放视频时，二级进度用于表示缓冲进度，主进度用于表示播放进度
android:progressDrawable	用于设置进度条轨道的绘制形式

程序运行过程中，可以利用相应的方法来操作 ProgressBar。

操作 ProgressBar 的常用方法如表 8-7 所示。

表 8-7　操作 ProgressBar 的常用方法

方　法	说　明
incrementProgressBy(int diff)	指定进度条的进度，正数表示增加进度，负数表示减少进度
setProgress(int progress)	设置进度完成的百分比
setVisibility(int v)	设置进度条是否可见

2．滑块

SeekBar（滑块）是 ProgressBar 的扩展，它比进度条多了一个功能，即可拖动，这样用户就可以借助进度条来控制应用程序的操作，如播放视频时，可以通过拖动滑块控制快进与快退，或者控制音频播放的音量大小等。

在 XML 文件中添加滑块的基本语法格式如下：

```
<SeekBar
    android:id="@+id/id_seekBar"
    android:layout_width="match_parent"
    android:layout_height="wrap_content"
    android:max="100"
    android:progress="50" />
```

通过为 SeekBar 添加 setOnSeekBarChangeListener()监听器，利用 onStartTrackingTouch()、onProgressChanged()和 onStopTrackingTouch()方法，就可以对滑块的开始拖动、滑块值改变以及停止拖动事件进行响应和处理。

※ 示例 Ex8_8：开发一个 Android 应用程序，利用一个滑块控制 6 个类型不同或者大小不同的进度条，并且通过一个文本框显示当前的进度百分比。

具体设计步骤如下：

（1）利用 Eclipse 向导创建一个名为 Ex8_7 的 Android 应用程序，创建一个线性布局，在其中添加所需的相应类型控件，并设置各个控件的相应属性，具体的布局代码如下：

```
<LinearLayout xmlns:android="http://schemas.android.com/apk/res/android"
    android:layout_width="fill_parent"
    android:layout_height="fill_parent"
    android:gravity="center_horizontal"
    android:orientation="vertical" >
    <TextView
        android:id="@+id/textView1"
        android:layout_width="wrap_content"
        android:layout_height="wrap_content"
        android:text="进度条类型依次为：小尺寸圆形、中尺寸圆形、大尺寸圆形、细长条、
            大尺寸跳跃旋转、粗长条"
        android:textSize="20dp" />
    <ProgressBar
        android:id="@+id/progressBar1"
        style="?android:attr/progressBarStyleSmall"
```

```
        android:layout_width="wrap_content"
        android:layout_height="wrap_content"
        android:max="100"
        android:progress="1" />
    <ProgressBar
        android:id="@+id/progressBar2"
        android:layout_width="wrap_content"
        android:layout_height="wrap_content"
        android:max="100"
        android:progress="1" />
    <ProgressBar
        android:id="@+id/progressBar3"
        style="?android:attr/progressBarStyleLarge"
        android:layout_width="wrap_content"
        android:layout_height="wrap_content"
        android:max="100"
        android:progress="1" />
    <ProgressBar
        android:id="@+id/progressBar4"
        style="?android:attr/progressBarStyleHorizontal"
        android:layout_width="200dp"
        android:layout_height="wrap_content"
        android:max="100"
        android:progress="1" />
    <ProgressBar
        android:id="@+id/progressBar5"
        style="@android:style/Widget.ProgressBar.Large"
        android:layout_width="wrap_content"
        android:layout_height="wrap_content"
        android:max="100"
        android:progress="1" />
    <ProgressBar
        android:id="@+id/progressBar6"
        style="@android:style/Widget.ProgressBar.Horizontal"
        android:layout_width="200dp"
        android:layout_height="wrap_content"
        android:max="100"
        android:progress="1" />
    <TextView
        android:id="@+id/textView2"
        android:layout_width="wrap_content"
        android:layout_height="wrap_content"
        android:textSize="20dp"
        android:text="当前进度值" />
    <SeekBar
        android:id="@+id/seekBar1"
        android:layout_width="260dp"
        android:layout_height="wrap_content"
        android:max="100"
```

```
        android:progress="0" />
</LinearLayout>
```

（2）打开 MainActivity.java 文件，重写其中的 onCreate()方法，实现滑块对各个进度条的控制及当前进度百分比的显示，具体代码如下：

```
package com.example.ex8_8;
import android.app.Activity;
import android.os.Bundle;
import android.view.View;
import android.widget.ProgressBar;
import android.widget.SeekBar;
import android.widget.Toast;
import android.widget.SeekBar.OnSeekBarChangeListener;
import android.widget.TextView;
public class MainActivity extends Activity {
    //定义进度条对象
    private ProgressBar progressBar1,progressBar2,progressBar3,
        progressBar4,progressBar5,progressBar6;
    private SeekBar seekbar; //定义滑块对象
    protected void onCreate(Bundle savedInstanceState) {
        super.onCreate(savedInstanceState);
        setContentView(R.layout.activity_main);
        final TextView textView2=(TextView)findViewById(R.id.textView2);
        //获取进度条
        progressBar1 = (ProgressBar) findViewById(R.id.progressBar1);
        progressBar2 = (ProgressBar) findViewById(R.id.progressBar2);
        progressBar3 = (ProgressBar) findViewById(R.id.progressBar3);
        progressBar4 = (ProgressBar) findViewById(R.id.progressBar4);
        progressBar5 = (ProgressBar) findViewById(R.id.progressBar5);
        progressBar6 = (ProgressBar) findViewById(R.id.progressBar6);
        seekbar = (SeekBar) findViewById(R.id.seekBar1);
        seekbar.setOnSeekBarChangeListener(new OnSeekBarChangeListener() {
            public void onStopTrackingTouch(SeekBar seekBar) {
                Toast.makeText(MainActivity.this, "停止拖动滑块"
                , Toast.LENGTH_SHORT).show();
            }
            public void onStartTrackingTouch(SeekBar seekBar) {
                Toast.makeText(MainActivity.this, "开始拖动滑块"
                    , Toast.LENGTH_SHORT).show();
            }
            public void onProgressChanged(SeekBar seekBar, int progress,
                    boolean fromUser) {
                textView2.setText("当前进度值："+progress);
                /*****************************************
                 * 如果进度值等于 100，则进度条不显示，并且
                 * 不占用空间（仅为演示进度条的显、隐控制）
                 *****************************************/
                if(progress < 100){
                    //更新进度
```

```
                    progressBar1.setProgress(progress);
                    progressBar2.setProgress(progress);
                    progressBar3.setProgress(progress);
                    progressBar4.setProgress(progress);
                    progressBar5.setProgress(progress);
                    progressBar6.setProgress(progress);
                    //显示进度条
                    progressBar1.setVisibility(View.VISIBLE);
                    progressBar2.setVisibility(View.VISIBLE);
                    progressBar3.setVisibility(View.VISIBLE);
                    progressBar4.setVisibility(View.VISIBLE);
                    progressBar5.setVisibility(View.VISIBLE);
                    progressBar6.setVisibility(View.VISIBLE);
                }else{
                    progressBar1.setVisibility(View.GONE);
                    progressBar2.setVisibility(View.GONE);
                    progressBar3.setVisibility(View.GONE);
                    progressBar4.setVisibility(View.GONE);
                    progressBar5.setVisibility(View.GONE);
                    progressBar6.setVisibility(View.GONE);
                }
            }
        });
    }
}
```

程序在手机上运行后的测试效果分别如图 8-7（a）和图 8-7（b）所示，其中，图 8-7（a）体现的是滑块拖动结束且消息框消失的界面，图 8-7（b）体现的是滑块拖动结束但消息框尚未消失的界面。

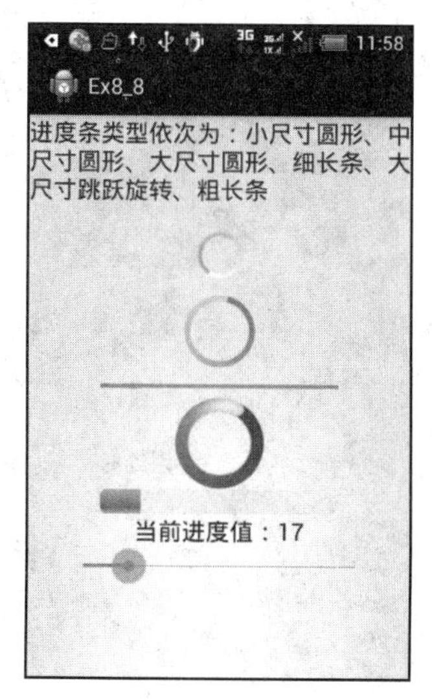

（a）滑块拖动结束消息框消失

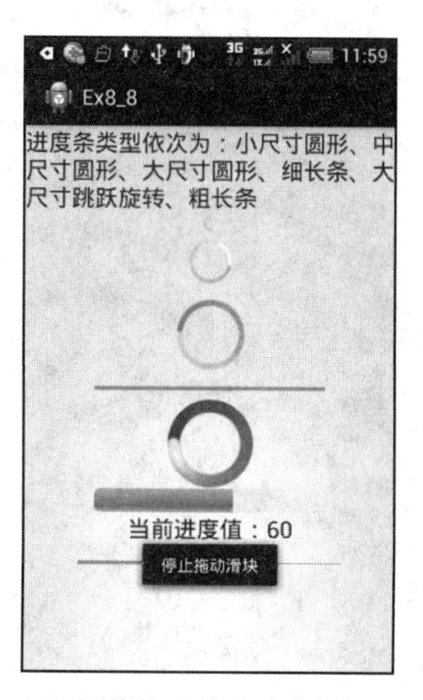

（b）滑块拖动结束消息框提示

图 8-7　进度条与滑块的应用

习　　题

1．如何设置多行输入编辑框的属性，使之输入光标从其左上角开始？

2．图片视图与图像切换器有何异同？

3. 开发一个包含两个按钮的 Android 应用程序，其 Activity 继承自 View.OnClickListene，由 Activity 实现 OnClick(View view)方法，根据 Button 的 id 进行单击事件的对象监听识别。

4．获取单选按钮的选项有哪几种方法？各有什么特点？

5．复选按钮是否也需要使用分组控件来管理？为什么？

6．开发一个简单的下拉列表应用的 Android 应用程序，要求利用下拉列表（Spinner）的 setAdapter()方法，将 Spinner 与 adapter 绑定来指定 Spinner 的数据。

7．ScrollView 对 TextView 的滚动功能有何增强作用？

8．滑块与进度条有何功能异同之处？

第 9 章　Intent 与 BroadcastReceiver

学习要点

- ❑ 理解显式 Intent 与隐式 Intent。
- ❑ 了解 Intent 的组成结构。
- ❑ 掌握 Intent 的常用动作类型及其使用方法。
- ❑ 理解 Intent 过滤器的原理与匹配机制。
- ❑ 掌握 Intent 过滤器的使用方法。
- ❑ 掌握 BroadcastReceiver 的基本用法。

9.1　Intent 应用

9.1.1　Intent 简介

Intent（中文释义：意图）是一种消息传递机制，既可以在同一个应用程序内部的不同组件之间传递信息，也可以在不同应用程序的组件之间传递信息，还可以作为广播事件发布 Android 系统的相应信息。

【说明】在 Android 官方文档中，对 Intent 的定义是“执行某操作的一个抽象描述”。

正是由于 Intent 的存在，使得 Android 系统中互相独立的组件成为可以互相通信的组件集合，因此，无论这些组件是否在同一个应用程序中，Intent 都可以将一个组件的数据或动作传递给另一个组件。

Intent 可以分成以下两类。

- ❑ 显式 Intent：通过 Component name（组件名称）来指定目标组件。通常用于应用程序内部消息，如在一个 Activity 中，使用 startActivity(intent)启动另一个 Activity。
- ❑ 隐式 Intent：不需要指定组件名称。通常用于激活其他应用程序中的组件，如 setAction()。

其实，在之前的 Activity 学习中，我们已经初步使用过 Intent 了，本章将进一步介绍 Intent 的其他基本知识。

9.1.2　Intent 的组成及其基本用法

Intent 对象是由 Component name、Action、Data、Category、Extras 和 Flags 6 个部分构

成的。Intent可以任选其中的几项来构造，主要根据Intent的用途而定。

1．附加信息

Extras（附加信息）是Intent应用中需要关联到的某些特定信息。Intent对象中有一系列的putXXX()方法用于插入各种附加数据，还有一系列的getXXX()方法用于读取相应的附加数据，这些方法与Bundle对象的方法类似，并且附加信息可以作为一个Bundle对象，使用putExtras()方法和getExtras()方法来插入和读取。

以下对putExtras()方法和getExtras()方法进行介绍。

❑ putExtras(String name, String value)方法

该方法用来为Intent添加附加信息，它有多种重载形式，其常用的重载的语法格式如下：

```
public Intent setData(Uri data)
```

其中，参数data是要设置的数据的URI。该方法的返回值是Intent对象。

❑ getExtras()方法

该方法用来为Intent设置数据的MIME类型，其语法格式如下：

```
public Intent setType(String type)
```

其中，参数type是要设置的数据的MIME类型。该方法的返回值是Intent对象。

【说明】可以参考5.4.2节的示例Ex5_1，在其Activity和Intent的应用中，使用了putExtras()方法和getExtras()方法。

2．组件名称

Component name（组件名称）用来指定处理Intent对象的组件，在使用Intent显式启动目标组件时，需要指定组件的名称。Intent的组件名称对象由ComponentName类来封装。示例代码如下（请关注其中的相应方法的运用）：

```
//实例化一个组件名称
ComponentName componentName = new ComponentName(MainActivity.this,
    "com.cumt.ex0801.MyActivity");
//实例化一个Intent对象
Intent intent = new Intent();
 //利用setComponent()方法为Intent设置组件名称
 intent.setComponent(componentName);
 //启动Activity
 startActivity(intent);
```

同时，在目标组件中，可以获得传过来的Intent属性。示例代码如下：

```
Intent intent = this.getIntent(); //获得Intent
//利用getComponent()方法获得组件名称对象
ComponentName componentName = intent.getComponent();
//利用getPackageName()方法获得包名称
String packageName = componentName.getPackageName();
```

```
//利用 getClassName()方法获得类名称
String className = componentName.getClassName();
//实例化一个 TextView 对象
tv = (TextView)findViewById(R.id.TextView01);
//利用 TextView 显示获取的组件包名称和组件类名称
tv.setText("组件包名称："+packageName+"\n"+"组件类名称："+className);
```

3．动作

Action（动作）是一个字符串常量，规定了 Intent 要完成的动作，并且与 Data（数据）和 Extras（附加）一起，决定了 Intent 的构建方式。

使用 setAction()方法来设置 Action 属性，使用 getAction()方法来获得 Action 属性。以下对这两个方法进行介绍。

- setAction()方法

该方法用来为 Intent 设置动作，其语法格式如下：

```
public Intent setAction(String action)
```

其中，参数 action 是要设置的动作名称，通常为 Android API 提供的动作常量。该方法的返回值是 Intent 对象。

- getAction()方法

该方法用来获得 Intent 的动作名称，其语法格式如下：

```
public String getAction()
```

该方法的返回值是 String 字符串，表示 Intent 的动作名称。

表 9-1 中列出了常用的 Intent 类中定义的用于启动 Activity 的标准 Action 及对应字符串。

表 9-1　部分常用启动 Activity 的标准 Action

Action 常量	对应字符串	说　明
ACTION_MAIN	android.intent.action.MAIN	应用程序入口
ACTION_VIEW	android.intent.action.VIEW	显示指定数据
ACTION_EDIT	android.intent.action.EDIT	编辑指定数据
ACTION_DIAL	android.intent.action.DIAL	显示拨号面板
ACTION_CALL	android.intent.action.CALL	直接向指定用户打电话
ACTION_SEND	android.intent.action.SEND	向其他人发送数据
ACTION_SENDTO	android.intent.action.SENDTO	向其他人发送消息
ACTION_ANSWER	android.intent.action.ANSWER	接听电话

4．数据

Data（数据）是作用于 Intent 上的数据的 URI 和数据的 MIME 类型，不同的动作有不同的数据规格，例如，如果动作字段是 ACTION_CALL，数据字段就应该是一个 tel:URI 和要拨打的电话号码；如果动作字段是 ACTION_VIEW，数据字段就应该是一个 http:URI。

【提示】MIME，英文全称为 Multipurpose Internet Mail Extensions，即多用途互联网邮件扩展，是设定某种扩展名的文件用一种应用程序来打开的方式类型，当该扩展名文件被访问时，会自动使用指定的应用程序来打开。

以下对与 Intent 数据应用相关的方法进行介绍。

- setData()方法

该方法用来为 Intent 设置 URI 数据，其语法格式如下：

```
public Intent setData(Uri data)
```

其中，参数 data 是要设置的数据的 URI。该方法的返回值是 Intent 对象。

- setType()方法

该方法用来为 Intent 设置数据的 MIME 类型，其语法格式如下：

```
public Intent setType(String type)
```

其中，参数 type 是要设置的数据的 MIME 类型。该方法的返回值是 Intent 对象。

- setDataAndType()方法

该方法用来为 Intent 设置数据及其 MIME 类型，其语法格式如下：

```
public Intent setDataAndType(Uri data, String type)
```

其中，参数和返回值同 setData()方法和 setType()方法。

- getData()方法

该方法用来获得与 Intent 相关的数据，其语法格式如下：

```
public Uri getData()
```

该方法的返回值是 URI，表示获取到的与 Intent 相关的数据。

- getType()方法

该方法用来获得与 Intent 相关的数据的 MIME 类型，其语法格式如下：

```
public String getType()
```

该方法的返回值是 String 字符串，表示获取到的 MIME 类型。

9.1.3 Intent 过滤器

Activity、Service 和 BroadcastReceiver 组件都能够定义多个 Intent 过滤器来通知系统它们可以处理哪些隐式 Intent。每个过滤器描述组件的一种能力以及该组件可以接收的一组 Intent。

显式 Intent 不需要通过 Intent 过滤器就可以将信息发给其目标组件，而隐式 Intent 需要通过 Intent 过滤器才可以将信息发给其目标组件。

Intent 过滤器使用< intent-filter >节点，在应用程序的配置文件（AndroidManifest.xml

文件）中进行相关配置。

当系统收到一个启动 Activity 的隐式 Intent 后，它将会通过比较 Intent 过滤器的 Action、Category 和 Data 3 个部分来查找最适合的 Activity。

1. Action 验证

Action（动作）用来指定组件所能响应的动作，用字符串表示，通常由 Java 类名和包的完全限定名构成。具体的动作类型可参考表 9-1。

为了指定可接受的 Intent Action，Intent 过滤器通过< action >标签进行声明。例如：

```
<intent-filter>
    <action android:name="android.intent.action.MAIN" />
    <action android:name="android.intent.action.VIEW" />
    ...
</intent-filter>
```

为了通过这个过滤器的验证，Intent 中指定的 Action 必须匹配上述过滤器中的一种 Action。如果过滤器没有给出任何 Action，Intent 就没有可匹配的目标，则所有的验证都会失败。但是，如果是 Intent 未给出 Action，而过滤器中至少包含了一个 Action，则该 Intent 也会通过验证。

2. Category 验证

Category（类型）指定以何种方式去服务 Intent 请求的动作。Android 系统提供的常用 Category 类型及其功能请参考表 9-2。

表 9-2　Android 系统提供的常用 Category

属 性 值	说 明
CATEGORY_DEFAULT	Android 系统中默认的执行方式，按照普通 Activity 的执行方式执行
CATEGORY_HOME	设置该组件为 Home Activity
CATEGORY_PREFERENCE	设置该组件为 Preference
CATEGORY_LAUNCHER	设置该组件为在当前程序中优先被启动，通常与入口 ACTION_MAIN 配合使用
CATEGORY_BROWSABLE	设置该组件可以使用浏览器启动

为了指定可接收的 Intent 类型，Intent 过滤器通过< category >标签进行声明。例如：

```
<intent-filter>
    <category android:name="android.intent.category.DEFAULT" />
    <category android:name="android.intent.category.BROWSABLE" />
    ...
</intent-filter>
```

为了通过类型验证，Intent 中的每个 Category 都必须与过滤器中的相匹配。反之则不然：如果 Intent 过滤器中声明的 Category 可以多于 Intent 中声明的 Category，则验证将会通过。因此，无论过滤器中的 Category 如何声明，不带任何 Category 的 Intent 都能通过验证。

【提示】由于 Android 会对传入 startActivity()和 startActivityForResult()的隐式 Intent 自动应用 CATEGORY_DEFAULT 类型。因此，如果 Activity 需要接收隐式 Intent，它就必须在其 Intent 过滤器中包含"android.intent.category.DEFAULT"。

3．Data 验证

Data（数据）指定 Intent 请求的协议、主机名、路径或者 MIME 类型。

为了指定可接收的 Intent 数据，Intent 过滤器通过< data >标签进行声明。例如：

```
<intent-filter>
    <data android:mimeType="video/mpeg" android:scheme="http" ... />
    <data android:mimeType="audio/mpeg" android:scheme="http" ... />
    ...
</intent-filter>
```

每个<data>标签都可以指定一个 URI 和一个数据类型（MIME 媒体类型）。URI 的每个部分都对应有单独的属性 scheme、host、 port 和 path，格式如下：

```
scheme://host:port/path
```

例如以下 URI 地址：

```
content://com.example.project:200/folder/subfolder/etc
```

其中，scheme、host 和 port 分别对应 content、com.example.project 和 200，path 对应 folder/subfolder/etc。

※ **示例 Ex9_1**：开发一个能够拨打电话和发送短信的 Android 应用程序。

具体设计步骤如下：

（1）利用 Eclipse 向导创建一个名为 Ex9_1 的 Android 应用程序，打开默认创建的布局 activity_main.xml，在其中添加两个文本框框、两个编辑框和两个按钮，并设置各控件相应的属性，具体代码如下：

```
<RelativeLayout xmlns:android="http://schemas.android.com/apk/res/
    android"
    xmlns:tools="http://schemas.android.com/tools"
    android:layout_width="match_parent"
    android:layout_height="match_parent"
    tools:context="${relativePackage}.${activityClass}" >
    <TextView
        android:id="@+id/textView1"
        android:layout_width="wrap_content"
        android:layout_height="wrap_content"
        android:text="手机号码: " />
    <EditText
        android:id="@+id/editText1"
        android:layout_width="wrap_content"
```

```
        android:layout_height="wrap_content"
        android:layout_alignParentLeft="true"
        android:layout_below="@+id/textView1"
        android:maxLength="11"
        android:ems="8" >
        <requestFocus />
    </EditText>
    <Button
        android:id="@+id/button1"
        android:layout_width="wrap_content"
        android:layout_height="wrap_content"
        android:layout_alignParentLeft="true"
        android:layout_below="@+id/editText1"
        android:text="拨打电话" />
    <TextView
        android:id="@+id/textView2"
        android:layout_width="wrap_content"
        android:layout_height="wrap_content"
        android:layout_alignParentLeft="true"
        android:layout_below="@+id/button1"
        android:text="短信内容：" />
    <EditText
        android:id="@+id/editText2"
        android:layout_width="wrap_content"
        android:layout_height="wrap_content"
        android:layout_alignParentLeft="true"
        android:layout_below="@+id/textView2"
        android:maxLength="50"
        android:ems="20"
        android:inputType="textMultiLine"
        android:lines="3" />
    <Button
        android:id="@+id/button2"
        android:layout_width="wrap_content"
        android:layout_height="wrap_content"
        android:layout_alignParentLeft="true"
        android:layout_below="@+id/editText2"
        android:text="发送短信" />
</RelativeLayout>
```

（2）打开 MainActivity.java 文件，重写其中的 onCreate()方法，并编写相应功能的实现代码，具体代码如下：

```
package com.example9_1;
import android.app.Activity;
import android.os.Bundle;
import android.widget.EditText;
import android.widget.Button;
import android.net.Uri;
```

```
import android.view.View;
import android.content.Intent;
public class MainActivity extends Activity {
    private EditText editText1,editText2;
    @Override
    protected void onCreate(Bundle savedInstanceState) {
        super.onCreate(savedInstanceState);
        setContentView(R.layout.activity_main);
        editText1 = (EditText) findViewById(R.id.editText1);
        editText2 = (EditText) findViewById(R.id.editText2);
        Button button1=(Button)findViewById(R.id.button1);
        Button button2=(Button)findViewById(R.id.button2);
        button1.setOnClickListener(listener);
        button2.setOnClickListener(listener);
    };
    //创建视图单击事件监听器
    private android.view.View.OnClickListener listener=new android.view
        .View.OnClickListener() {
        @Override
        public void onClick(View v) {
            //获得用户输入的号码
            String number = editText1.getText().toString();
            //获得用户输入的短信
            String message = editText2.getText().toString();
            Intent intent=new Intent(); //创建一个 Intent 对象
            Button button=(Button)v; //将 View 强制转换为 Button 对象
            //根据 Button 组件的 id 进行单击事件的对象识别
            switch (button.getId()) {
            case R.id.button1:
                intent.setAction(Intent.ACTION_CALL); //设置动作为拨打电话
                //设置要拨打的号码
                intent.setData(Uri.parse("tel:" + number));
                startActivity(intent);
                break;
            case R.id.button2:
                intent.setAction(Intent.ACTION_SENDTO); //设置动作为发送信息
                //设置要发送的号码
                intent.setData(Uri.parse("smsto:" + number));
                //设置要发送的信息内容
                intent.putExtra("sms_body", message);
                startActivity(intent);
                break;
            }
        }
    };
}
```

（3）打开 AndroidManifest.xml 文件，分别设置拨打电话和发送短信的相应权限（粗斜体标识的代码），具体代码如下：

```
<?xml version="1.0" encoding="utf-8"?>
<manifest xmlns:android="http://schemas.android.com/apk/res/android"
    package="com.example9_1"
    android:versionCode="1"
    android:versionName="1.0">
    <uses-sdk
        android:minSdkVersion="8"
        android:targetSdkVersion="21"/>
    <uses-permission android:name="android.permission.CALL_PHONE"/>
    <uses-permission android:name="android.permission.SEND_SMS"/>
    <application
        android:allowBackup="true"
        android:icon="@drawable/ic_launcher"
        android:label="@string/app_name"
        android:theme="@style/AppTheme">
        <activity
            android:name=".MainActivity"
            android:label="@string/app_name">
            <intent-filter>
                <action android:name="android.intent.action.MAIN"/>
                <category android:name="android.intent.category.LAUNCHER"/>
            </intent-filter>
        </activity>
    </application>
</manifest>
```

程序在手机上运行后进行拨打电话的测试效果分别如图 9-1（a）和图 9-1（b）所示。

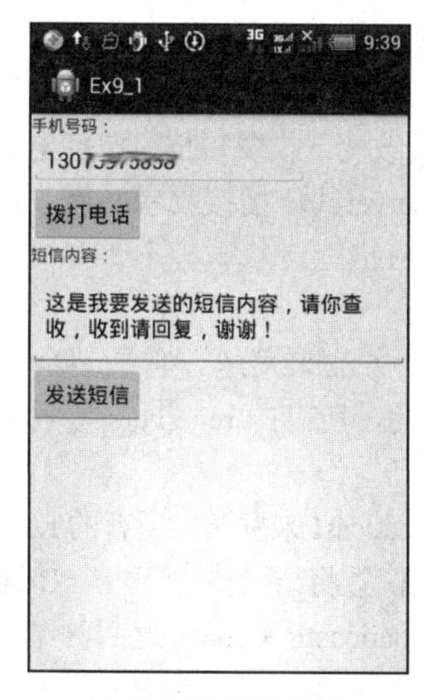

（a）程序初始界面

（b）开始拨打电话

图 9-1　利用 Intent 拨打电话

程序在手机上运行后进行短信发送的测试效果分别如图 9-2（a）~图 9-2（c）所示。可以看出，当单击该 Android 应用程序的“发送短信”按钮后，会弹出一个下拉列表，要求从中选择手机中相应的短信发送应用程序，借助这个程序，才能将此前输入的短信内容发送到指定的手机上。

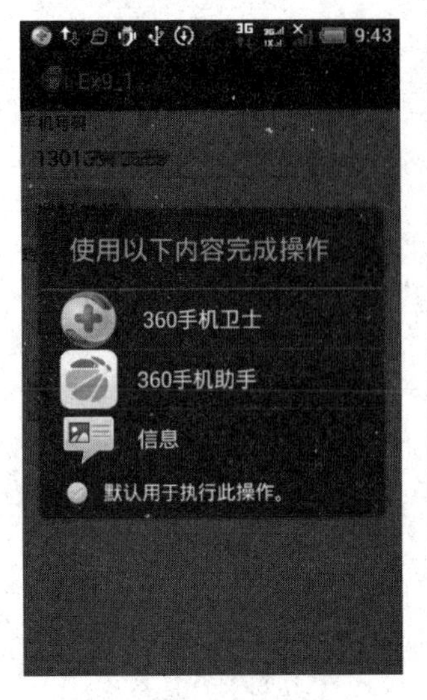

（a）选择短信发送程序

（b）启动短信发送程序

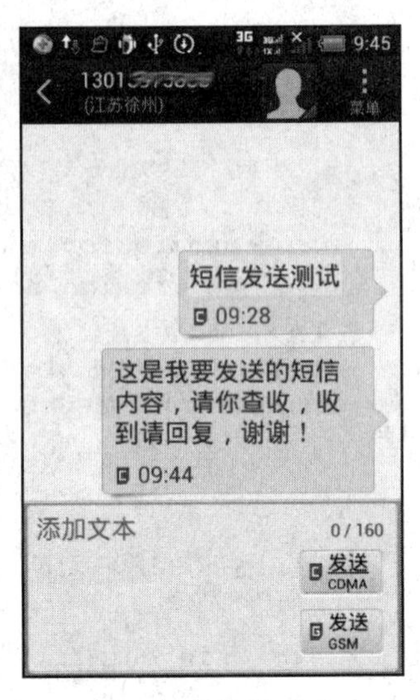

（c）短信发送成功

图 9-2　利用 Intent 发送短信

9.2　BroadcastReceiver 应用

9.2.1　BroadcastReceiver 简介

Android 系统在发生某个事件（如开机、电量改变、收发短信、拨打电话或者屏幕解锁等）时会发送广播，应用程序使用 BroadcastReceiver（广播接收者）接收这个广播，就知道系统发生了什么事件，进而采取相应的事件响应措施。

Android 的广播可分为以下两类。

- 普通广播：通过 Context.sendBroadcast()方法来发送。它是完全异步的。所有的 receivers 接收器的执行顺序不确定。因此，所有的 receivers 接收器接收 broadcast 的顺序不确定。这种方式效率更高。
- 有序广播：是通过 Context.sendOrderedBroadcast 来发送。所有的 receiver 依次执行。BroadcastReceiver 可以使用 setResult 系列函数将结果传给下一个 BroadcastReceiver，通过 getResult 系列函数来取得上个 BroadcastReceiver 返回的结果，并可以使用 abort 系列函数让系统丢弃该广播，使该广播不再传送到其他 BroadcastReceiver。

当广播消息到达时，BroadcastReceiver 会调用 onReceiver()方法，BroadcastReceiver 的生命周期从对象调用它开始，到 onReceiver()方法执行完成之后结束。如果 BroadcastReceiver 的 onReceiver()方法中不能在 10 秒内执行完成，Android 会出现 ANR 异常。所以不要在 BroadcastReceiver 的 onReceiver()方法中执行耗时的操作，如果确实需要在 BroadcastReceiver

中执行耗时的操作，可以通过 Intent 启动 Service 来完成。

9.2.2　BroadcastReceiver 的基本用法

利用 BroadcastReceiver 接收广播的基本步骤如下。

（1）创建 BroadcastReceiver 的子类。由于 BroadcastReceiver 本质上是一种监听器，所以为了使用 BroadcastReceiver 的方法，只需要创建一个 BroadcastReceiver 的子类，然后重写其 onReceive()方法即可。

（2）注册 BroadcastReceiver。为了能够执行 BroadcastReceiver 的方法，接下来还需要为该 BroadcastReceiver 指定匹配的 Intent，即注册该 BroadcastReceiver。有两种注册 BroadcastReceiver 的方式。

方式 1：静态注册

这种方式是在 AndroidManifest.xml 配置文件中注册 BroadcastReceiver，通过这种方式注册的广播为常驻型广播，尽管应用程序关闭了，如果有相应的事件触发了该程序，其广播接收功能还是会被系统自动调用。

静态注册 BroadcastReceiver 的基本 XML 代码如下：

```
<receiver android:name="com.example.test.MyBroadcastReceiver">
    <intent-filter android:priority="100">
        <action android:name="android.intent.action.MyBroadcastReceiver">
            </action>
    </intent-filter>
</receiver>
```

【说明】 通常，为了使所开发的应用程序在手机自带的短信程序之前被启动，注册时应将 BroadcastReceiver 的优先级设置得高一些，如上面代码中的 android:priority="100" 就是设定广播接收器的优先级，这个值从-1000 到 1000，数值越大，优先级越高。

方式 2：动态注册

这种方式是利用 Java 代码在程序中进行注册 BroadcastReceiver，并且在 Activity 销毁时调用 unregisterReceiver(receiver)方法解除该注册，否则 Activity 销毁时会出现异常。

通过这种方式注册的广播为非常驻型广播，它会与当前 Activity 保持同样的生命周期，即只有在程序运行时才会收到广播消息，程序停止运行就收不到了。

动态注册 BroadcastReceiver 的基本 Java 代码如下：

```
//注册 BroadcastReceive
MyReceiver receiver = new MyReceiver();
IntentFilter filter = new IntentFilter();
filter.addAction("android.intent.action.MY_BROADCAST");
registerReceiver(receiver, filter);
//Activity 销毁时
@Override
protected void onDestroy() {
```

```
    super.onDestroy();
    //解除注册 BroadcastReceive
    unregisterReceiver(receiver);
}
```

【说明】registerReceiver 是 android.content.ContextWrapper 类中的方法，Activity 和 Service 都继承了 ContextWrapper，所以可以直接调用。

※ 示例 Ex9_2：开发一个 Android 应用程序，利用 BroadcastReceiver 的广播接收功能实现收到短信发出提示信息，要求采用动态注册 BroadcastReceiver 的方式，以便退出该应用程序后，就终止这种收到短信发出提示信息的功能。

具体设计步骤如下：

（1）利用 Eclipse 向导创建一个名为 Ex9_2 的 Android 应用程序，打开默认创建的布局 activity_main.xml，创建一个线性布局，并在其中添加文本框和按钮各一个，并设置各控件相应的属性，具体代码如下：

```
<LinearLayout xmlns:android="http://schemas.android.com/
    apk/res/android"
    android:layout_width="fill_parent"
    android:layout_height="fill_parent"
    android:gravity="center"
    android:orientation="vertical" >
    <TextView
        android:layout_width="303dp"
        android:layout_height="wrap_content"
        android:lines="2"
        android:text="利用 BroadcastReceiver 的广播接收功能实现收到短信提示......"
        android:textSize="18dp" />
    <Button
        android:id="@+id/button1"
        android:layout_width="wrap_content"
        android:layout_height="wrap_content"
        android:text=" 关闭 " />
</LinearLayout>
```

（2）新建一个用于接收广播消息名为 SMSReceiver 的 BroadcastReceiver 的子类，具体代码如下：

```
package com.example.ex9_2;
import android.content.BroadcastReceiver;
import android.content.Context;
import android.content.Intent;
import android.widget.Toast;
public class SMSReceiver extends BroadcastReceiver {
    private static final String action = "android.provider.Telephony
        .SMS_RECEIVED";
```

```
    @Override
    public void onReceive(Context context, Intent intent) {
        // TODO Auto-generated method stub
        //如果收到的是短信广播，就发出提示
        if (intent.getAction().equals(action)) {
            Toast.makeText(context, "您收到了一条短信，详细信息，请查看短信
                管理器。", Toast.LENGTH_LONG).show();
        }
    }
}
```

（3）打开 MainActivity.java 文件，分别重写 onCreate()和 onDestroy()方法，实现注册和解除注册 BroadcastReceiver 的相应功能，具体代码如下：

```
package com.example.ex9_2;
import android.app.Activity;
import android.content.IntentFilter;
import android.os.Bundle;
import android.view.View;
import android.view.View.OnClickListener;
import android.widget.Button;
public class MainActivity extends Activity {
    private SMSReceiver myReceiver;
    @Override
    protected void onCreate(Bundle savedInstanceState) {
        super.onCreate(savedInstanceState);
        setContentView(R.layout.activity_main);
        /****************************************
         * 注册 BroadcastReceiver 方式 2：动态注册，
         * 该动态注册与在 AndroidManifest.xml 文件中
         * 静态注册 BroadcastReceiver，两者二选一
         ****************************************/
        //创建一个 SMSReceiver 对象
        myReceiver = new SMSReceiver();
        //创建一个过滤器对象
        IntentFilter filter = new IntentFilter();
        //为过滤器设置短信接收动作
        filter.addAction("android.provider.Telephony.SMS_RECEIVED");
        //注册过滤器
        registerReceiver(myReceiver, filter);
        //关闭应用程序
        Button button1 = (Button)findViewById(R.id.button1);
        button1.setOnClickListener(new OnClickListener() {
            @Override
            public void onClick(View arg0) {
            //TODO Auto-generated method stub
                System.exit(0);
            }
        });
```

```
    }
    //解除注册 BroadcastReceive
    @Override
    protected void onDestroy() {
        super.onDestroy();
        unregisterReceiver(myReceiver);
    }
}
```

（4）打开 AndroidManifest.xml 文件，分别设置短信接收权和注册 BroadcastReceiver（粗斜体标识的代码），具体代码如下：

```
<?xml version="1.0" encoding="utf-8"?>
<manifest xmlns:android="http://schemas.android.com/apk/res/android"
    package="com.example.ex9_2"
    android:versionCode="1"
    android:versionName="1.0" >
    <uses-sdk
        android:minSdkVersion="8"
        android:targetSdkVersion="21" />
    <uses-permission android:name="android.permission.RECEIVE_SMS"/>
    <application
        android:allowBackup="true"
        android:icon="@drawable/ic_launcher"
        android:label="@string/app_name"
        android:theme="@style/AppTheme" >
        <activity
            android:name=".MainActivity"
            android:label="@string/app_name" >
            <intent-filter>
                <action android:name="android.intent.action.MAIN" />
                <category android:name="android.intent.category.LAUNCHER" />
            </intent-filter>
        </activity>
        <receiver android:name=".SMSReceiver">
            <intent-filter android:priority="100">
                <action android:name="android.provider.Telephony
                    .SMS_RECEIVED"/>
            </intent-filter>
        </receiver>
    </application>
</manifest>
```

程序在手机上运行后的测试效果如图 9-3 所示。如果静态方式注册 BroadcastReceiver，即使所开发的应用程序关闭了，一旦有新的短信发到本手机，仍然会弹出本程序的消息提示框，而动态方式注册 BroadcastReceiver，程序关闭就不再弹出相应的消息提示框。

【说明】可在此短信接收提示示例程序的基础上，进一步完善程序的开发，实现短信内容的显示以及其他相关的功能。

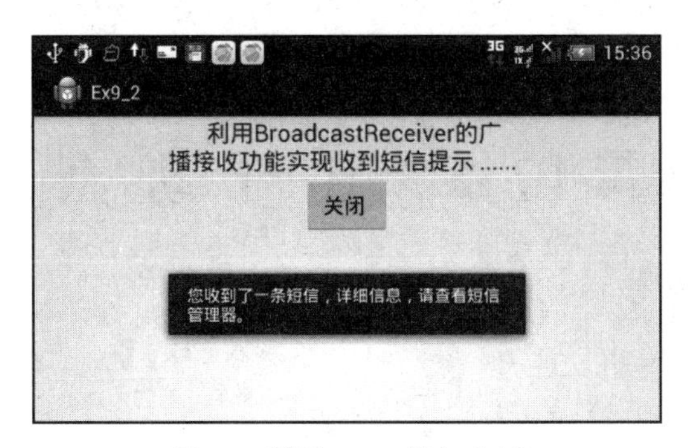

图 9-3 利用 Intent 拨打电话

习　　题

1．试举例说明，什么是显式 Intent？什么是隐式 Intent？

2．简要介绍 Intent 过滤器的原理与匹配机制。

3．在 Intent 类中定义的，用于启动 Activity 的最常用的标准 Action 是什么？

4．Intent 的 Extras（附加信息）的基本用途是什么？通常结合哪几个方法来调用？

5．Intent 过滤器的基本功能是什么？

6．Android 的广播可分为哪几类？各有何特点？

7．利用 BroadcastReceiver 的广播接收功能，开发一个 Android 应用程序，当手机的电量过低时发出充电提醒。

第 10 章　图与动画

学习要点

- ❑ 掌握图形和文本的常用绘制方法。
- ❑ 掌握常用的图像变换方法。
- ❑ 掌握逐帧和补间动画的设计方法。

图形绘制、图像处理以及动画设计也是 Android 应用中的重要技术，在许多游戏程序的开发中，都需要开发者熟练地掌握这类技术的用法。

10.1　绘制图形与文本

我们知道，现实工作或生活中的绘画或者绘图，就是使用相应类型的画笔在相应类型的纸或者画布等材料上进行绘制。与此相类似，通过软件程序在屏幕上画图，也需要使用相应的工具和材料等。

10.1.1　Paint 类

1．创建画笔

Paint 类表示画笔，并且通过参数设置，如设置线条的宽度、颜色以及透明度等，可以构建出多种类型的画笔，以便产生不同的画图效果。

创建一支画笔的过程，也就是利用 Paint()方法创建一个 Paint 类的对象，具体代码如下：

```
Paint paint=new Paint();
```

2．设置画笔

一支画笔（也即一个 Paint 类的对象）创建后，还可以通过该对象提供的方法对它的默认设置进行修改，以满足实际绘图的需要。Paint 类设置的常用方法如表 10-1 所示。

表 10-1　Paint 类设置的常用方法

方　法	说　明
setColor(int color)	设置颜色，可以是 Color 类包含的一些常见颜色定义，也可以使用 Color(int r, int g, int b)方法设置
setAlpha(int a)	设置 alpha 透明度，范围为 0~255，0 表示完全透明，255 表示不透明
setARGB(int a, int r, int g, int b)	设置透明度和颜色，参数 a 为 alpha 透明度

续表

方　　法	说　　明
setStrokeWidth(float width)	设置笔触的宽度
setShadowLayer(float radius,float dx,float dy,int color)	设置阴影效果。radius 是阴影半径，dx 是 X 轴方向的偏移量，dy 是 Y 轴方向的偏移量，color 是阴影颜色
setTextAlign(Paint.Align align)	设置绘制文字的对齐方向，可选值有 Align.CENTER、Align.LEFT 和 Align.RIGHT
setTextSize(float textSize)	设置绘制文字的字号大小
setStyle(Paint.Style style)	设置所绘图形的填充和笔触样式，可选值有 Style.FILL、Style.STROKE 和 Style.FILL_AND_STROKE

10.1.2　Canvas 类

1．创建画布

Canvas 类表示画布，并且利用这个类所提供的一系列方法，可以容易地绘制各种图形和文本。

为了利用 Canvas 类绘图，需要先创建一个继承自 View 类的视图，并重写这个类的 onDraw()方法，然后在要显示绘图的 Activity 中添加这个类。

以下示例创建了一个继承自 android.view.View 类、名称为 DrawView 的子类，利用这个子类，就可以绘制各种图形（或者文本），具体代码如下：

```
Public class DrawView extends View{
   //构造方法
   public DrawView(Context context){
      super(context);
   }
   //重写方法
   protected void onDraw(Canvas canvas){
      super.onDraw(canvas);
      //（具体的绘图代码）
      …
   }
}
```

【提示】构造方法的方法名必须与类名相同；其方法没有返回类型，也不能定义为 void，在方法名前面不声明方法类型；其主要作用是完成对象的初始化工作，能够把定义对象时的参数传给对象的域。

2．绘制图形

Canvas 类提供了绘制各种几何图形（如点、直线、矩形和圆等）的方法。Canvas 类绘图的常用方法如表 10-2 所示。

表 10-2　Canvas 类的绘制图形的常用方法

方　　法	说　　明
drawPoint(float x, float y, Paint paint)	绘制一个点
drawPoints(float[] pts, Paint paint)	绘制多个点
drawLine(float startX, float startY, float stopX, float stopY, Paint paint)	绘制一条直线，参数为起点和终点的 X、Y 坐标
drawLines(float[] pts, Paint paint)	绘制多条直线，参数为起点和终点的 X、Y 坐标对
drawCircle(float cx, float cy, float radius, Paint paint)	绘制圆形，参数为圆心坐标和半径
drawOval(RectF oval, Paint paint)	绘制一个区域的内切圆或椭圆（视所定义的矩形而定）
drawRect(float left, float top, float right, float bottom, Paint paint) drawRect(RectF rect, Paint paint) drawRect(Rect r, Paint paint)	绘制矩形，参数为 left、top 表示左上角；right、bottom 表示右下角，RectF 和 Rect 都定义了一个矩形区域，主要区别是参数类型不同，一个是 int 类型，一个是 float 类型
drawRoundRect(RectF rect, float rx, float ry, Paint paint)	绘制圆角矩形，参数分别定义了一个区域、x 和 y 方向的圆角弧度
drawArc(RectF oval, float startAngle, float sweepAngle, boolean useCenter,Paint paint)	绘制扇区或者弧线，参数定义了一个矩形区域、起始弧度、终止弧度和显示方式（true 为扇区，false 为弧线）

3．绘制文本

在 Android 应用程序的常规用户界面显示中，通常可以用 TextView 控件来显示文本，另外还可以利用包含文本的图片来显示所需文本。但是，这两种方式显示的文本内容及其位置控制不够灵活、快捷，难以适应诸如游戏这类界面内容变化丰富的程序开发。

Canvas 类还提供了多种绘制文本的方法，使得 Android 中的文本显示更加灵活、快捷。Canvas 类绘制文本的常用方法如表 10-3 所示。

表 10-3　Canvas 类的绘制文本的常用方法

方　　法	说　　明
drawText(String text, float x, float y, Paint paint) drawText(char[] text, int index, int count, float x, float y, Paint paint) drawText(CharSequence text, int start, int end, float x, float y, Paint paint) drawText(String text, int start, int end, float x, float y, Paint paint)	text：字符串内容，可以采用 String 格式或者 char 字符数组格式 x、y：显示位置的 x、y 坐标 index：显示的起始字符位置 count：显示字符的个数 start、end：显示的起始字符位置、终止字符位置 paint：绘制时所使用的画笔
drawPosText(String text, float[] pos, Paint paint) drawPosText(text, index, count, pos, paint)	text：字符串内容 index：显示的起始字符位置 count：显示字符的个数 pos：每个字符的位置 paint：绘制时所使用的画笔

4．绘制路径

在 Android 中提供了绘制路径的功能。需要创建路径时，可以使用 android.graphics.Path 类来实现。Path 类中包含了一组矢量绘图方法，如绘制圆、矩形、弧和线条等。表 10-4 中列出了 Path 类常用的绘制直线路径的方法，其他的 Path 类的常用绘图方法，读者可参考相关资料学习使用。

表 10-4　Path 类的常用绘图方法

方　法	说　明
moveTo(float x,float y)	设置开始绘制直线的起点
lineTo(float x,float y)	在 moveTo()方法设置的起点与该方法指定的结束点之间画一条直线，如果在调用该方法之前没有使用 moveTo()方法设置起点，那么将从(0,0)点开始绘制直线
close()	闭合路径，当绘制多边形时，如果不使用该方法，将只能绘制一个连续的折线，而非封闭边线的多边形

※ 示例 Ex10_1：开发一个 Android 应用程序，利用 Paint 类和 Canvas 类绘制 3 个基本图形（三角形、矩形和圆）和 3 个文本。

具体设计步骤如下：

（1）利用 Eclipse 向导创建一个名为 Ex10_1 的 Android 应用程序，首先删除默认创建的布局 activity_main.xml 中 RelativeLayout 布局管理器，然后在可视化设计环境中，添加一个 FrameLayout 布局管理器，并设置该布局管理器的 id 属性，具体的布局代码如下：

```
<FrameLayout xmlns:android="http://schemas.android.com/apk/res/android"
    android:id="@+id/frameLayout1"
    android:layout_width="fill_parent"
    android:layout_height="fill_parent" >
</FrameLayout>
```

（2）打开 MainActivity.java 文件，重写其中的 onCreate()方法，并创建一个继承自 android.view.View 类、名称为 DrawView 的子类，具体代码如下：

```
package com.example10_1;
import android.app.Activity;
import android.content.Context;
import android.graphics.Canvas;
import android.graphics.Color;
import android.graphics.Paint;
import android.graphics.Paint.Style;
import android.graphics.Path;
import android.os.Bundle;
import android.view.View;
import android.widget.FrameLayout;
public class MainActivity extends Activity {
```

```
    protected void onCreate(Bundle savedInstanceState) {
        super.onCreate(savedInstanceState);
        setContentView(R.layout.activity_main);
        //获取帧布局管理器对象
     FrameLayout frmLayout1=(FrameLayout)findViewById(R.id.frameLayout1);
        //将自定义的 DrawView 视图添加到帧布局管理器中
        frmLayout1.addView(new DrawView(this));
    }
    public class DrawView extends View{
        //构造方法
        public DrawView(Context context) {
            super(context);
        }
        protected void onDraw(Canvas canvas) {
            canvas.drawColor(Color.WHITE);
            Paint paint=new Paint(); //创建默认设置的画笔
            paint.setAntiAlias(true); //使用抗锯齿功能
            paint.setStrokeWidth(3); //设置笔触的宽度
            paint.setStyle(Style.FILL); //设置填充样式
            /******* 绘制图形 ********/
            paint.setColor(Color.RED); //绘制一个红色的三角形
            Path path = new Path();
            path.moveTo(310, 20);
            path.lineTo(230, 180);
            path.lineTo(390, 180);
            path.close();
            canvas.drawPath(path, paint);
            paint.setColor(Color.GREEN); //绘制一个绿色的矩形
            canvas.drawRect(150, 100, 310, 260, paint);
            paint.setColor(Color.BLUE); //绘制一个蓝色的圆
            canvas.drawCircle(310, 260, 80, paint);
            /******* 绘制文本 ********/
            paint.setColor(Color.BLACK);
            paint.setTextSize(26);
            canvas.drawText("三角形", 310, 120, paint);
            canvas.drawText("矩形", 200, 180, paint);
            canvas.drawText("圆", 300, 270, paint);
            canvas.drawText("圆", 300, 270, paint);
            super.onDraw(canvas);
        }
    }
}
```

程序在手机上运行后的测试效果如图 10-1 所示。从图中可以看出，图形绘制的先后顺序决定了图形的层次顺序。

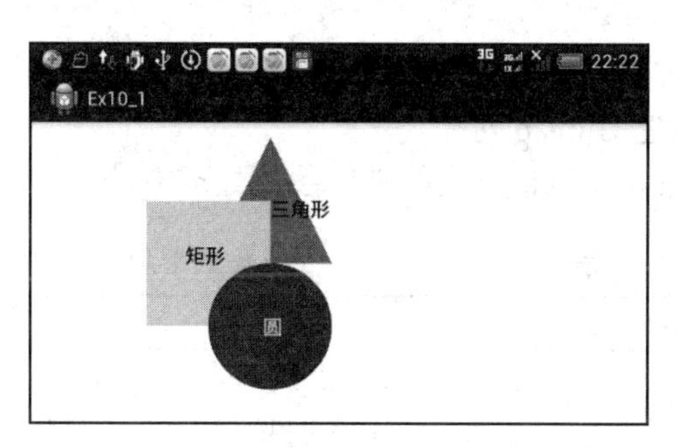

图 10-1　绘制文本和几个不同形状、不同颜色的图形

10.2　图像变换

在 Android 应用程序中，有许多开发需要能够灵活地控制图片的变换，虽然我们之前学习的 ImageView 控件可以按照设置的方式来显示指定的图源，但是，这种图片显示方法不能实现图片的变换功能，如图片的缩放、平移和旋转等。

以下将在此前章节的绘图技术的基础上，进一步介绍与图像变换相关的类，为图像变换奠定相关的技术基础。

10.2.1　Bitmap 类

Bitmap 是 Android 系统中图像处理的常用类之一。利用这个类可以获取图像文件信息，进行图像的剪切、旋转和缩放等操作，并可以按照指定格式保存图像文件。

表 10-5 中列出了 Bitmap 类的常用方法。

表 10-5　Bitmap 类的常用方法

方　法	说　明
createBitmap(Bitmap src)	以 src 为源图生成不可变的新图像
createBitmap(int width, int height, Config config)	创建指定格式、大小的位图
createBitmap(Bitmap src, int x, int y, int width, int height)	以 src 为源图，创建新的图像，指定起始坐标以及新图像的高和宽
compress(Bitmap.CompressFormat format, int quality, OutputStream stream)	将图像以指定格式压缩并保存到指定的文件输出流中
createBitmap(Bitmap src, int x, int y, int width, int height, Matrix m, boolean filter)	从 src 源图的指定坐标点，抠出指定宽、高的图，按照 Matrix 指定规则变换，并创建为一个新的 Bitmap 对象
createScaledBitmap(Bitmap src, int dstWidth, int dstHeight, boolean filter)	以 src 为源图，创建新的图像，指定新图像的高宽以及是否可变

10.2.2　BitmapFactory 类

Bitmap（位图）是 Android 系统中图像处理的最重要类之一。BitmapFactory 类是一个工具类，它提供了大量方法，这些方法可用于从多种不同的图像资源（如 files、streams 或 byte-arrays）中解析、创建 Bitmap 对象。

表 10-6 中列出了 BitmapFactory 类的常用图像处理方法。

表 10-6　BitmapFactory 类的常用方法

方　法	说　明
Bitmap decodeFile(String pathName)	读取一个文件路径得到一个位图，如果指定的文件为空或不能解码成文件，则返回 NULL
decodeResource(Resources res, int id)	根据给定资源 ID 从指定资源中解析、创建 Bitmap 对象
decodeStream(InputStream is)	从输入流中解码位图
decodeByteArray(byte[] data, int offset, int length)	从字节数组中解码生成不可变的位图

10.2.3　Matrix 类

在 Android 系统中，图片的处理需要 Matrix 类的支持，它位于 android.graphics.Matrix 包下，是 Android 提供的一个矩阵工具类，其本身并不能对图像或 View 进行变换，但它可与其他 API（如 Canvas）结合来控制图形、View 的变换。Matrix 类对图片的变换分为 4 种基本类型：旋转、缩放、平移和倾斜。

表 10-7 中列出了 Matrix 类的常用图像变换方法。

表 10-7　Matrix 类的常用图像变换方法

方　法	说　明
setScale(float sx, float sy, float px, float py) setScale(float sx, float sy)	设置缩放效果，sx、sy 代表缩放的倍数，px、py 代表缩放的中心
setTranslate(float dx, float dy)	设置平移效果，参数 dx、dy 分别是 x、y 上的平移量
setRotate(float degrees, float px, float py) setRotate(float degrees)	设置旋转效果，degrees 代表旋转的角度，px、py 代表旋转的轴心
setSkew(float kx, float ky, float px, float py) setSkew(float kx, float ky)	设置倾斜效果，参数 kx、ky 分别是 x、y 上的倾斜因子，px、py 代表倾斜的轴心

※ **示例 Ex10_2**：开发一个 Android 应用程序，单击“旋转”、“缩放”、“平移”和“倾斜”4 个按钮，可以实现相应的连续图片变换功能。

具体设计步骤如下：

（1）利用 Eclipse 向导创建一个名为 Ex10_2 的 Android 应用程序，删除默认创建的布局 activity_main.xml 中的 RelativeLayout 布局管理器，添加两个 LinearLayout 构成一个嵌套布局，然后在其中添加两个 ImageView 图片视图和 4 个 Button 按钮，并设置各个控件的相应属性，具体的布局代码如下：

```
<LinearLayout xmlns:android="http://schemas.android.com/apk/res/android"
    xmlns:tools="http://schemas.android.com/tools"
    android:layout_width="match_parent"
```

```
    android:layout_height="match_parent"
    android:background="#fff"
    android:gravity="center_horizontal"
    android:orientation="vertical" >
    <LinearLayout
        android:layout_width="wrap_content"
        android:layout_height="wrap_content"
        android:gravity="center_horizontal"
        android:orientation="horizontal" >
        <Button
            android:id="@+id/btn_scale"
            android:layout_width="wrap_content"
            android:layout_height="wrap_content"
            android:text="缩放" />
        <Button
            android:id="@+id/btn_rotate"
            android:layout_width="wrap_content"
            android:layout_height="wrap_content"
            android:text="旋转" />
        <Button
            android:id="@+id/btn_translate"
            android:layout_width="wrap_content"
            android:layout_height="wrap_content"
            android:text="平移" />
        <Button
            android:id="@+id/btn_skew"
            android:layout_width="wrap_content"
            android:layout_height="wrap_content"
            android:text="倾斜" />
    </LinearLayout>
    <!-- 源图片 -->
    <ImageView
        android:id="@+id/iv_base"
        android:layout_width="wrap_content"
        android:layout_height="wrap_content" />
    <!-- 变换后的图片 -->
    <ImageView
        android:id="@+id/iv_after"
        android:layout_width="wrap_content"
        android:layout_height="wrap_content" />
</LinearLayout>
```

（2）将事先准备好的图片 drone.jpg 保存到当前项目的 drawable-mdpi 文件夹中。

（3）打开 MainActivity.java 文件，重写其中的 onCreate()方法，并编写其他相应的功能实现代码，具体代码如下：

```
package com.example10_2;
import android.os.Bundle;
import android.view.View;
```

```
import android.widget.Button;
import android.widget.ImageView;
import android.app.Activity;
import android.graphics.Bitmap;
import android.graphics.BitmapFactory;
import android.graphics.Canvas;
import android.graphics.Matrix;
import android.graphics.Paint;
public class MainActivity extends Activity {
    //定义各类对象
    private Button btn_scale, btn_rotate, btn_translate, btn_skew;
    private ImageView iv_base, iv_after;
    private Bitmap baseBitmap;
    private Paint paint;
    //定义各种图片变换参数
    float degrees=0; //旋转角度
    float sx=1,sy=1; //缩放倍数
    float dx=0,dy=0; //平移距离
    float kx=0,ky=0; //倾斜引子
    @Override
    protected void onCreate(Bundle savedInstanceState) {
        super.onCreate(savedInstanceState);
        setContentView(R.layout.activity_main);
        //获取按钮对象
        btn_scale = (Button) findViewById(R.id.btn_scale);
        btn_rotate = (Button) findViewById(R.id.btn_rotate);
        btn_translate = (Button) findViewById(R.id.btn_translate);
        btn_skew = (Button) findViewById(R.id.btn_skew);
        //为按钮创建单击事件监听器
        btn_scale.setOnClickListener(click);
        btn_rotate.setOnClickListener(click);
        btn_translate.setOnClickListener(click);
        btn_skew.setOnClickListener(click);
        //获取变换前、后的图片视图控件
        iv_base = (ImageView) findViewById(R.id.iv_base);
        iv_after = (ImageView) findViewById(R.id.iv_after);
        //解码并创建 Bitmap 对象
        baseBitmap = BitmapFactory.decodeResource(getResources(),
              R.drawable.drone);
        //设置源图片视图控件设置图源
        iv_base.setImageBitmap(baseBitmap);
        //设置画笔，消除锯齿
        paint = new Paint();
        paint.setAntiAlias(true);
    }
    //单击事件监听器
    private View.OnClickListener click = new View.OnClickListener() {
        @Override
        public void onClick(View v) {
```

```
        switch (v.getId()) {
        case R.id.btn_rotate:
            degrees+=10;//每单击一次，图片选择 10 度
            //调用图片旋转方法
            bitmapRotate(degrees);
            break;
        case R.id.btn_scale:
            sx+=0.1;sy+=0.1;//每单击一次，图片放大 10%
            //调用图片缩放方法
            bitmapScale(sx, sy);
            break;
        case R.id.btn_translate:
            dx+=10;dy+=10;//每单击一次，图片平移 10 个像素
            //调用图片平移方法
            bitmapTranslate(dx, dy);
            break;
        case R.id.btn_skew:
            kx+=0.1;ky+=0.1;//每单击一次，图片倾斜强加 10%
            //调用图片倾斜方法
            bitmapSkew(kx, ky);
            break;
        default:
            break;
        }
    }
};
/****** 旋转图片 ******/
protected void bitmapRotate(float degrees) {
    //创建一个与源图同样尺寸的图片
    Bitmap afterBitmap = Bitmap.createBitmap(baseBitmap.getWidth(),
            baseBitmap.getHeight(), baseBitmap.getConfig());
    Canvas canvas = new Canvas(afterBitmap);
    Matrix matrix = new Matrix();
    //绕源图的中心位置旋转
    matrix.setRotate(degrees, baseBitmap.getWidth() / 2,
            baseBitmap.getHeight() / 2);
    //重绘图形
    canvas.drawBitmap(baseBitmap, matrix, paint);
    iv_after.setImageBitmap(afterBitmap);
}
/****** 缩放图片 ******/
protected void bitmapScale(float x, float y) {
    //因为图片被放大，需要更大的画布，所以需要重新创建 Bitmap
    Bitmap afterBitmap = Bitmap.createBitmap(
            (int) (baseBitmap.getWidth() * x),
            (int) (baseBitmap.getHeight() * y),
            baseBitmap.getConfig());
    Canvas canvas = new Canvas(afterBitmap);
    //初始化 Matrix 对象
```

```
        Matrix matrix = new Matrix();
        //根据传入的参数设置缩放比例
        matrix.setScale(x, y);
        //重绘图形
        canvas.drawBitmap(baseBitmap, matrix, paint);
        iv_after.setImageBitmap(afterBitmap);
    }
    /****** 平移图片 ******/
    protected void bitmapTranslate(float dx, float dy) {
        //根据平移的距离来创建图片的备份
        Bitmap afterBitmap = Bitmap.createBitmap(
                (int) (baseBitmap.getWidth() + dx),
                (int) (baseBitmap.getHeight() + dy), baseBitmap.getConfig());
        Canvas canvas = new Canvas(afterBitmap);
        Matrix matrix = new Matrix();
        //设置平移的距离
        matrix.setTranslate(dx, dy);
        //重绘图形
        canvas.drawBitmap(baseBitmap, matrix, paint);
        iv_after.setImageBitmap(afterBitmap);
    }
    /****** 倾斜图片 ******/
    protected void bitmapSkew(float dx, float dy) {
        //根据图片的倾斜比例，计算变换后图片的大小
        Bitmap afterBitmap = Bitmap.createBitmap(baseBitmap.getWidth()
                + (int) (baseBitmap.getWidth()*dx), baseBitmap.getHeight()
                + (int) (baseBitmap.getHeight()*dy), baseBitmap.getConfig());
        Canvas canvas = new Canvas(afterBitmap);
        Matrix matrix = new Matrix();
        //设置图片倾斜的比例
        matrix.setSkew(dx, dy);
        //重绘图形
        canvas.drawBitmap(baseBitmap, matrix, paint);
        iv_after.setImageBitmap(afterBitmap);
    }
}
```

程序在手机上运行后的测试效果分别如图 10-2（a）~ 图 10-2（d）所示。

【提示】 使用 Matrix 对图像进行变换，有几点需要注意：（1）对于一个利用 BitmapFactory.decodeXxx()方法加载的 Bitmap，它是一个只读的图像，所以不能对其直接进行处理，需要使用 Bitmap.createBitmap()方法，重新创建一个 Bitmap 对象的备份，才可以对备份的 Bitmap 进行处理。（2）因为图像的变换是针对每一个像素点的，所以有些变换可能发生像素点的丢失造成图像失真，所以可以使用 Paint.setAnitiAlias(boolean)设置来消除锯齿，这样图片变换后的效果会更好。（3）在重新创建一个 Bitmap 对象的备份时，需要设置适宜的宽度和高度，如果设置不合适，很可能变换后的像素点已在图片之外了。

（a）图像缩放

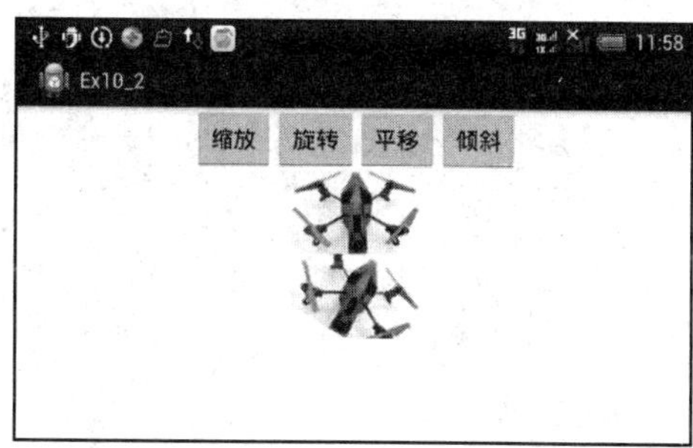

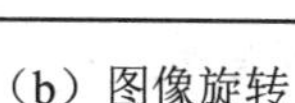

（b）图像旋转

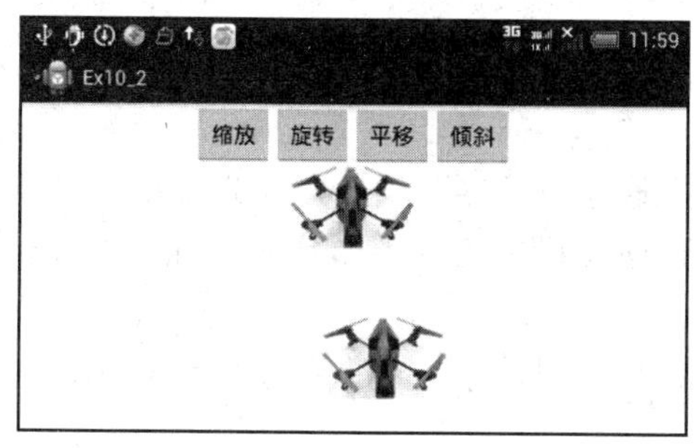

（c）图像平移

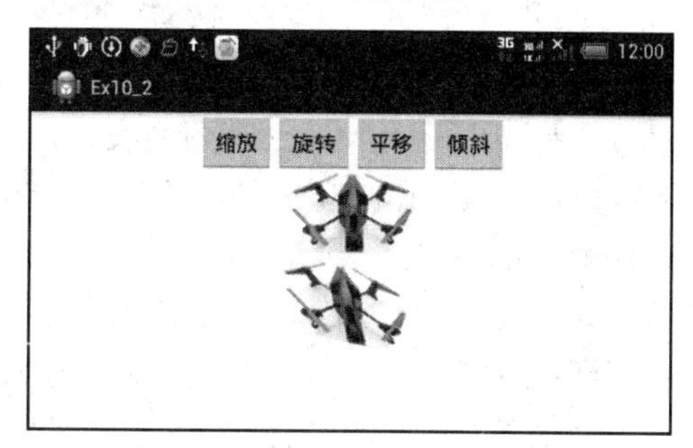

（d）图像倾斜

图 10-2　图像变换

10.3　动 画 设 计

在 Android 应用程序中，动画设计是必不可少的，如图片动态展示的相册或者画面多变的游戏等。Android 系统提供的逐帧动画和补间动画，使得各种 Android 应用中的动画设计更加简单、易行。

10.3.1　逐帧动画

逐帧动画就是将一系列的图片，按照设定的顺序和时间展示的过程，与播放胶片式电影的机制相类似。

逐帧动画可以通过 XML 或 Java 代码定义，建议使用 XML 文件定义，因为它更具可读性、可重用性。如果在 XML 文件中定义，可以将图片资源保存在/res 下的 anim 或 drawable 文件夹中，图片资源的文件名可以作为资源 ID 在代码中引用；如果由 Java 代码实现，需要使用 AnimationDrawable 对象。

在 XML 文件中定义动画的语法格式如下：

```
<?xml version="1.0" encoding="utf-8"?>
<animation-list xmlns:android="http://schemas.android.com/apk
    /res/android"
```

```
    android:oneshot=["true"|"false"]>
    <item
        android:drawable="@[package:]drawable/图片资源文件 1"
        android:duration="integer" />
    <item
        android:drawable="@[package:]drawable/图片资源文件 2"
        android:duration="integer" />
    …
    <item
        android:drawable="@[package:]drawable/图片资源文件 n"
        android:duration="integer" />
</animation-list>
```

根节点是 animation-list（动画列表），其中包含有一个或者多个 item 节点，oneshot 属性表示播放方式，true 表示只播放一次，false 表示一直循环播放，内部用 item 节点声明一个动画帧，android:drawable 指定此帧动画所对应的图片资源，android:druation 代表此帧持续的时间，数据类型为整数，单位为毫秒。

※ **示例 Ex10_3**：开发一个 Android 逐帧动画应用程序，通过单击“启动/停止”按钮，可以控制动画播放的启动和停止。

具体设计步骤如下：

（1）利用 Eclipse 向导创建一个名为 Ex10_3 的 Android 应用程序，创建一个 LinearLayout 布局，在其中添加 TextView 文本框、ImageView 图片视图和 Button 按钮各一个，并设置各个控件的相应属性，具体的布局代码如下：

```
<LinearLayout xmlns:android="http://schemas.android.com/apk/res/android"
    android:layout_width="fill_parent"
    android:layout_height="fill_parent"
    android:background="#FFF"
    android:gravity="center_horizontal"
    android:orientation="vertical" >
    <TextView
        android:id="@+id/textView1"
        android:layout_width="wrap_content"
        android:layout_height="wrap_content"
        android:text="逐帧动画演示" />
    <ImageView
        android:id="@+id/imageView1"
        android:layout_width="wrap_content"
        android:layout_height="wrap_content" />
    <Button
        android:id="@+id/button1"
        android:layout_width="wrap_content"
        android:layout_height="wrap_content"
        android:text="停止" />
</LinearLayout>
```

（2）将事先准备好的 3 张图片（fly1.jpg、fly2.jpg 和 fly3.jpg）保存到当前项目的

drawable-mdpi 文件夹中。

（3）新建一个动画资源文件 frame_animation.xml，并将其保存在当前项目的 values 文件夹中，具体代码如下：

```
<?xml version="1.0" encoding="utf-8"?>
<animation-list xmlns:android="http://schemas.android.com/apk/
    res/android"
    android:oneshot="false">
    <item android:drawable="@drawable/fly1" android:duration="300"/>
    <item android:drawable="@drawable/fly2" android:duration="300"/>
    <item android:drawable="@drawable/fly3" android:duration="300"/>
    <item android:drawable="@drawable/fly2" android:duration="300"/>
</animation-list>
```

（4）打开 MainActivity.java 文件，重写其中的 onCreate()方法，并编写实现其他功能的相应代码，具体代码如下：

```
package com.example10_3;
import android.app.Activity;
import android.content.Intent;
import android.graphics.drawable.AnimationDrawable;
import android.os.Bundle;
import android.view.View;
import android.widget.Button;
import android.widget.EditText;
import android.widget.ImageView;
public class MainActivity extends Activity {
    private ImageView image;
    private Button button1;
    @Override
    protected void onCreate(Bundle savedInstanceState) {
        super.onCreate(savedInstanceState);
        setContentView(R.layout.activity_main);
        //获得相应控件对象
        image = (ImageView) findViewById(R.id.imageView1);
        button1=(Button)findViewById(R.id.button1);
        //控制动画的播放与停止
        button1.setOnClickListener(new View.OnClickListener() {
            @Override
            public void onClick(View v) {
                AnimationDrawable anim = (AnimationDrawable) image
                    .getBackground();
                    //如果动画正在运行，就停止
                    if (anim.isRunning()) {
                        anim.stop();
                        button1.setText("启动");
                    }
                    //否则启动动画
                    else{
```

```
                    anim.start();
                    button1.setText("停止");
                }
            }
        });
    }
    @Override
    //如果不添加此代码，动画将停留在第一帧
    public void onWindowFocusChanged(boolean hasFocus) {
        super.onWindowFocusChanged(hasFocus);
        image.setBackgroundResource(R.drawable.frame_animation);
        AnimationDrawable anim = (AnimationDrawable) image
            .getBackground();
        anim.start();
    }
}
```

【说明】虽然我们已经为 imageView1 图片视图指定了一个动画的图片资源，但当实际运行这个程序时，动画并没有启动，而是停留在了第一帧。为此，需要编写相应的代码，把启动动画的代码放在 onWindowFocusChanged 方法中，这样，当 Activity 展示给用户时，onWindowFocusChanged 方法就会被调用，从而启动动画。需要注意的是，启动动画的代码不能放在 onCreate 中，因为在 onCreate 中调用 AnimationDrawable 的 start()方法时，窗口 Window 对象还没有完全初始化，AnimationDrawable 不能完全追加到窗口 Window 对象中，所以动画也就无法立刻启动，onWindowFocusChanged 是在 onCreate 之后被调用的。

程序在手机上运行后的测试效果分别如图 10-3（a）~ 图 10-3（c）所示，并且可以利用同一个“启动/停止”按钮，控制动画播放的启动或者停止。

（a）动画第 1 帧

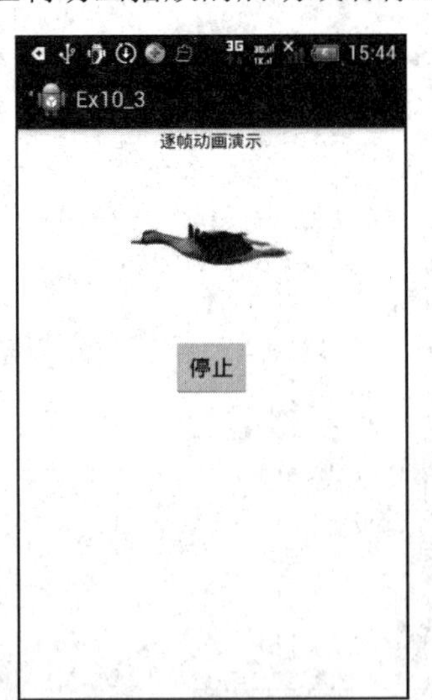

（b）动画第 2 帧

（c）动画第 3 帧

图 10-3　逐帧动画演示

10.3.2　补间动画

补间动画又叫作中间帧动画或者渐变动画，设计动画时，只要设置确定的时间，并建立起始画面和结束画面，动画启动时，就从起始画面向结束画面逐渐变化，系统会自动计算“补充”动画起、止“之间”的过度画面。

补间动画既可以通过 XML 文件定义，也可以通过 Java 代码定义，建议使用 XML 文件定义，因为它更具可读性和可重用性。

Android 系统提供了以下 4 种补间动画。

1．旋转动画（RotateAnimation）

旋转动画的设计，需要指定旋转时的起始角度、结束角度、持续时间以及轴心坐标。在 XML 资源文件中定义旋转动画的基本语法格式如下：

```
<?xml version="1.0" encoding="utf-8"?>
<set xmlns:android="http://schemas.android.com/apk/res/android">
    <rotate
        android:interpolator="@android:anim/accelerate_interpolator"
        android:fromDegrees="float"
        android:toDegrees="float"
        android:pivotX="float"
        android:pivotY="float"
        android:repeatCount="次数|infinite"
        android:repeatMode="reverse|restart"
        android:duration="Integer">
    </rotate>
</set>
```

以上语法中，各属性的功能及其 Java 对应的方法如表 10-8 所示。

表 10-8　旋转动画定义的常用属性及方法

XML 标记属性	Java 对应方法	说　　明
android:interpolator	setInterpolator(Interpolator)	用于设置动画的变化速度，例如，使动画以匀速、加速、减速或抛物线等各种速度变化，其详细的属性值及其功能可查询相关资料
android:fromDegrees	RotateAnimation(float fromDegrees,…)	旋转起始角度，正代表顺时针度数，负代表逆时针度数
android:toDegrees	RotateAnimation(…,float toDegrees,…)	旋转结束角度，正代表顺时针度数，负代表逆时针度数
android:pivotX	RotateAnimation(…,float pivotX, …)	旋转轴心的 X 坐标
android:pivotY	RotateAnimation(…,float pivotY)	旋转轴心的 Y 坐标
android:repeatMode	setRepeatMode(int)	重复类型：reverse 表示倒序回放，restart 表示从头播放
android:repeatCount	setRepeatCount(int)	重复次数
android:duration	setDuration(long)	动画持续时间，单位为毫秒

2．平移动画（TranslationAnimation）

平移动画的设计，需要指定平移时的起始位置、结束位置以及持续时间。在 XML 资源文件中定义平移动画的基本语法格式如下：

```
<?xml version="1.0" encoding="utf-8"?>
<set xmlns:android="http://schemas.android.com/apk/res/android">
    <rotate
        android:interpolator="@android:anim/accelerate_interpolator"
        android:fromXDelta="float"
        android:toXDelta="float"
        android:fromYDelta="float"
        android:toYDelta="float"
        android:repeatCount="次数|infinite"
        android:repeatMode="reverse|restart"
        android:duration="Integer">
    </rotate>
</set>
```

以上语法中，各属性的功能及其 Java 对应的方法如表 10-9 所示（与旋转动画类似的属性在此不再赘述，下同）。

表 10-9　平移动画定义的常用属性及方法

XML 标记属性	Java 对应方法	说　明
android:fromXDelta	TranslateAnimation(float fromXDelta, …)	平移起始点 X 轴坐标
android:toXDelta	TranslateAnimation(…, float toXDelta)	平移结束点 X 轴坐标
android:fromYDelta	TranslateAnimation(…, float fromYDelta, …)	平移起始点 Y 轴坐标
android:toYDelta	TranslateAnimation(…, float toYDelta)	平移结束点 Y 轴坐标

3．缩放动画（ScaleAnimation）

缩放动画的设计，需要指定缩放时的起始缩放系数、结束缩放系数以及持续时间，另外，还可以根据需要，同时指定缩放中心的 X、Y 坐标。在 XML 资源文件中定义缩放动画的基本语法格式如下：

```
<?xml version="1.0" encoding="utf-8"?>
<set xmlns:android="http://schemas.android.com/apk/res/android">
    <rotate
        android:interpolator="@android:anim/accelerate_interpolator"
        android:fromXScale="float"
        android:toXScale="float"
        android:fromYScale="float"
        android:toYScale="float"
        android:repeatCount="次数|infinite"
        android:repeatMode="reverse|restart"
        android:duration="Integer">
    </rotate>
</set>
```

以上语法中，各属性的功能及其 Java 对应的方法如表 10-10 所示。

表 10-10　缩放动画定义的常用属性及方法

XML 标记属性	Java 对应方法	说　明
android:fromXScale	ScaleAnimation(float fromX, …)	初始 X 轴缩放比例，1.0 表示无变化
android:toXScale	ScaleAnimation(…, float toX)	结束 X 轴缩放比例
androd:fromYScale	ScaleAnimation(…, …, float fromY, …)	初始 Y 轴缩放比例，1.0 表示无变化
android:toYScale	ScaleAnimation(…, …, …, float toY)	结束 Y 轴缩放比例
android:pivotX	ScaleAnimation(…, float pivotX, …)	缩放中心的 X 轴坐标
android:pivotY	ScaleAnimation(…, float pivotY)	缩放中心的 Y 轴坐标

4．透明度渐变动画（AlphaAnimation）

透明度渐变动画的设计，需要指定透明度渐变时的起始透明度、结束透明度以及持续时间。在 XML 资源文件中定义透明度渐变动画的基本语法格式如下：

```
<?xml version="1.0" encoding="utf-8"?>
<set xmlns:android="http://schemas.android.com/apk/res/android">
    <rotate
        android:interpolator="@android:anim/accelerate_interpolator"
        android:fromAlpha="float"
        android:toAlpha="float"
        android:repeatCount="次数|infinite"
        android:repeatMode="reverse|restart"
        android:duration="Integer">
    </rotate>
</set>
```

以上语法中，各属性的功能及其 Java 对应的方法如表 10-11 所示。

表 10-11　透明度渐变动画定义的常用属性及方法

XML 标记属性	Java 对应方法	说　明
android:fromAlpha	AlphaAnimation(float fromAlpha,…)	动画开始时的透明度（0.0 到 1.0，0.0 是全透明，1.0 是不透明）
androdi:toAlpha	AlphaAnimation(…, float toAlpha)	动画结束时的透明度（同上）

※ 示例 Ex10_4：开发一个 Android 补间动画应用程序，通过单击相应的按钮，可以分别演示 4 种类型的补间动画。

具体设计步骤如下：

（1）利用 Eclipse 向导创建一个名为 Ex10_4 的 Android 应用程序，删除 activity_main.xml 中的 RelativeLayout 布局，重建一个由 3 个 LinearLayout 构成的嵌套线性布局，在其中添加一个 ImageView 和 4 个 Button，并设置各个控件的相应属性，具体的布局代码如下：

```
<?xml version="1.0" encoding="utf-8"?>
<LinearLayout xmlns:android="http://schemas.android.com/apk/res/android"
```

```
    android:layout_width="fill_parent"
    android:layout_height="fill_parent"
    android:background="#FFFFFF"
    android:gravity="bottom"
    android:orientation="vertical" >
    <LinearLayout
        android:layout_width="match_parent"
        android:layout_height="0dp"
        android:layout_weight="0.99"
        android:gravity="center" >
        <ImageView
            android:id="@+id/imageView1"
            android:layout_width="wrap_content"
            android:layout_height="wrap_content"
            android:src="@drawable/ic_launcher" />
    </LinearLayout>
    <LinearLayout
        android:layout_width="match_parent"
        android:layout_height="wrap_content"
        android:gravity="center_horizontal"
        android:orientation="horizontal" >
        <Button
            android:id="@+id/button1"
            android:layout_width="wrap_content"
            android:layout_height="wrap_content"
            android:text="旋转" />
        <Button
            android:id="@+id/button2"
            android:layout_width="wrap_content"
            android:layout_height="wrap_content"
            android:text="平移" />
        <Button
            android:id="@+id/button3"
            android:layout_width="wrap_content"
            android:layout_height="wrap_content"
            android:text="缩放" />
        <Button
            android:id="@+id/button4"
            android:layout_width="wrap_content"
            android:layout_height="wrap_content"
            android:text="透明度渐变" />
    </LinearLayout>
</LinearLayout>
```

（2）新建 4 个动画资源文件 anim_rotate.xml、anim_translate.xml、anim_scale.xml 和 anim_alpha.xml，保存到当前项目的 res\anim（利用 New→Folder 命令新建）文件夹中，具体代码分别如下。

❑ 旋转动画资源 anim_rotate.xml

```
<?xml version="1.0" encoding="utf-8"?>
<set xmlns:android="http://schemas.android.com/apk/res/android">
    <rotate
        android:interpolator="@android:anim/accelerate_interpolator"
        android:fromDegrees="0"
        android:toDegrees="720"
        android:pivotX="50%"
        android:pivotY="50%"
        android:duration="3000">
    </rotate>
</set>
```

❑ 平移动画资源 anim_translate.xml

```
<?xml version="1.0" encoding="utf-8"?>
<set xmlns:android="http://schemas.android.com/apk/res/android">
<translate
    android:fromXDelta="0"
    android:toXDelta="200"
    android:fromYDelta="0"
    android:toYDelta="-100"
    android:fillAfter="true"
    android:repeatMode="reverse"
    android:repeatCount="1"
    android:duration="3000">
</translate>
</set>
```

❑ 缩放动画资源 anim_scale.xml

```
<?xml version="1.0" encoding="utf-8"?>
<set  xmlns:android="http://schemas.android.com/apk/res/android">
    <scale
        android:interpolator="@android:anim/decelerate_interpolator"
        android:fromXScale="1"
        android:toXScale="4.0"
        android:fromYScale="1"
        android:toYScale="4.0"
        android:pivotX="50%"
        android:pivotY="50%"
        android:fillAfter="true"
        android:repeatCount="1"
        android:repeatMode="reverse"
        android:duration="3000"/>
</set>
```

❑ 透明度渐变动画资源 anim_alpha.xml

```
<?xml version="1.0" encoding="utf-8"?>
<set xmlns:android="http://schemas.android.com/apk/res/android">
```

```
    <alpha android:fromAlpha="1"
        android:toAlpha="0"
        android:fillAfter="true"
        android:repeatMode="reverse"
        android:repeatCount="1"
        android:duration="3000"/>
</set>
```

（3）打开 MainActivity.java 文件，重写其中的 onCreate()方法，并编写实现其他相应功能的代码，具体代码如下：

```
package com.example10_4;
import android.app.Activity;
import android.os.Bundle;
import android.view.View;
import android.view.View.OnClickListener;
import android.view.animation.Animation;
import android.view.animation.AnimationUtils;
import android.widget.Button;
import android.widget.ImageView;
public class MainActivity extends Activity {
    @Override
    public void onCreate(Bundle savedInstanceState) {
        super.onCreate(savedInstanceState);
        setContentView(R.layout.activity_main);
        //获取各个动画资源
        final Animation rotate=AnimationUtils.loadAnimation(this,
            R.anim.anim_rotate);
        final Animation translate=AnimationUtils.loadAnimation(this,
            R.anim.anim_translate);
        final Animation scale=AnimationUtils.loadAnimation(this,
            R.anim.anim_scale);
        final Animation alpha=AnimationUtils.loadAnimation(this,
            R.anim.anim_alpha);
        //获取展示动画效果的 ImageView 控件
        final ImageView imgView1=(ImageView)findViewById(R.id.imageView1);
        //获得按钮对象
        Button button1=(Button)findViewById(R.id.button1);
        //为按钮添加单击事件监听器
        button1.setOnClickListener(new OnClickListener(){
            @Override
            public void onClick(View v) {
                //启动旋转动画
                imgView1.startAnimation(rotate);
            }
        });
        Button button2=(Button)findViewById(R.id.button2);
        button2.setOnClickListener(new OnClickListener(){
            @Override
```

```
            public void onClick(View v){
                //启动平移动画
                imgView1.startAnimation(translate);
            }
        });
        Button button3=(Button)findViewById(R.id.button3);
        button3.setOnClickListener(new OnClickListener(){
            @Override
            public void onClick(View v){
                //启动缩放动画
                imgView1.startAnimation(scale);
            }
        });
        Button button4=(Button)findViewById(R.id.button4);
        button4.setOnClickListener(new OnClickListener(){
            @Override
            public void onClick(View v){
                //启动透明度渐变动画
                imgView1.startAnimation(alpha);
            }
        });
    }
}
```

程序在手机上运行后的测试效果分别如图 10-4（a）~图 10-4（c）和图 10-5（a）~图 10-5（c）所示，其中，图 10-4（a）~图 10-4（c）是旋转动画的 3 个不同阶段的截屏；图 10-5（a）~图 10-5（c）是平移动画的 3 个不同阶段的截屏。其他类型的动画效果，读者可实际运行程序查看。

（a）动画初期

（b）动画中期

（c）动画末期

图 10-4　旋转补间动画演示

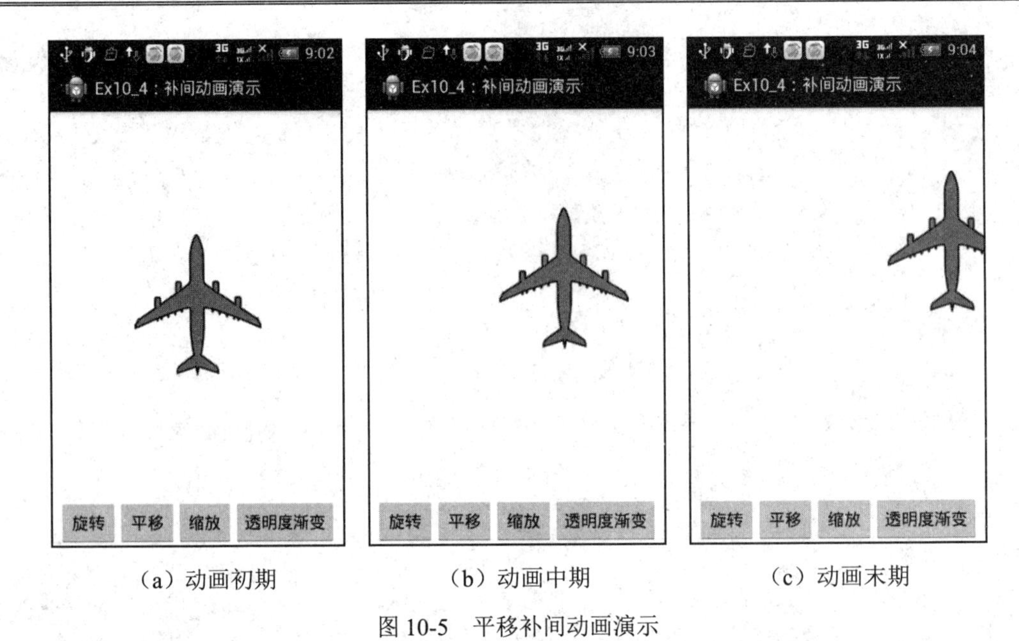

（a）动画初期　（b）动画中期　（c）动画末期

图 10-5　平移补间动画演示

【提示】 除了上述的利用 xml 动画资源来设计动画以外，还可以直接在 Java 程序中，通过定义相应的 ObjectAnimator 对象，并设置相应的参数值来设计动画。

习　题

1．Android 系统中的绘制文本有何实用性？

2．构造方法的功能是什么？

3．图像缩放和选择时，对于画布有什么要求？

4．开发一个绘制奥运五环图的 Android 应用程序。

5．开发一个 Android 动画程序，单击一个按钮，同时展示 4 种补间动画效果。

6．能否在同一个 Android 动画程序中同时使用逐帧动画和补间动画？举例说明这种混合动画的实用性。

第 11 章　多媒体应用

学习要点

- ❑ 了解 Android 支持的音频和视频格式。
- ❑ 掌握利用 MediaPlayer 播放音频的基本方法。
- ❑ 掌握利用 MediaPlayer 和 SurfaceView 组件播放视频的基本方法。

作为多媒体中的重要组成元素，音频和视频可以更加直观、高效地向用户传递大量的信息，此二者已经成了人们工作和生活中不可或缺的一部分。

Android 提供了对常用音频和视频播放的支持，其所支持的音频格式有 MP3（.mp3）、3GPP（.3gp）、Ogg（.ogg）和 WAVE（.ave）等，支持的视频格式有 3GPP（.3gp）和 MPEG-4（.mp4）等。

11.1　MediaPlayer 简介

Android 系统通过 MediaPlayer 类支持播放相应格式的音频和视频文件。MediaPlayer 类处于 Android.media 包的核心位置，是媒体文件播放应用最广泛的类。

MediaPlayer 不仅能够播放大容量的音频或视频，还支持对流媒体的开始、停止或者暂停控制，以及对媒体的查找操作，并且还支持与媒体操作相关的监听器。表 11-1 列出了 MediaPlayer 类的常用方法。

表 11-1　MediaPlayer 类的常用方法

方　法	说　明
start()	开始播放音频/视频
stop()	停止播放音频/视频
pause()	暂停播放音频/视频
reset()	重置 MediaPlayer 对象，使其恢复到 idle 空闲状态
prepare()	准备（同步）
prepareAsync()	准备（异步）
isPlaying()	正在播放
setDataSource()	设置数据来源
setVolume()	设置音量
setLooping()	设置循环播放
getVideoWidth()	获取视频的宽度
getVideoHeight()	获取视频的高度
create()	创建一个多媒体播放器
Release()	释放 MediaPlayer 对象

此前我们已经学习并了解了 Activity 的生命周期，其实，MediaPlayer 也是有生命周期的，下面仅结合 MediaPlayer 的实际用法，简要介绍其生命周期的基本知识。

- 当一个 MediaPlayer 对象被创建或者调用 reset()方法之后，它处于空闲状态，调用 release()方法后才处于结束状态。
- MediaPlayer 对象被创建时（调用构造方法）处于空闲状态，若使用 create()方法创建后则处于准备状态。
- Mediaplayer 对象需要先处于准备状态，然后才可以开始播放。
- 可通过 isPlaying()方法来检测 MediaPlayer 是否正在播放，然后再调用 start()方法，这样可以确保成功开始播放 MediaPlayer 对象。
- 当 Mediaplayer 对象播放时，可以进行 pause()暂停和 stop()停止操作，处于暂停时可通过 start()方法恢复播放，但是处于停止状态时则必须先调用 prepare()方法使其处于准备状态，然后再调用 start()方法恢复播放。
- 当 Mediaplayer 对象不再被使用时，应该及时调用 release()方法对其进行释放，使其处于结束状态，并且此时它不能再被使用。

11.2　播放音频

在 Android 应用中，可以利用 MediaPlayer 播放 3 种途径获取的音频或视频：资源文件中的音频/视频、文件系统中的音频/视频和流媒体中的音频/视频。

11.2.1　播放资源文件中的音频

资源文件中的音频是指编程者在应用程序开发过程中，在项目的 res\raw 子文件夹中保存的相应音频资源文件。

利用 MediaPlayer 播放资源文件中的音频的主要代码如下：

```
//实例化一个 MediaPlayer 对象
MediaPlayer mPlayer = MediaPlayer.create(this, R.raw.音频文件名);
//开始播放
mPlayer.start();
```

11.2.2　播放文件系统中的音频

文件系统中的音频是指存储在 SD 卡或其他文件路径下的音频文件。

为了查看或管理 SD 卡上的媒体文件，可以选择 Windows→Show→Other 命令，打开 Eclipse 集成开发环境的 Show View 对话框，如图 11-1 所示。

选择 Android/FileExplorer，单击 OK 按钮，即可显示在 Eclipse IDE 中的 FileExplorer，如图 11-2 所示。展开子文件夹 mnt/sdcard，即可看到该文件夹中的其他子文件夹或者文件。

本文在 sdcard 文件夹下新建了两个子文件夹，即 4_MP3 和 5_MyVideo，分别用来存储音频文件和视频文件。

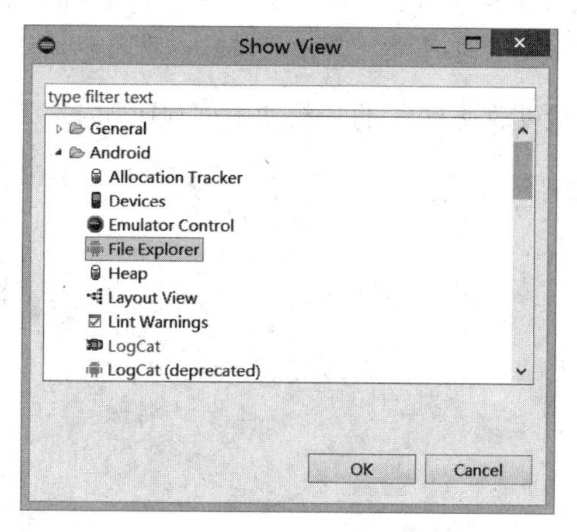

图 11-1　Show View 对话框

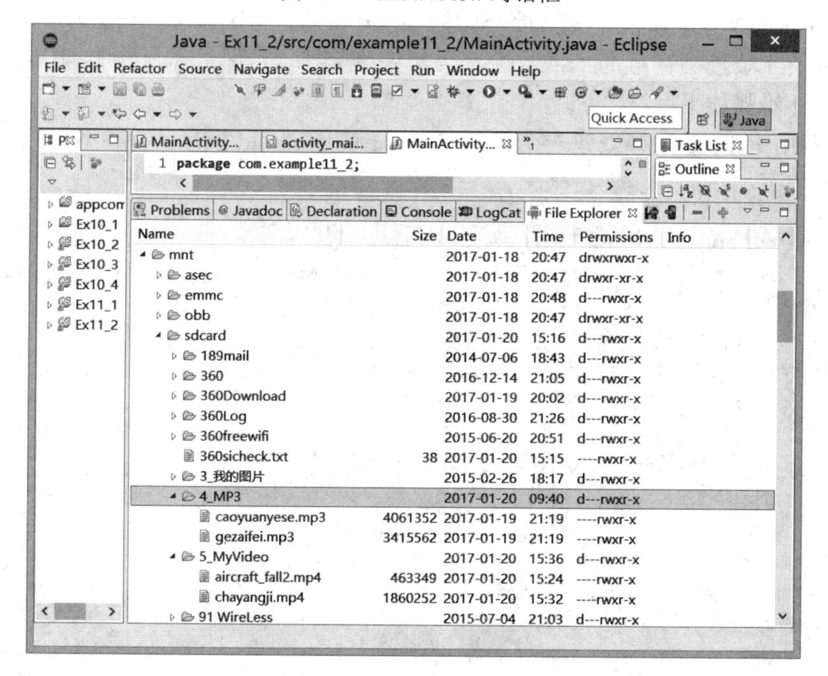

图 11-2　FileExplorer 视图

另外，单击 FileExplorer 右边的 4 个按钮，可以实现对 sdcard 文件夹的管理，这几个功能按钮分别如下。

- 左箭头“<-”按钮（Push a file onto the device）：向 sdcard 文件夹（或子文件夹）上传文件。
- 右箭头“->”按钮（Pull a file from the device）：下载 sdcard 文件夹（或子文件夹）中的文件。
- 减号“-”按钮（Delete the selection）：删除选择的文件或者文件夹。

- ❑ 加号“+”按钮（New folder）：新建一个文件夹。

【提示】向 sdcard 文件夹（或子文件夹）上传的文件，需要采用 Android 资源文件的命名规则。另外，sdcard 的子文件夹及其中的文件，也可以通过手机进行管理。

利用 MediaPlayer 播放文件系统中的音频的主要代码如下：

```
//实例化MediaPlayer对象
MediaPlayer mPlayer = new MediaPlayer();
//获取要播放的音频文件
File file = new File("/sdcard/子文件夹/音频文件名.mp3");
//设置要播放的音频
player.setDataSource(file.getAbsolutePath());
//准备同步
mPlayer.prepare();
//开始播放
mPlayer.start();
```

※ **示例 Ex11_1**：开发一个播放音频的 Android 应用程序，其中包含两个音频源选择单选按钮以及 3 个控制音频的“播放”、“暂停/继续”和“停止”按钮。

具体设计步骤如下：

（1）利用 Eclipse 向导创建一个名为 Ex11_1 的 Android 应用程序（详细步骤此略），具体的布局代码如下：

```
<?xml version="1.0" encoding="utf-8"?>
<LinearLayout xmlns:android="http://schemas.android.com/apk/res/android"
   android:layout_width="fill_parent"
   android:layout_height="fill_parent"
   android:gravity="center_horizontal"
   android:orientation="vertical" >
   <TextView
      android:id="@+id/textView1"
      android:layout_width="wrap_content"
      android:layout_height="wrap_content"
      android:padding="10px"
      android:text="音频播放测试" />
   <RadioGroup
      android:id="@+id/radioGroup1"
      android:layout_width="wrap_content"
      android:layout_height="wrap_content" >
      <RadioButton
         android:id="@+id/radio0"
         android:layout_width="wrap_content"
         android:layout_height="wrap_content"
         android:checked="true"
         android:text="播放资源文件中的音频" />
      <RadioButton
         android:id="@+id/radio1"
         android:layout_width="wrap_content"
```

```
        android:layout_height="wrap_content"
        android:text="播放文件系统中的音频" />
    </RadioGroup>
    <LinearLayout
        android:id="@+id/linearLayout1"
        android:layout_width="match_parent"
        android:layout_height="wrap_content"
        android:gravity="center_horizontal" >
        <Button
            android:id="@+id/button1"
            android:layout_width="wrap_content"
            android:layout_height="wrap_content"
            android:text="播放" />
        <Button
            android:id="@+id/button2"
            android:layout_width="wrap_content"
            android:layout_height="wrap_content"
            android:enabled="false"
            android:text="暂停" />
        <Button
            android:id="@+id/button3"
            android:layout_width="wrap_content"
            android:layout_height="wrap_content"
            android:enabled="false"
            android:text="停止" />
    </LinearLayout>
</LinearLayout>
```

（2）在项目的 res 文件夹中新建一个名为 raw 的子文件夹，并将事先准备好的音频文件 caoyuanyese.mp3（草原夜色.mp3）保存到 raw 文件夹中。

（3）利用 Eclipse IDE 的 FileExplorer，并将事先准备好的音频文件 gezaifei.mp3（歌在飞.mp3）上传到手机 SD 卡文件夹 sdcard 中新建的子文件夹 4_mp3 中。

（4）打开 MainActivity.java 文件，重写其中的 onCreate()方法，并编写其他相应的功能代码，具体代码如下：

```
package com.example11_1;
import java.io.File;
import android.app.Activity;
import android.media.MediaPlayer;
import android.net.Uri;
import android.os.Bundle;
import android.view.View;
import android.view.View.OnClickListener;
import android.widget.Button;
import android.widget.RadioButton;
import android.widget.TextView;
public class MainActivity extends Activity {
    private MediaPlayer player; //声明一个MediaPlayer对象
```

```
private boolean isPause = false; //是否暂停
private File file; //要播放的媒体文件
private RadioButton radio0; //文件类型选择
private TextView textView1; //声明显示提示信息的文本框
public void onCreate(Bundle savedInstanceState) {
    super.onCreate(savedInstanceState);
    setContentView(R.layout.activity_main);
    radio0 = (RadioButton) findViewById(R.id.radio0);
    final Button button1 = (Button) findViewById(R.id.button1);
    final Button button2 = (Button) findViewById(R.id.button2);
    final Button button3 = (Button) findViewById(R.id.button3);
    textView1 = (TextView) findViewById(R.id.textView1);
    //获取要播放的音频文件
    //Android 4.1 版本之前的用法
    //file = new File("/sdcard/4_mp3/gezaifei.mp3");
    //Android 4.1 版本之后的用法
    file = new File(Environment.getExternalStorageDirectory().getPath()
            + "/4_mp3/gezaifei.mp3");
    if (file.exists()) {
        //实例化 MediaPlayer 对象
        player = MediaPlayer.create(this, Uri.parse(file
            .getAbsolutePath()));
    } else {
        textView1.setText("要播放的音频文件不存在！");
        button1.setEnabled(false);
        return;
    };
    button1.setOnClickListener(new OnClickListener() {
        public void onClick(View v) {
            play(); //调用播放方法
            if (isPause) {
                button2.setText("暂停");
                isPause = false; //设置暂停标记变量
            }
            button2.setEnabled(true); //“暂停/继续”按钮可用
            button3.setEnabled(true); //“停止”按钮可用
            button1.setEnabled(false); //“播放”按钮不可用
        }
    });
    button2.setOnClickListener(new OnClickListener() {
        public void onClick(View v) {
            if (player.isPlaying() && !isPause) {
                player.pause(); //暂停播放;
                isPause = true;
                ((Button) v).setText("继续");
                textView1.setText("暂停播放音频......");
                button1.setEnabled(true); //“播放”按钮可用
            } else {
                player.start(); //继续播放
                ((Button) v).setText("暂停");
```

```
                textView1.setText("继续播放音频......");
                isPause = false;
                button1.setEnabled(false);  //“播放”按钮不可用
            }
        }
    });
    button3.setOnClickListener(new OnClickListener() {
        public void onClick(View v) {
            player.stop();   //停止播放
            textView1.setText("停止播放音频......");
            button2.setEnabled(false); //“暂停/继续”按钮不可用
            button3.setEnabled(false); //“停止”按钮不可用
            button1.setEnabled(true); //“播放”按钮可用
        }
    });
}
//音乐播放方法
private void play() {
    try {
        player.reset(); //重置 MediaPlayer 对象
        //选择性地设置要播放的音频
        if(radio0.isChecked()) {  //资源文件
            player = MediaPlayer.create(this, R.raw.caoyuanyese);
        }
        else { //系统文件
            player.setDataSource(file.getAbsolutePath());
            player.prepare(); //使播放处于准备状态
        }
        player.start(); //开始播放
        textView1.setText("正在播放音频......");
    } catch (Exception e) {
        e.printStackTrace(); //输出异常信息
    }
}
protected void onDestroy() {
    if(player.isPlaying()){
        player.stop();   //停止音频的播放
    }
    player.release();   //释放资源
    super.onDestroy();
}
}
```

【说明】在 Android 4.1 之前的版本中，设备 SD 存储卡的跟路径是用/sdcard 或者/mnt/sdcard 来表示的，而在 Jelly Bean 系统中修改为/storage/sdcard0。为了使代码更加健壮并且能够兼容以后的 Android 版本和新的设备，建议使用 Environment.getExternalStorageDirectory().getPath()来获取 sdcard 路径。

程序在手机上运行后的测试效果如图 11-3 所示。

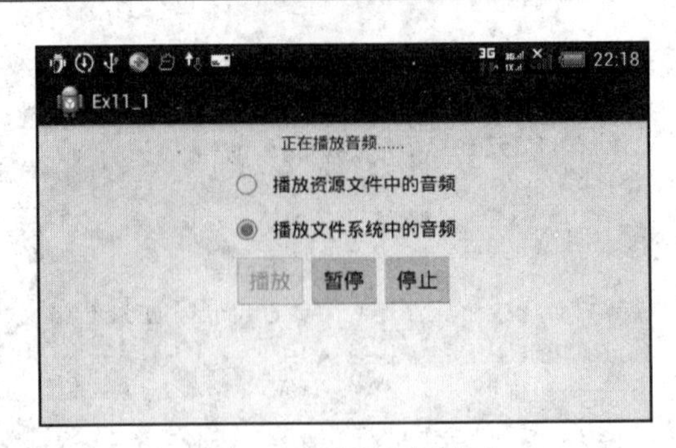

图 11-3　播放音频演示

11.2.3　播放流媒体中的音频

流媒体中的音频是指保存在网络的流媒体服务器上的音频文件。例如，http://www.xxx.com/.../音频文件名.mp3。

与播放文件系统中的音频类似，利用 MediaPlayer 播放网络上的流媒体音频的主要代码如下：

```
//实例化 MediaPlayer 对象
MediaPlayer mPlayer = new MediaPlayer();
//获取要播放的音频文件
File file = "http://www.xxx.com/.../音频文件名.mp3";
//设置要播放的音频
player.setDataSource(file.getAbsolutePath());
//准备同步
mPlayer.prepare();
//开始播放
mPlayer.start();
```

需要注意的是，由于是访问网络上的资源文件，因此还需要获得访问互联网的许可，即在 AndroidManifest.xml 文件的 application 节点之前添加以下访问权限代码：

```
<uses-permission android:name="android.permission.INTERNET">
</uses-permission>
```

【说明】读者可以利用能够连接互联网的 Android 智能手机，选择可用的网络上流媒体音频文件，参考上述示例，自行完成流媒体音频播放的程序设计。

11.3　播 放 视 频

11.3.1　播放资源文件中的视频

与上述的资源文件中的音频相同，资源文件中的视频是指编程者在应用程序开发过程中，在项目的 res/raw 子文件夹中保存的相应视频资源文件。

需要说明的是，MediaPlayer 虽然也可以播放视频，但其并没有提供视频显示的功能，因此还需要借助 SurfaceView 组件来显示视频图像。

利用 MediaPlayer 并结合 SurfaceView 组件播放资源文件中的视频的主要代码如下：

```
//实例化一个 MediaPlayer 对象
MediaPlayer mPlayer = MediaPlayer.create(this, R.raw.视频文件名);
//将视频画面输出到 SurfaceView
mPlayer.setDisplay(surfaceView.getHolder());
//开始播放
mPlayer.start();
```

11.3.2　播放文件系统中的视频

与上述的文件系统中的音频相同，这里所说的文件系统中的视频是指存储在 SD 卡或其他文件路径下的视频文件。

利用 MediaPlayer 并结合 SurfaceView 组件播放文件系统中的视频的主要代码如下：

```
//实例化 MediaPlayer 对象
MediaPlayer mPlayer = new MediaPlayer();
//获取要播放的视频文件
File file = new File("/sdcard/子文件夹/视频文件名.mp4");
//设置要播放的视频
player.setDataSource(file.getAbsolutePath());
//准备同步
mPlayer.prepare();
//将视频画面输出到 SurfaceView
mPlayer.setDisplay(surfaceView.getHolder());
//开始播放
mPlayer.start();
```

※ **示例 Ex11_2**：开发一个播放视频的 Android 应用程序，其中包含一个显示视频的 SurfaceView 组件、两个视频源选择单选按钮以及 3 个控制视频的“播放”、“暂停/继续”和“停止”按钮。

具体设计步骤如下：

（1）利用 Eclipse 向导创建一个名为 Ex11_2 的 Android 应用程序（详细步骤略），具体的布局代码如下：

```
<?xml version="1.0" encoding="utf-8"?>
<LinearLayout xmlns:android="http://schemas.android.com/apk/res/android"
    android:layout_width="fill_parent"
    android:layout_height="fill_parent"
    android:gravity="center_horizontal"
    android:orientation="vertical" >
    <TextView
        android:id="@+id/textView1"
```

```
        android:layout_width="wrap_content"
        android:layout_height="wrap_content"
        android:padding="10px"
        android:text="视频播放测试" />
    <SurfaceView
        android:id="@+id/surfaceView1"
        android:layout_width="340px"
        android:layout_height="210px" />
    <RadioGroup
        android:id="@+id/radioGroup1"
        android:layout_width="wrap_content"
        android:layout_height="wrap_content"
        android:orientation="horizontal" >
        <RadioButton
            android:id="@+id/radio0"
            android:layout_width="wrap_content"
            android:layout_height="wrap_content"
            android:checked="true"
            android:text="播放资源文件中的视频" />
        <RadioButton
            android:id="@+id/radio1"
            android:layout_width="wrap_content"
            android:layout_height="wrap_content"
            android:text="播放文件系统中的视频" />
    </RadioGroup>
    <LinearLayout
        android:id="@+id/linearLayout1"
        android:layout_width="match_parent"
        android:layout_height="wrap_content"
        android:gravity="center_horizontal" >
        <Button
            android:id="@+id/button1"
            android:layout_width="wrap_content"
            android:layout_height="60px"
            android:text="播放" />
        <Button
            android:id="@+id/button2"
            android:layout_width="wrap_content"
            android:layout_height="60px"
            android:enabled="false"
            android:text="暂停" />
        <Button
            android:id="@+id/button3"
            android:layout_width="wrap_content"
            android:layout_height="60px"
            android:enabled="false"
            android:text="停止" />
    </LinearLayout>
</LinearLayout>
```

（2）在项目的 res 文件夹中新建一个名为 raw 的子文件夹，并将事先准备好的视频文件 aircraft_control.mp4 保存到 raw 文件夹中。

（3）利用 Eclipse IDE 的 FileExplorer，并将事先准备好的视频文件 chayangji.mp4 上传到手机 SD 卡文件夹 sdcard 中新建的子文件夹 5_MyVideo 中。

（4）打开 MainActivity.java 文件，重写其中的 onCreate()方法，并编写其他相应的功能代码，具体代码如下：

```
package com.example11_2;
import java.io.File;
import android.app.Activity;
import android.media.AudioManager;
import android.media.MediaPlayer;
import android.net.Uri;
import android.os.Bundle;
import android.view.View;
import android.view.View.OnClickListener;
import android.widget.Button;
import android.widget.RadioButton;
import android.widget.TextView;
import android.view.SurfaceView;
public class MainActivity extends Activity {
    private MediaPlayer player; //声明一个 MediaPlayer 对象
    private SurfaceView surfaceView; //声明一个 SurfaceView 对象
    private boolean isPause = false; //是否暂停
    private File file; //要播放的媒体文件
    private RadioButton radio0; //文件类型选择
    private TextView textView1; //声明显示提示信息的文本框
    @Override
    public void onCreate(Bundle savedInstanceState) {
        super.onCreate(savedInstanceState);
        setContentView(R.layout.activity_main);
        radio0 = (RadioButton) findViewById(R.id.radio0);
        final Button button1 = (Button) findViewById(R.id.button1);
        final Button button2 = (Button) findViewById(R.id.button2);
        final Button button3 = (Button) findViewById(R.id.button3);
        textView1 = (TextView) findViewById(R.id.textView1);
        //实例化 MediaPlayer 对象
        player=new MediaPlayer();
        //实例化 SurfaceView 对象
        surfaceView=(SurfaceView) this.findViewById(R.id.surfaceView1);
        //获取要播放的视频文件
        //Android 4.1 版本之前的用法
        //file = new File("/sdcard/5_MyVideo/chayangji.mp4");
        // Android 4.1 版本之后的用法
        file = new File(Environment.getExternalStorageDirectory().getPath()
              + "/5_MyVideo/chayangji.mp4");
        if (file.exists())
        {
```

```
        //实例化 MediaPlayer 对象
        player = MediaPlayer.create(this, Uri.parse(file
            .getAbsolutePath()));
    } else {
        textView1.setText("要播放的视频文件不存在！");
        button1.setEnabled(false);
        return;
    };
    //为“播放”按钮添加单击事件监听器
    button1.setOnClickListener(new OnClickListener() {
        @Override
        public void onClick(View v) {
            play(); //调用播放方法
            if (isPause) {
                button2.setText("暂停");
                isPause = false;   //设置暂停标记变量
            }
            button2.setEnabled(true); //“暂停/继续”按钮可用
            button3.setEnabled(true); //“停止”按钮可用
            button1.setEnabled(false); //“播放”按钮不可用
        }
    });
    //为“暂停/继续”按钮添加单击事件监听器
    button2.setOnClickListener(new OnClickListener() {
        @Override
        public void onClick(View v) {
            if (player.isPlaying() && !isPause) {
                player.pause(); //暂停播放
                isPause = true;
                ((Button) v).setText("继续");
                textView1.setText("暂停播放视频......");
                button1.setEnabled(true); //“播放”按钮可用
            } else {
                player.start(); //继续播放
                ((Button) v).setText("暂停");
                textView1.setText("继续播放视频......");
                isPause = false;
                button1.setEnabled(false);     //“播放”按钮不可用
            }
        }
    });
    //为“停止”按钮添加单击事件监听器
    button3.setOnClickListener(new OnClickListener() {
        @Override
        public void onClick(View v) {
            player.stop(); //停止播放
            textView1.setText("停止播放视频......");
            button2.setEnabled(false); //“暂停/继续”按钮不可用
            button3.setEnabled(false); //“停止”按钮不可用
            button1.setEnabled(true); //“播放”按钮可用
```

```
            }
        });
    }
    //视频播放方法
    private void play() {
        try {
            //重置 MediaPlayer 对象
            player.reset();
            //设置音频流的类型（非必需的）
            player.setAudioStreamType(AudioManager.STREAM_MUSIC);
            //选择性地设置要播放的视频
            if(radio0.isChecked())  {//资源文件
                player = MediaPlayer.create(this, R.raw.aircraft_control);
            }
            else  {//系统文件
                player.setDataSource(file.getAbsolutePath());
                player.prepare(); //使播放处于准备状态
            }
            //把视频画面输出到 SurfaceView
            player.setDisplay(surfaceView.getHolder());
            //开始播放
            player.start();
            textView1.setText("正在播放视频......");
        } catch (Exception e) {
            e.printStackTrace(); //输出异常信息
        }
    }
    @Override
    protected void onDestroy() {
        if(player.isPlaying())
        {
            player.stop(); //停止视频的播放
        }
        player.release(); //释放资源
        super.onDestroy();
    }
}
```

程序在手机上运行后的测试效果如图 11-4 所示。

图 11-4　播放视频演示

11.3.3　播放流媒体中的视频

与上述的流媒体中的音频相同，这里所说的流媒体中的视频是指保存在网络的流媒体服务器上的视频文件。例如，http://www.xxx.com/.../视频文件名.mp4。

与播放文件系统中的视频类似，利用 MediaPlayer 播放网络上的流媒体视频的主要代码如下：

```
//实例化 MediaPlayer 对象
MediaPlayer mPlayer = new MediaPlayer();
//获取要播放的视频文件
File file = "http://www.xxx.com/.../视频文件名.mp4";
//设置要播放的视频
mPlayer.setDataSource(file.getAbsolutePath());
//将视频画面输出到 SurfaceView
mPlayer.setDisplay(surfaceView.getHolder());
//准备同步
mPlayer.prepare();
//开始播放
mPlayer.start();
```

同样，为了能够访问网络上的资源文件，也需要在 AndroidManifest.xml 文件的 application 节点之前，添加与上述的流媒体音频访问一样的访问许可（具体代码略）。

【说明】读者可以利用能够连接互联网的 Android 智能手机，选择可用的网络上流媒体视频文件，参考上述示例，自行完成流媒体视频播放的程序设计。

习　　题

1．Android 系统中可以播放的音频和视频文件类型有哪些？

2．Android 的文件系统中的文件夹及其文件可以通过哪些方式来管理？

3．开发一个播放网络流媒体视频的 Android 应用程序。

4．请查阅相关资料，了解并简要介绍利用 Android 中的 SoundPool 播放音频的基本方法，并与 MediaPlayer 播放音频进行对比。

5．请查阅相关资料，了解并简要介绍利用 Android 中的 VideoView 组件播放视频的基本方法，并与 MediaPlayer 和 SurfaceView 播放视频进行对比。

第 12 章　网络通信与服务

学习要点

- ❑ 了解 Web 服务器。
- ❑ 了解 HTTP。
- ❑ 理解 Get 与 Post 请求的功能异同。
- ❑ 掌握利用 HttpURLConnection 访问网络的基本方法。
- ❑ 掌握利用 HttpClient 访问网络的基本方法。

显然，网络通信与服务是移动终端设备所应具备的重要功能之一。作为一款功能强大的移动平台系统，Android 提供了多个网络通信接口，因而为开发基于 Android 的各种优秀的应用程序奠定了良好的技术基础。

12.1　Web 服务器简介

Web 服务器也称为 WWW（World Wide Web）服务器或者网络服务器。从硬件角度看，Web 服务器是网络环境中为客户提供某种服务的专用计算机；从软件角度看，Web 服务器是指驻留于网络中的某种类型计算机的程序。

当 Web 浏览器或其他客户端程序连接到 Web 服务器上并请求文件时，服务器将处理该请求，并反馈相应的响应结果。

Web 服务器使用 HTTP（超文本传输协议）与客户端进行信息交流，这就是人们常把它称为 HTTP 服务器的原因。

常用的 Web 服务器有 IIS、Apache、Tomcat、Weblogic 和 WebSpher 等。

1．IIS 简介

IIS 是 Internet Information Services 的缩写，意为互联网信息服务，是由微软公司提供的基于运行 Microsoft Windows 的互联网基本服务。

IIS 是一种 Web（网页）服务组件，其中包括 Web 服务器、FTP 服务器、NNTP 服务器和 SMTP 服务器，分别用于网页浏览、文件传输、新闻服务和邮件发送等。

IIS 内置在 Windows 2000、Windows XP Professional 和 Windows Server 2003 中一起发行。IIS 安装和配置都比较简单，请读者参考相关资料，根据实际需要进行。

2．Apache 简介

Apache 是一个免费、开源的 Web 服务器软件，可以安装运行在绝大多数的计算机平台上，支持大多数语言开发的 B/S 结构程序。一般情况下，Apache 与其他的 Web 服务器整合使用，功能非常强大，尤其在静态页面处理速度上表现优异。

3．Tomcat 简介

Tomcat 是 Apache 下的一个核心子项目，是目前使用量最大的免费的 Java 服务器。主要处理的是 JSP 页面和 Servlet 文件。Tomcat 常常与 Apache 整合起来使用，Apache 处理静态页面，如 Html 页面，而 Tomcat 负责编译处理 JSP 页面与 Servlet。在静态页面处理能力上，Tomcat 不如 Apache。

由于本书后续示例运行对 Web 服务器的需要，下面重点介绍 Tomcat 的基本安装、设置和使用方法。

（1）安装 Tomcat。本书的编程环境是 Windows 10，运行 apache-tomcat-8.0.20.exe 来安装 Tomcat 8.0，主要安装界面如图 12-1 所示，其中，Tomcat 的 HTTP 连接端口设置为 8040（未使用 8080 是为了避免与其他服务的端口发生冲突）。

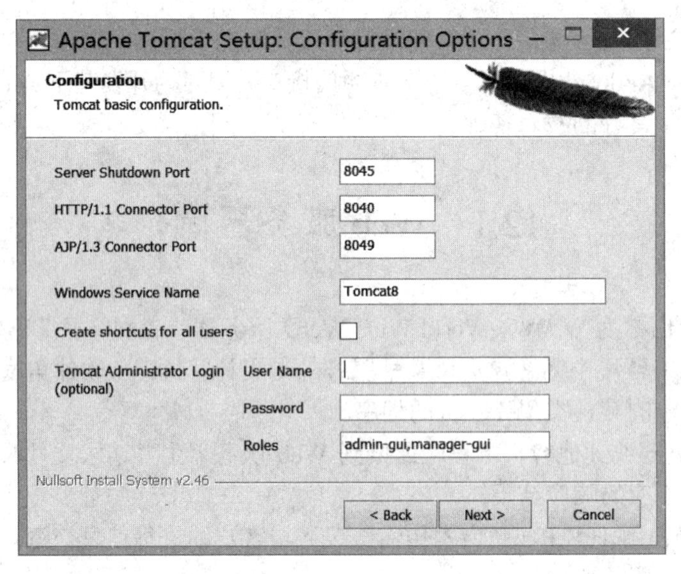

图 12-1 Tomcat 安装界面

（2）Tomcat 环境变量的配置，请读者参考相关资料自行完成。

（3）在 Tomcat 的 ROOT 根目录下，创建一个名为 AndroidHttp 的项目目录，用于后续示例相关 JSP 脚本文件和图片文件的保存。

12.2 HTTP 简介

超文本传输协议（HyperText Transfer Protocol，HTTP）是互联网上应用最为广泛的一种网络协议，是客户端浏览器或其他程序与 Web 服务器之间的应用层通信协议。

在 Internet 上的 Web 服务器上存放的都是超文本信息，客户机需要通过 HTTP 协议传输所要访问的超文本信息。HTTP 包含命令和传输信息，不仅可用于 Web 访问，也可以用于其他互联网/内联网应用系统之间的通信，从而实现各类应用资源超媒体访问的集成。

HTTP 是一种请求/响应式的协议。一个客户机与服务器建立连接后，发送一个请求给服务器，服务器接到请求后，给予相应的响应信息。

12.3　Get 请求与 Post 请求简介

当客户端与服务器建立了网络连接之后，就可以发送 HTTP 请求了。HTTP 请求通常分为 Get 请求与 Post 请求两种，以下对它们分别介绍。

1．Get 请求

Get：通过请求 URI 得到资源。一般用于获取/查询资源信息。

Get 请求比较简单，只需要在指定的连接地址中，将需要传递的参数通过“?参数名=参数值”的格式进行传递，如果需要传递的参数不止一个，则需要使用英文半角的“,”将各个参数进行分隔。例如，要传递用户编号和用户名这两个参数，相应的参数传递格式为“http://192.168.1.126:8090/?id=1001,username=AQ”。

2．Post 请求

Post：用于向服务器提交新的内容。一般用于更新资源信息。

Get 请求只能发送大小在 1024 个字节以内的数据，如果要发送数据量较大的请求，就需要使用 Post 请求。不同于 Get 请求的参数传递方式，Post 请求是将参数放在 HTTP 请求的实体内容中，如果需要传递的参数不止一个，则需要使用“&”将各个参数进行连接。

相比于 Get 请求，Post 请求的安全性较高，但速度较慢。

12.4　通过 HTTP 访问网络

在 Android 应用程序中，通过 HTTP 访问网络的方式主要有 HttpURLConnection 和 HttpCient 两种，下面将对二者的功能和用法分别进行介绍。

12.4.1　利用 HttpURLConnection 访问网络

1．HttpURLConnection 简介

HttpURLConnection 是一种多用途、轻量极的 HTTP 客户端，使用它来进行 HTTP 操作，可以适用于大多数的应用程序。

HttpURLConnection 是 Java 的标准类，继承自 URLConnection 抽象类，无法直接实例化对象。通过调用 openCollection()方法获得对象实例。可以通过 Get 方式或 Post 方式，向指定的网络发送 HTTP 请求和获取 HTTP 响应。

2．HttpURLConnection 用法

利用 HttpURLConnection 发送请求及接收响应，一般可分为以下几个步骤。

（1）创建一个 URL 对象，基本用法代码如下：

```
URL urlConn = new URL(http://www.163.com);
```

（2）调用 URL 对象的 openConnection()来获取 HttpURLConnection 对象实例，基本用法代码如下：

```
HttpURLConnection urlConn = (HttpURLConnection) url.openConnection();
```

（3）调用 getInputStream()方法获得服务器返回的输入流，基本用法代码如下：

```
InputStream in = conn.getInputStream();
```

（4）读取并处理服务器返回的输入流。

（5）调用 disconnect()方法关闭 HTTP 连接，基本用法代码如下：

```
urlConn.disconnect();
```

※ **示例 Ex12_1**：开发一个 Android 应用程序，利用 HttpURLConnection 发送 Get 请求，从本地或者网络 Web 服务器中下载并显示一张图片。

具体设计步骤如下：

（1）准备一个需要下载的网络图片的 URL，可以采用以下 3 种方式。

- ❑ 从一个实际的互联网 Web 服务器中选择图片的 URL

访问互联网并打开一个包含图片的网页，查看其网页源代码，从中查找一个图片 URL，如 https://timgsa.baidu.com/timg?image&quality=80&size=b9999_10000&sec=1485857249&di=ae56a1069af0b26ce440fb8e87d373cf&imgtype=jpg&er=1&src=http%3A%2F%2Fimg.vx.com%2Fuploadfile%2Fdata%2F2013%2F1114%2F20131114071711416.jpg。

- ❑ 从自行安装、设置的 Tomcat 服务器中选择图片的 URL

在 Tomcat 的 ROOT 根目录下，创建一个名为 AndroidHttp 的目录，并存放图片 img02.jpg，相应的网络图片 URL 是 http://192.168.1.128:8040/AndroidHttp/img02.jpg。

- ❑ 从自行设置的 IIS 服务器中选择图片的 URL

请读者参考以上从 Tomcat 服务器中选择图片 URL 的方法进行（此略）。

（2）利用 Eclipse 向导新建一个名为 Ex12_1 的 Android 应用程序，添加一个线性布局管理器，其中包括文本框、图片视图和按钮各一个，并设置相应的控件属性（详细设计略），具体的布局代码如下：

```
<LinearLayout xmlns:android="http://schemas.android.com/apk/res/android"
    android:layout_width="fill_parent"
    android:layout_height="fill_parent"
    android:gravity="center"
    android:orientation="vertical" >
    <TextView
```

```
        android:id="@+id/textView1"
        android:layout_width="wrap_content"
        android:layout_height="wrap_content"
        android:text="下载并显示一张网络图片" />
    <ImageView
        android:id="@+id/imageView1"
        android:layout_width="480px"
        android:layout_height="240px" />
    <Button
        android:id="@+id/button1"
        android:layout_width="wrap_content"
        android:layout_height="wrap_content"
        android:text="开始下载" />
</LinearLayout>
```

（3）打开 MainActivity.java 文件，重写其中的 onCreate()方法及其他相应方法，并将此前选择的网络图片的 URL 编码其中，具体代码如下：

```
package com.example12_1;
import java.io.IOException;
import java.io.InputStream;
import java.net.HttpURLConnection;
import java.net.MalformedURLException;
import java.net.URL;
import android.app.Activity;
import android.graphics.Bitmap;
import android.graphics.BitmapFactory;
import android.os.AsyncTask;
import android.os.Bundle;
import android.view.View;
import android.view.ViewGroup;
import android.widget.Button;
import android.widget.ImageView;
import android.widget.ProgressBar;
import android.widget.TextView;
public class MainActivity extends Activity {
    Button visitWebBtn = null;
    Button button1 = null;
    TextView textView1 = null;
    ImageView imageView1 = null;
    String resultStr = "";
    ProgressBar progressBar = null;
    ViewGroup viewGroup = null;
    protected void onCreate(Bundle savedInstanceState) {
        @Override
        super.onCreate(savedInstanceState);
        setContentView(R.layout.activity_main);
        textView1 = (TextView)findViewById(R.id.textView1);
        imageView1 = (ImageView)findViewById(R.id.imageView1);
        button1 = (Button)findViewById(R.id.button1);
```

```
        //创建下载图片按钮的单击事件监听器
        button1.setOnClickListener(new View.OnClickListener() {
            @Override
            public void onClick(View v) {
                //TODO Auto-generated method stub
                //方式1：网络Web服务器上的图片URL
                String imgUrl = "https://timgsa.baidu.com/timg?image
                    &quality=80&size=b9999_10000&sec=1485857249&di=
                    ae56a1069af0b26ce440fb8e87d373cf&imgtype=jpg&er=1&src=
                    http%3A%2F%2Fimg.vx.com%2Fuploadfile%2Fdata%2F2013
                    %2F1114%2F20131114071711416.jpg";
                //方式2：本地Web服务器上的图片URL
                //String imgUrl = "http://192.168.1.128:8040/AndroidHttp
                    /img02.jpg";
                //调用相应的方法下载图片
                new DownImgAsyncTask().execute(imgUrl);
            }
        });
    }
    //从指定URL获取图片
    private Bitmap getImageBitmap(String url){
        URL imgUrl = null;
        Bitmap bitmap = null;
        try {
            //1. 创建一个URL对象
            imgUrl = new URL(url);
            //2. 获取HttpURLConnection对象实例
            HttpURLConnection conn = (HttpURLConnection)imgUrl
                .openConnection();
            conn.setDoInput(true);
            conn.connect();
            //3. 获得服务器返回的输入流
            InputStream is = conn.getInputStream();
            //4. 解码数据流
            bitmap = BitmapFactory.decodeStream(is);
            is.close();
            //5. 断开连接
            conn.disconnect();
        } catch (MalformedURLException e) {
            //TODO Auto-generated catch block
            e.printStackTrace();
        }catch(IOException e){
            e.printStackTrace();
        }
        return bitmap;
    }
    //利用异步任务机制下载图片
    class DownImgAsyncTask extends AsyncTask<String, Void, Bitmap>{
        @Override
        protected void onPreExecute() {
```

```
            //TODO Auto-generated method stub
            super.onPreExecute();
            imageView1.setImageBitmap(null);
        }
        @Override
        protected Bitmap doInBackground(String... params) {
            //TODO Auto-generated method stub
            Bitmap b = getImageBitmap(params[0]);
            return b;
        }
        @Override
        protected void onPostExecute(Bitmap result) {
            //TODO Auto-generated method stub
            super.onPostExecute(result);
            if(result!=null){
                imageView1.setImageBitmap(result);
            }
        }
    }
}
```

（4）由于是访问网络上的资源文件，因此还需要在 AndroidManifest.xml 文件的 application 节点之前添加访问权限，以获得访问互联网的许可，主要代码如下：

```
<?xml version="1.0" encoding="utf-8"?>
<manifest xmlns:android="http://schemas.android.com/apk/res/android"
    package="com.example12_1"
    android:versionCode="1"
    android:versionName="1.0" >
    <uses-sdk
        android:minSdkVersion="8"
        android:targetSdkVersion="21" />
    <uses-permission android:name="android.permission.INTERNET"/>
    <application
        android:allowBackup="true"
        android:icon="@drawable/ic_launcher"
        android:label="@string/app_name"
        android:theme="@style/AppTheme" >
        <activity
            android:name=".MainActivity"
            android:label="@string/app_name" >
            <intent-filter>
                <action android:name="android.intent.action.MAIN" />
                <category android:name="android.intent.category.LAUNCHER" />
            </intent-filter>
        </activity>
    </application>
</manifest>
```

程序在 AVD 和手机上运行后的测试效果分别如图 12-2（a）和图 12-2（b）所示。

（a）从本地 Web 服务器中下载图片

（b）从网络 Web 服务器中下载图片

图 12-2　从网络下载显示图片

【说明】因为 Android 模拟器已将其自身 IP 设为了 localhost，所以用来测试 Android APP 的 Web 服务器所用的计算机不能再设置为自动获取 IP 地址，本示例的 IP 设置为 192.168.1.128，显然，Android 程序中 URL 也不能再用 127.0.0.1 或 localhost，而是使用具体设置 IP。

※ 示例 Ex12_2：开发一个 Android 应用程序，利用 HttpURLConnection 通过 Post 请求访问网络中的 Tomcat 服务器。

具体设计步骤如下：

（1）编写一个名为 Http_post.jsp 的 Java Web 实例，将其保存到 Tomcat 的 ROOT\AndroidHttp 目录中，用于处理 Android 客户端发来的请求。具体的 JSP 脚本如下：

```
<%@ page contentType="text/html; charset=utf-8" language="java" %>
<%
 String data1=request.getParameter("data1");//获取输入的数据 1
 String data2=request.getParameter("data2");//获取输入的数据 2
 if(data1!=null && data2!=null){
   data1=new String(data1.getBytes("iso-8859-1"),"utf-8");//将数据转码
   data2=new String(data2.getBytes("iso-8859-1"),"utf-8");
   String date=new java.util.Date().toLocaleString();//获取系统时间
%>
<%="Tomcat 接收 Android 客户端的请求，响应如下："%>
<%="数据 1："+data1%>
<%="数据 2："+data2%>
<%="响应时间："+date%>
<% }%>
```

（2）利用 Eclipse 向导创建一个名为 Ex12_2 的 Android 应用程序，其中包括两个文本框、两个编辑框和一个按钮（详细设计略），具体的布局代码如下：

```
<?xml version="1.0" encoding="utf-8"?>
<LinearLayout xmlns:android="http://schemas.android.com/apk/res/android"
    android:orientation="vertical"
    android:gravity="center_horizontal"
    android:layout_width="fill_parent"
    android:layout_height="fill_parent">
    <TextView
        android:id="@+id/textView1"
        android:layout_width="wrap_content"
        android:layout_height="wrap_content"
        android:text="使用 HttpURLConnection 访问网络" />
    <EditText
        android:id="@+id/data1"
        android:hint="请输入需要发送的数据 1......"
        android:layout_width="match_parent"
        android:layout_height="wrap_content" >
    </EditText>
    <EditText
        android:id="@+id/data2"
        android:hint="请输入需要发送的数据 2......"
        android:layout_height="wrap_content"
        android:layout_width="match_parent"
        android:inputType="textMultiLine" />
    <Button
        android:id="@+id/button"
        android:layout_width="wrap_content"
        android:layout_height="wrap_content"
        android:text="发送 Post 请求" />
    <ScrollView
        android:id="@+id/scrollView1"
        android:layout_width="match_parent"
        android:layout_height="wrap_content"
        android:layout_weight="1" >
        <TextView
            android:id="@+id/textView2"
            android:layout_width="match_parent"
            android:layout_height="wrap_content"
            android:layout_weight="1" />
    </ScrollView>
</LinearLayout>
```

（3）打开 MainActivity.java 文件，重写其中的 onCreate()方法，并编写其他相应的功能代码，具体代码如下：

```
package com.example12_2;
import java.io.BufferedReader;
```

```
import java.io.DataOutputStream;
import java.io.IOException;
import java.io.InputStreamReader;
import java.net.HttpURLConnection;
import java.net.MalformedURLException;
import java.net.URL;
import java.net.URLEncoder;
import android.app.Activity;
import android.os.Bundle;
import android.os.Handler;
import android.os.Message;
import android.view.View;
import android.view.View.OnClickListener;
import android.widget.Button;
import android.widget.EditText;
import android.widget.TextView;
import android.widget.Toast;
public class MainActivity extends Activity {
    private EditText data1; //声明一个输入数据 1 的编辑框对象
    private EditText data2; //声明一个输入数据 2 的编辑框对象
    private Button button; //声明一个发送请求的按钮对象
    private Handler handler; //声明一个 Handler 对象
    private String result = ""; //声明一个代表显示内容的字符串
    private TextView textView2; //声明一个显示结果的文本框对象
    protected void onCreate(Bundle savedInstanceState) {
        super.onCreate(savedInstanceState);
        setContentView(R.layout.activity_main);
        data1 = (EditText) findViewById(R.id.data1);
        data2 = (EditText) findViewById(R.id.data2);
        textView2 = (TextView) findViewById(R.id.textView2);
        button = (Button) findViewById(R.id.button);
        button.setOnClickListener(new OnClickListener() {
            public void onClick(View v) {
                if ("".equals(data1.getText().toString())
                    || "".equals(data2.getText().toString()))
                {
                    Toast.makeText(MainActivity.this, "数据 1 和数据 2 不能为空
                        ，请输入。",Toast.LENGTH_SHORT).show();
                    return;
                }else {
                    //创建一个线程，处理请求
                    new Thread(new Runnable() {
                        public void run() {
                            sendByHttpClientPost();
                            //获取一个 Message
                            Message m = handler.obtainMessage();
                            handler.sendMessage(m); //发送消息
                        }
                    }).start(); //启动线程
                }
```

```
            }
        });
        handler = new Handler() {
            @Override
            public void handleMessage(Message msg) {
                if (result != null) {
                    textView2.setText(result); //显示获得的结果
                    data1.setText(""); //清空数据输入编辑框
                    data2.setText("");
                }
                super.handleMessage(msg);
            }
        };
    }
    public void sendByHttpClientPost() {
        //提交请求的目标地址
        String target = "http://192.168.1.128:8040/AndroidHttp
            /Http_post.jsp";
        URL url;
        try {
            //1. 创建一个 URL 对象
            url = new URL(target);
            //2. 获取 HttpURLConnection 对象实例
            HttpURLConnection urlConn = (HttpURLConnection) url
                .openConnection();
            urlConn.setRequestMethod("Post"); //指定使用 Post 请求方式
            urlConn.setDoInput(true); //向连接中写入数据
            urlConn.setDoOutput(true); //从连接中读取数据
            urlConn.setUseCaches(false); //禁止缓存
            urlConn.setInstanceFollowRedirects(true); //自动执行 HTTP 重定向
            //设置内容类型
            urlConn.setRequestProperty("Content-Type",
                "application/x-www-form-urlencoded");
            //获取输出流
            DataOutputStream out = new DataOutputStream(urlConn
                .getOutputStream());
            //组合要提交的数据（多个参数之间使用“&”连接）
            String param = "data1=" + URLEncoder.encode(data1.getText()
                .toString(), "utf-8") + "&data2=" + URLEncoder
                .encode(data2.getText().toString(), "utf-8");
            out.writeBytes(param); //将要传递的数据写入数据输出流
            out.flush(); //输出缓存
            out.close(); //关闭数据输出流
            //判断响应是否成功
            if (urlConn.getResponseCode() == HttpURLConnection.HTTP_OK) {
                //3. 获得服务器返回的输入流
                InputStreamReader in = new InputStreamReader(urlConn
                    .getInputStream());
                //4. 处理获取的输入流对象
                BufferedReader buffer = new BufferedReader(in);
```

```
                String inputLine = null;
                while ((inputLine = buffer.readLine()) != null) {
                    result += inputLine + "\n";
                }
                in.close(); //关闭字符输入流
            }
            //5. 断开连接
            urlConn.disconnect();
        } catch (MalformedURLException e) {
            e.printStackTrace();
        } catch (IOException e) {
            e.printStackTrace();
        }
    }
}
```

【提示】在非主线程中更新 UI 的两种方式。(1)使用消息处理对象 handler：在 Activity 的 onCreate()中创建一个 Handler 类的实例，在这个实例的 handleMessage()回调函数中调用更新 UI 显示的函数(详见示例 Ex12_2)；(2)使用 runOnUiThread()方法：把更新 UI 的代码放在 Runnable 中，需要更新 UI 时，把这个 Runnable 对象传给 runOnUiThread()，这样，Runnable 对像就能在 UI 程序中被调用(详见示例 Ex12_3)。

(4)同样，由于是访问网络上的资源文件，因此也需要在 AndroidManifest.xml 文件中添加访问互联网的许可代码(请参考示例 Ex12_1，此略)。

程序在 AVD 上运行后的测试效果如图 12-3(a)和图 12-3(b)所示。

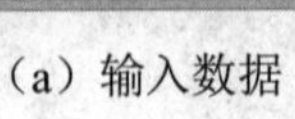

(a)输入数据

(b)响应结果

图 12-3　利用 HttpURLConnection 通过 Post 请求访问网络

12.4.2　利用 HttpClient 访问网络

1．HttpClient 简介

一般情况下，如果只是需要向 Web 站点的某个简单页面提交请求并获取服务器响应，HttpURLConnection 是完全可以胜任的。但多数情况下，Web 站点的网页可能并不是通过一个简单的 URL 就可访问的，而是需要用户登录并且具有相应的权限才可访问该页面，这就涉及 Session 和 Cookie 等相关数据的处理，如果是利用 HttpURLConnection 来实现这种网络访问，程序的设计就会比较繁琐。

Apache 开源组织提供了一个 HttpClient 项目，由其名称可见，它是一个简单的 HTTP 客户端（并不是浏览器），是一个增强版的 HttpURLConnection，可以用于发送 HTTP 请求和接收 HTTP 响应。由于 Android 已经成功地集成了 HttpClient，所以在 Android 应用程序中，使用 HttpClient 发送请求和接收响应更简单一些。

2．HttpClient 用法

利用 HttpClient 发送请求及接收响应，一般可分为以下几个步骤：

（1）创建代表客户端的 HttpClient 对象。

（2）创建代表请求的对象，如果需要发送 Get 请求，则创建 HttpGet 对象；如果需要发送 Post 请求，则创建 HttpPost 对象。

附加步骤：如果需要发送请求参数，Get 方式可以使用拼接字符串的方式，把参数拼接在 Url 结尾；Post 方式需要使用 setEntity()方法来设置请求参数。

（3）调用 HttpClient 对象的 execute()方法发送请求，执行该方法后，将获得服务器返回的 HttpResponse 对象。服务器返回的数据就在这个 HttpResponse 响应中。

（4）检查相应状态是否正常。服务器发给客户端的响应中有一个响应码：

- 200 表示“正常”，此时，调用 HttpResponse 的 getEntity()方法就可以获取服务器的响应头和响应内容等。
- 404 表示“客户端错误”。
- 505 表示“服务器端错误”。

（5）调用 disconnect()方法关闭 HTTP 连接，基本用法代码如下：

```
urlConn.disconnect();
```

※ 示例 Ex12_3：开发一个 Android 应用程序，利用 HttpClient 通过 Post 请求访问网络 Tomcat 服务器。

具体设计步骤如下：

（1）在此示例中，仍然使用示例 Ex12_2 中用到的 Java Web 实例 Http_post.jsp。

（2）利用 Eclipse 向导创建一个名为 Ex12_3 的 Android 应用程序，界面布局与 Ex12_2 相似（详细设计略），具体的布局代码如下：

```
<?xml version="1.0" encoding="utf-8"?>
<LinearLayout xmlns:android="http://schemas.android.com/apk/res/android"
```

```
    (同示例 Ex12_2 的代码) >
    <TextView
        android:id="@+id/textView1"
        android:layout_width="wrap_content"
        android:layout_height="wrap_content"
        android:text="使用 HttpClient 访问网络" />
    (同示例 Ex12_2 的代码)
</LinearLayout>
```

（3）打开 MainActivity.java 文件，重写其中的 onCreate()方法，并编写其他相应的代码，具体代码如下：

```
package com.example12_3;
import java.io.IOException;
import java.io.UnsupportedEncodingException;
import java.util.ArrayList;
import java.util.List;
import org.apache.http.HttpResponse;
import org.apache.http.HttpStatus;
import org.apache.http.NameValuePair;
import org.apache.http.client.ClientProtocolException;
import org.apache.http.client.HttpClient;
import org.apache.http.client.entity.UrlEncodedFormEntity;
import org.apache.http.client.methods.HttpPost;
import org.apache.http.impl.client.DefaultHttpClient;
import org.apache.http.message.BasicNameValuePair;
import org.apache.http.util.EntityUtils;
import android.app.Activity;
import android.os.Bundle;
import android.view.View;
import android.view.View.OnClickListener;
import android.widget.Button;
import android.widget.EditText;
import android.widget.TextView;
import android.widget.Toast;
public class MainActivity extends Activity {
    private EditText data1;
    private EditText data2;
    private Button button;
    private String result = "";
    private TextView textView2;
    @Override
    protected void onCreate(Bundle savedInstanceState) {
        super.onCreate(savedInstanceState);
        setContentView(R.layout.activity_main);
        data1 = (EditText) findViewById(R.id.data1);
        data2 = (EditText) findViewById(R.id.data2);
        textView2 = (TextView) findViewById(R.id.textView2);
        button = (Button) findViewById(R.id.button);
        //为按钮添加单击事件监听器
```

```
        button.setOnClickListener(new OnClickListener() {
            @Override
            public void onClick(View v) {
                if ("".equals(data1.getText().toString())
                    || "".equals(data2.getText().toString()))
                {
                    Toast.makeText(MainActivity.this, "数据 1 和数据 2 不能为空，
                        请输入。",
                            Toast.LENGTH_SHORT).show();
                    return;
                }else {
                    //创建一个线程，处理请求
                    new Thread(new Runnable() {
                        public void run() {
                            sendByHttpClientPost();
                        }
                    }).start(); //启动线程
                }
            }
        });
    }
    public void sendByHttpClientPost() {
        //提交请求的目标地址
        String target = "http://192.168.1.128:8040/AndroidHttp
            /Http_post.jsp";
        //1. 创建 HttpClient 对象
        HttpClient httpclient = new DefaultHttpClient();
        //2. 创建 HttpPost 对象
        HttpPost httpRequest = new HttpPost(target);
        //将要传递的参数封装到 List 集合中
        List<NameValuePair> params = new ArrayList<NameValuePair>();
        //向集合中添加需要传递的参数
        params.add(new BasicNameValuePair("param", "post"));
        params.add(new BasicNameValuePair("data1", data1.getText()
            .toString()));
        params.add(new BasicNameValuePair("data2", data2.getText()
            .toString()));
        try {
            //3. 调用 setEntity()方法，设置发送请求的参数及编码方式
            httpRequest.setEntity(new UrlEncodedFormEntity(params
                , "utf-8"));
            //4. 调用 execute()方法，执行 HttpClient 请求
            HttpResponse httpResponse = httpclient.execute(httpRequest);
            //如果请求成功（httpstatus.sc_ok 被定义成一个常量并被赋值为 200）
            if (httpResponse.getStatusLine().getStatusCode() ==
                HttpStatus.SC_OK){
                //5. 调用 getEntity()方法，获取响应的结果
                result += EntityUtils.toString(httpResponse.getEntity());
                //通过 runOnUiThread()方法处理服务器响应
                MainActivity.this.runOnUiThread(new Runnable() {
```

```
                @Override
                public void run() {
                    //设置控件的文本为从服务器端获取的内容
                    textView2.setText(result);
                    data1.setText(""); //清空输入编辑框
                    data2.setText("");
                }
            });
        }else{
            result = "网络请求失败！";
        }
    } catch (UnsupportedEncodingException e1) {
        e1.printStackTrace(); //输出异常信息
    } catch (ClientProtocolException e) {
        e.printStackTrace(); //输出异常信息
    } catch (IOException e) {
        e.printStackTrace(); //输出异常信息
    }finally {
        //6. 无论执行方法是否成功，都必须释放连接
        httpclient.getConnectionManager().shutdown();
    }
  }
}
```

（4）同样，由于是访问网络上的资源文件，因此也需要在 AndroidManifest.xml 文件中添加访问互联网的许可代码（请参考示例 Ex12_1，此略）。

程序在 AVD 上运行后的测试效果如图 12-4（a）和图 12-4（b）所示。

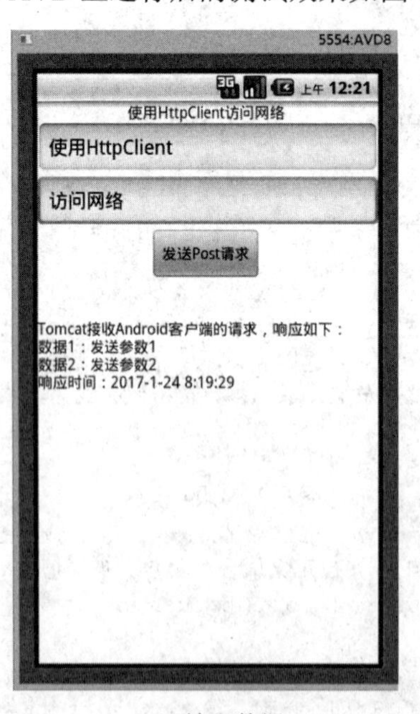

（a）输入数据

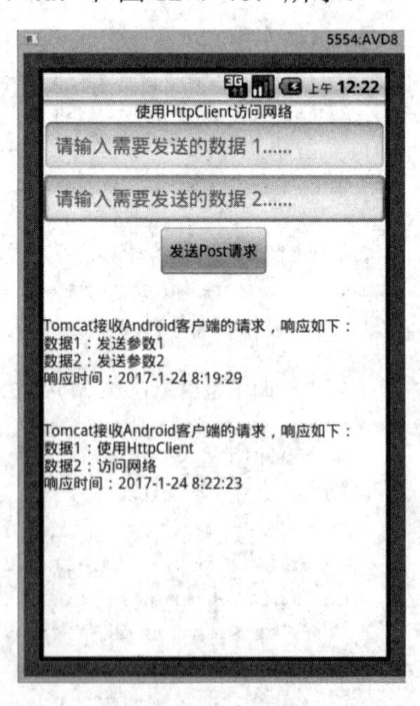

（b）响应结果

图 12-4　利用 HttpClient 通过 Post 请求访问网络

【说明】对于利用 HttpClient 发送 Get 请求访问网络的 Android 应用程序，读者可参考以上示例自行设计完成（此略）。

习　　题

1．Web 服务器是什么？简要介绍之。

2．利用 AVD 访问 Tomcat 时，通常需要设置本机的 IP，为什么？

3．默认状态下，AVD 能直接输入中文吗？需要如何设置才可以输入中文？

4．利用 HttpURLConnection 与 HttpClient 访问网络有何区别？

5．开发一个利用 HttpClient 下载并显示网络图片的 Android 应用程序。

6．简要说明：在 Android 应用程序的子线程中，通常可以采用哪两种方式来更新用户界面？

第 13 章　Android 数据存储

学习要点

- ❑ 了解 Android 的几种存储数据方式的特点。
- ❑ 掌握利用 SharedPreferences、文件和 SQLite 存储数据的基本方法。
- ❑ 了解利用 ContentProvider 存储数据的基本方法。

众所周知，在具体的应用程序使用过程中，我们经常会保存和调用各类数据或信息，例如，保存为了简化下次系统登录所需的用户名和密码、备忘录的信息以及其他更大数量的基于当前设备甚至远程服务器的信息等。所以，能够根据应用的实际需要，以某种方式持久地存储应用程序的相关的数据，并且能够简单、易行地使用和更新这些数据，这是各种系统或者平台所应具备的一项重要功能。显然，这样的功能也是 Android 系统所不可或缺的，事实也确实如此，Android 系统主要提供了 5 种持久存储数据的方法，包括利用 SharedPreferences、文件、SQLite 数据库、ContentProvider 的存储以及基于网络服务的存储。

13.1　利用 SharedPreferences 存储数据

SharedPreferences 是 Android 系统提供的一种轻量级的数据存储方式，主要用来存储一些简单的数据，如系统登录的用户名和密码等，或者存储常用的系统配置信息，如窗口状态等。

SharedPreferences 可以保存和检索的各种基本数据类型（boolean、float、int、long、string）的持久键-值对，是基于 XML 文件存储的 key-value 键值对数据，该 XML 文件存储在手机的 data/data/<package name>/shared_prefs 目录下。

利用 SharedPreferenc 进行数据存取的基本用法如下：

（1）获取 SharedPreferences 对象

可以通过两种方法获取 SharedPreferences 对象。

方法 1：调用 Context 对象的 getSharedPreferences()方法，基本代码如下：

```
getSharedPreferences(String name, int mode);
```

方法 2：调用 Activity 对象的 getPreferences()方法，基本代码如下：

```
getPreferences(int mode);
```

根据参数 name，可以获取相应的 SharedPreferences 对象，name 表示要操作的 xml 文件名；参数 mode 有以下几个可选值。

- Context.MODE_PRIVATE：指定该 SharedPreferences 数据只能被本应用程序读、写。
- Context.MODE_WORLD_READABLE：指定该 SharedPreferences 数据能被其他应用程序读，但不能写。
- Context.MODE_WORLD_WRITEABLE：指定该 SharedPreferences 数据能被其他应用程序读、写。
- Context.MODE_MULTI_PROCESS：这是 SDK 2.3 之后添加的选项，当多个进程同时读写同一个 SharedPreferences 时它会检查文件是否修改。

以上两种方法的区别如下：

- 第一种方法获取的 SharedPreferences 对象可以被同一应用程序下的其他组件共享。
- 第二种方法获取的 SharedPreferences 对象只能在该 Activity 中使用。

（2）向 Shared Preferences 中写入值

首先，通过 SharedPreferences.Editor 获取 Editor 对象。

然后，使用对应具体数据类型的 Editor 的相应方法（如 putBoolean() 或 putString()等）来存入值。

最后，调用 Editor 的 commit()方法提交写入值的操作。

另外，Editor 还有两个常用的方法：

- editor.remove(String key)：用于下一次通过 commit()方法提交操作时移除 key 对应的键值对。
- editor.clear()：用于移除所有键值对。

（3）从 Shared Preferences 中读取值

使用对应具体数据类型的 Editor 的相应方法 getXxxx()（如 getBoolean() 或 getString() 等）来读取值。

※ **示例 Ex13_1**：开发一个 Android 应用程序，利用 SharedPreferences 存储当前输入的用户名和密码的，单击其中的 3 个按钮，分别完成对数据的保存、提取和移除所有键值对的基本功能。

具体设计步骤如下：

（1）利用 Eclipse 向导创建一个名为 Ex13_1 的 Android 应用程序，其中包括 3 个文本框、两个编辑框和 3 个按钮，并设置相应的控件属性（详细设计略），具体的布局代码如下：

```
<?xml version="1.0" encoding="utf-8"?>
<LinearLayout xmlns:android="http://schemas.android.com/apk/res/android"
    android:layout_width="fill_parent"
    android:layout_height="fill_parent"
    android:gravity="center_horizontal"
    android:orientation="vertical" >
    <TextView
        android:id="@+id/textView1"
        android:layout_width="wrap_content"
        android:layout_height="wrap_content"
        android:padding="10px"
```

```
        android:text="利用 SharedPreferences 存储数据" />
    <LinearLayout
        android:layout_width="match_parent"
        android:layout_height="wrap_content"
        android:gravity="center_horizontal" >
        <TextView
            android:layout_width="wrap_content"
            android:layout_height="wrap_content"
            android:text="用户名: " />
        <EditText
            android:id="@+id/editText1"
            android:layout_width="120dp"
            android:layout_height="wrap_content"
            android:ems="10" >
        </EditText>
    </LinearLayout>
    <LinearLayout
        android:layout_width="match_parent"
        android:layout_height="wrap_content"
        android:gravity="center_horizontal" >
        <TextView
            android:layout_width="wrap_content"
            android:layout_height="wrap_content"
            android:text="密  码: " />
        <EditText
            android:id="@+id/editText2"
            android:layout_width="120dp"
            android:layout_height="wrap_content"
            android:ems="10" >
        </EditText>
    </LinearLayout>
    <LinearLayout
        android:layout_width="match_parent"
        android:layout_height="wrap_content"
        android:gravity="center_horizontal" >
        <Button
            android:id="@+id/button1"
            android:layout_width="wrap_content"
            android:layout_height="wrap_content"
            android:text="保存数据" />
        <Button
            android:id="@+id/button2"
            android:layout_width="wrap_content"
            android:layout_height="wrap_content"
            android:text="提取数据" />
        <Button
            android:id="@+id/button3"
            android:layout_width="wrap_content"
            android:layout_height="wrap_content"
```

```
            android:text="移除键值对" />
    </LinearLayout>
</LinearLayout>
```

【说明】为了能直观地看到提取的密码数据与实际保存的数据一致，所以，在此示例中未将密码编辑框设置为密码输入格式。

（2）打开 MainActivity.java 文件，重写其中的 onCreate()方法以及其他相应的功能代码，具体代码如下：

```
package com.example13_1;
import android.app.Activity;
import android.content.Context;
import android.content.SharedPreferences;
import android.os.Bundle;
import android.view.View;
import android.view.View.OnClickListener;
import android.widget.Button;
import android.widget.EditText;
public class MainActivity extends Activity {
    private EditText username;
    private EditText password;
    //1. 定义要保存 SharedPreferences 的 XML 文件
    String PREFS_NAME = "ex13_1.mySharedPreferences.unm_pwd";
    @Override
    public void onCreate(Bundle savedInstanceState) {
        super.onCreate(savedInstanceState);
        setContentView(R.layout.activity_main);
        username = (EditText) findViewById(R.id.editText1);
        password = (EditText) findViewById(R.id.editText2);
        final Button button1 = (Button) findViewById(R.id.button1);
        final Button button2 = (Button) findViewById(R.id.button2);
        final Button button3 = (Button) findViewById(R.id.button3);
        button1.setOnClickListener(new OnClickListener() {
            @Override
            //数据保存
            public void onClick(View v) {
                //2. 定义一个只允许本程序访问的 SharedPreferences 对象
                SharedPreferences settings = getSharedPreferences(PREFS_NAME,
                        Context.MODE_PRIVATE);
                //3. 生成一个保存编辑对象
                SharedPreferences.Editor editor = settings.edit();
                //4. 添加要保存的键值和真值
                editor.putString("username", username.getText().toString());
                editor.putString("password", password.getText().toString());
                //5. 提交数据保存
                editor.commit();
```

```
            username.setText(""); //清空输入
            password.setText("");
            Toast.makeText(MainActivity.this, "数据保存完成。",
                Toast.LENGTH_LONG).show();
        }
    });
    //数据提取
    button2.setOnClickListener(new OnClickListener() {
        @Override
        public void onClick(View v) {
            //提取保存的用户名，如果无则设为空
            username.setText(getUserName());
            //提取保存的密码，如果无则设为空
            password.setText(getPassWord());
            Toast.makeText(MainActivity.this, "数据提取完成。",
                Toast.LENGTH_LONG).show();
        }
    });
    //移除所有键值对
    button3.setOnClickListener(new OnClickListener() {
        @Override
        public void onClick(View v) {
            SharedPreferences settings = getSharedPreferences(PREFS_NAME,
                    Context.MODE_PRIVATE);
            //生成一个保存编辑对象
            SharedPreferences.Editor editor = settings.edit();
            //移除所有键值对
            editor.clear();
            editor.commit();
            username.setText("");
            password.setText("");
            Toast.makeText(MainActivity.this, "移除所有键值对完成。",
                Toast.LENGTH_LONG).show();
        }
    });
}
private String getUserName() {
    // TODO Auto-generated method stub
    SharedPreferences settings = getSharedPreferences(PREFS_NAME,
            Context.MODE_PRIVATE);
    //获得一个键值为username的值
    //若Preference中不存在，就用后面的值作为返回值
    String username = settings.getString("username", "");
    return username;
}
private String getPassWord() {
    // TODO Auto-generated method stub
    SharedPreferences settings = getSharedPreferences(PREFS_NAME,
            Context.MODE_PRIVATE);
```

```
        String password = settings.getString("password", "");
        return password;
    }
}
```

程序在手机上运行后的测试效果分别如图 13-1（a）~图 13-1（c）所示。实际测试表明：当数据保存完成后，单击“提取数据”按钮，就可以提取到已保存的相关数据（用户名和密码），并且，如果关闭当前程序再重新打开，再次单击“提取数据”按钮，仍然可以提取到已保存的相关数据。但是，如果单击“移除键值对”按钮后，再单击“提取数据”按钮，就提取不到相关数据。

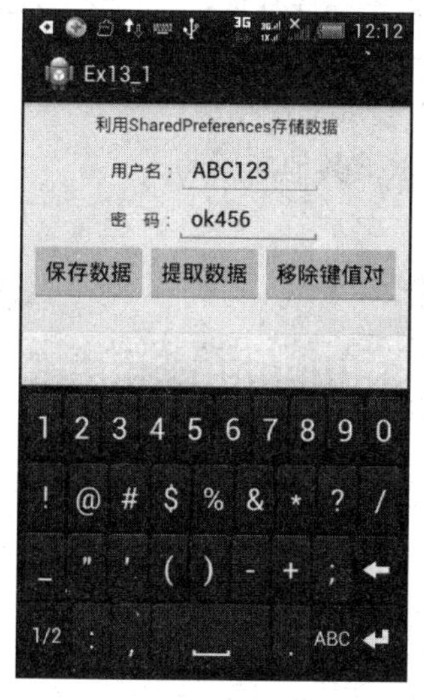

（a）输入数据

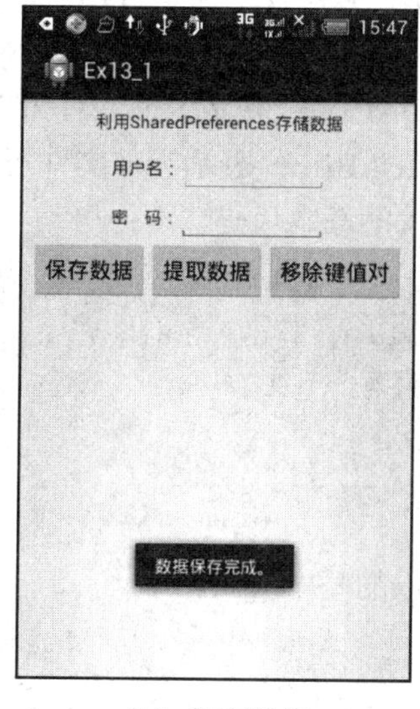

（b）保存数据

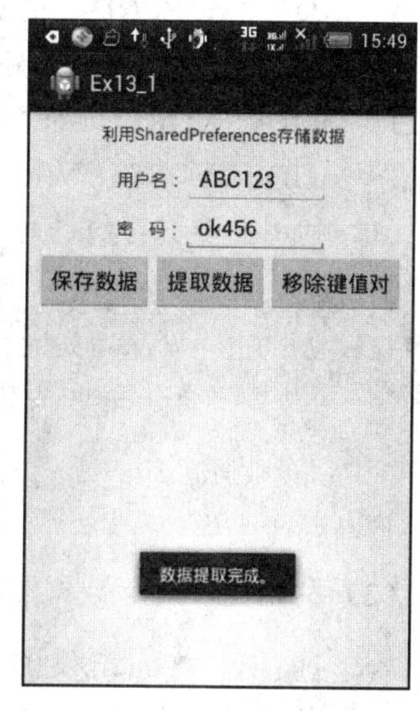

（c）提取数据

图 13-1　利用 SharedPreferences 存储数据

13.2　利用文件存储数据

其实，Android 系统借用了 Java 在计算机环境下的文件读/写机制，不过，Android 系统提供了不同于计算机环境下访问文件系统根目录的 API，并且，对一个应用的私有文件也做了统一的管理。

Android 系统既可以将文件保存在设备的内部存储中，也可以保存在外部存储（sdcard）中，下面将分别介绍这两种文件保存方法。

1．利用内部文件存储数据

如果需要保存的数据量不大，或者设备没有配置外部存储卡，则可以将数据保存到设备的内部存储（注意，内部存储不是内存，它位于系统中一个特殊的文件存储位置）的文件中。默认的内部存储文件是/data/data/<package name>/files/文件名。

【提示】如果手机获取root权限，将不能通过Eclipse集成开发环境中的File explorer来查看手机的data目录及其包含的文件。

Android的Context类提供了两个方法来打开文件IO流：openFileInput(String name)和openFileOutput(String name , int mode)，这两个方法中的第一个参数name用于指定文件名，第二个参数mode用于指定打开文件的模式，有以下几个可选值。

- MODE_PRIVATE：默认操作模式，表示该文件是私有数据，只能被应用本身访问，在该模式下，写入的内容会覆盖原文件的内容，如果想把新写入的内容追加到原文件中。
- MODE_APPEND：此模式会检查文件是否存在，如果已经存在，就向文件追加内容，否则就创建一个新文件。
- MODE_WORLD_READABLE：表示当前文件可以被其他应用读取。
- MODE_WORLD_WRITEABLE：表示当前文件可以被其他应用写入。

（1）利用文件进行数据写入的基本代码如下：

```
//1. 创建一个FileOutputStream对象，并设置相应的文件操作模式
FileOutputStream fos = openFileOutput(String name, int mode);
//2. 利用fos.write()方法向文件中写入数据
…（写数据代码）
//3. 关闭数据流
fos.close();
```

（2）利用文件进行数据读取的基本代码如下：

```
//1. 创建一个FileInputStream对象
FileInputStream inStream = this.openFileInput("message.txt");
//2. 利用inStream.read()方法从文件中读取数据
…（读数据代码）
//3. 关闭数据流
inStream.close();
```

※ **示例Ex13_2**：开发一个Android应用程序，利用手机内部文件存储输入的数据，单击其中的两个按钮，分别完成对数据的保存和读取的基本功能。

具体设计步骤如下：

（1）利用Eclipse向导新建一个名为Ex13_2的Android应用程序，创建一个线性布局，其中包括3个文本框、两个编辑框和两个按钮，并设置相应的控件属性（详细设计略），具体的布局代码如下：

```
<?xml version="1.0" encoding="utf-8"?>
<LinearLayout xmlns:android="http://schemas.android.com/apk/res/android"
    android:layout_width="fill_parent"
    android:layout_height="fill_parent"
    android:gravity="center_horizontal"
    android:orientation="vertical" >
    <TextView
        android:id="@+id/textView1"
```

```
        android:layout_width="wrap_content"
        android:layout_height="wrap_content"
        android:padding="10px"
        android:text="利用内部文件存储数据" />
    <TextView
        android:layout_width="280dp"
        android:layout_height="wrap_content"
        android:gravity="left"
        android:text="保存的文件内容：" />
    <EditText
        android:id="@+id/editText1"
        android:layout_width="280dp"
        android:layout_height="wrap_content"
        android:inputType="textMultiLine"
        android:gravity="top"
        android:lines="5" >
    </EditText>
    <TextView
        android:layout_width="280dp"
        android:layout_height="wrap_content"
        android:gravity="left"
        android:text="读取的文件内容：" />
    <EditText
        android:id="@+id/editText2"
        android:layout_width="280dp"
        android:layout_height="wrap_content"
        android:inputType="textMultiLine"
        android:gravity="top"
        android:lines="5" >
    </EditText>
    <LinearLayout
        android:layout_width="match_parent"
        android:layout_height="wrap_content"
        android:gravity="center_horizontal" >
        <Button
            android:id="@+id/button1"
            android:layout_width="wrap_content"
            android:layout_height="wrap_content"
            android:text="保存数据" />
        <Button
            android:id="@+id/button2"
            android:layout_width="wrap_content"
            android:layout_height="wrap_content"
            android:text="读取数据" />
    </LinearLayout>
</LinearLayout>
```

（2）打开 MainActivity.java 文件，重写其中的 onCreate()方法以及其他相应的功能代码，具体代码如下：

```
package com.example.ex13_2;
import java.io.FileInputStream;
import java.io.FileOutputStream;
import android.app.Activity;
import android.os.Bundle;
import android.view.View;
import android.view.View.OnClickListener;
import android.widget.Button;
import android.widget.EditText;
public class MainActivity extends Activity {
    //定义编辑框控件
    private EditText editText1;
    private EditText editText2;
    @Override
    public void onCreate(Bundle savedInstanceState) {
        super.onCreate(savedInstanceState);
        setContentView(R.layout.activity_main);
        //获取编辑框控件对象
        editText1 = (EditText) findViewById(R.id.editText1);
        editText2 = (EditText) findViewById(R.id.editText2);
        //定义并获取按钮控件对象
        final Button button1 = (Button) findViewById(R.id.button1);
        final Button button2 = (Button) findViewById(R.id.button2);
        //写入数据
        button1.setOnClickListener(new OnClickListener() {
            @Override
            public void onClick(View v) {
                try {
                    //1. 创建一个 FileOutputStream 对象，并设置 MODE_APPEND 追加模式
                    FileOutputStream fos = openFileOutput("fileEx13_2.txt",
                        MODE_APPEND);
                    //2. 将数据写入文件
                    fos.write(editText1.getText().toString().getBytes());
                    //3. 关闭数据流
                    fos.close();
                    Toast.makeText(MainActivity.this, "数据写入完成。",
                        Toast.LENGTH_LONG).show();
                } catch (Exception e) {
                    e.printStackTrace();
                }
            }
        });
        //读取数据
        button2.setOnClickListener(new OnClickListener() {
            @Override
            public void onClick(View v) {
                try {
                    //4. 创建一个 FileInputStream 对象
                    FileInputStream inStream = openFileInput(
```

```
                    "fileEx13_2.txt");
                int len = 0; //记录字符串长度
                //分配 1024 个字节大小的内存给 buf，用于字符串的存放缓存
                byte[] buf = new byte[1024];
                //使用 StringBuilder 类拼接大量的字符串
                StringBuilder sb = new StringBuilder();
                while ((len = inStream.read(buf)) != -1) {
                    sb.append(new String(buf, 0, len));
                }
                //5. 关闭数据流
                inStream.close();
                //6. 读取保存的数据
                editText2.setText(sb.toString());
                Toast.makeText(MainActivity.this, "数值读取完成。",
                    Toast.LENGTH_LONG).show();
            } catch (Exception e) { e.printStackTrace();
            }
        }
    });
  }
}
```

程序在手机上运行后的测试效果分别如图 13-2（a）~图 13-2（c）所示，如果在没有单击“保存数据”按钮之前，就单击“读取数据”按钮，将读取不到数据，另外，可以看到，数据是以追加的方式保存。

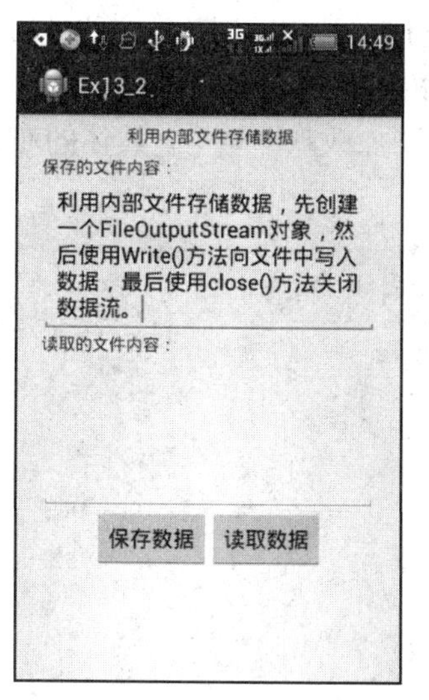

（a）输入数据

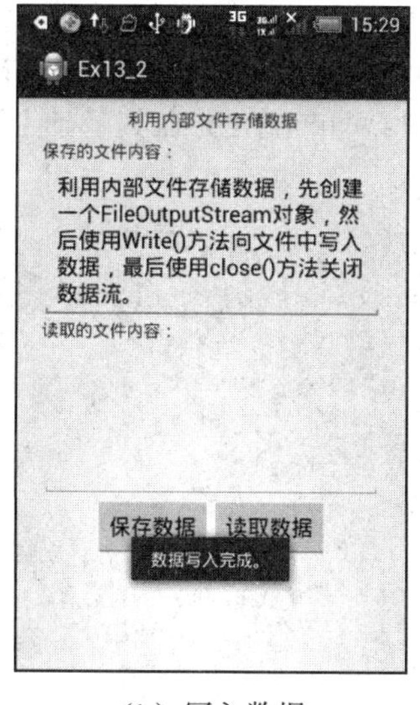

（b）写入数据

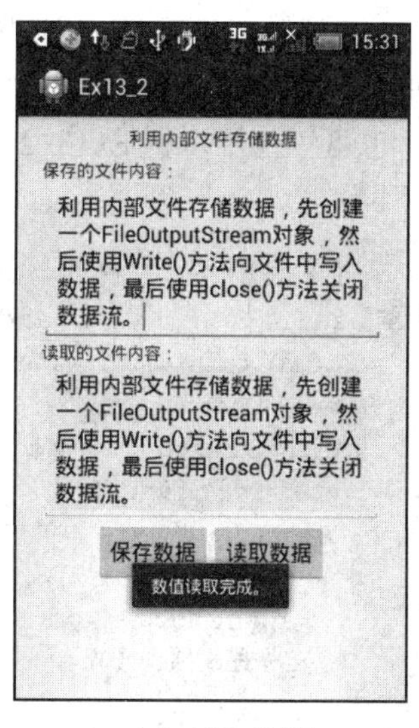

（c）读取数据

图 13-2　利用内部文件存储数据

2．利用外部文件存储数据

设备的内部存储空间是有限的，所以，设备通常都会配置一定容量的外部存储设备，

如外部 SD 存储卡（sdcard）。如果需要保存的数据量比较大，并且设备配置了 sdcard，则可将数据以外部存储的方式保存到设备的 sdcard 的文件中。

利用 sdcard 的文件存储数据与利用内部文件存储数据，在文件数据的读写操作方面基本相同，但对于 sdcard 的文件存储数据来说，还需要以下几方面的操作与设置：

（1）需要首先判断是否存在可用的 sdcard。可以使用一个访问设备环境变量的类 Environment 的 getExternalStorageState()方法来判断，这个方法返回的是一个字符串数据，如果返回值是 Environment.MEDIA_MOUNTED，则表示 sdcard 存在且可用。

（2）需要使用 Envir.getExternalStorageDirectory()方法来获取当前 sdcard 的根目录，以便数据存储时访问相应的文件。

（3）需要赋予应用程序访问 sdcard 的相应权限，即在 AndroidManifest.xml 中加入以下访问 sdcard 的权限：

```
<!-- 在 sdcard 中创建与删除文件的权限 -->
<uses-permission android:name="android.permission.MOUNT_UNMOUNT
    _FILESYSTEMS"/>
<!-- 向 sdcard 中写入数据的权限 -->
<uses-permission android:name="android.permission.WRITE_EXTERNAL
    _STORAGE"/>
```

※ **示例 Ex13_3**：开发一个 Android 应用程序，利用手机的 sdcard 文件保存输入的数据，单击其中的 1 个按钮，完成对数据保存的基本功能。

具体设计步骤如下：

（1）利用 Eclipse 向导创建一个名为 Ex13_3 的 Android 应用程序，创建一个线性布局，在其中添加两个文本框、一个编辑框和一个按钮，并设置相应的控件属性（详细设计略。其实，也可以借用示例 Ex13_2 的界面布局，并在其基础上稍加改动即可），具体的布局代码如下：

```
<?xml version="1.0" encoding="utf-8"?>
<LinearLayout xmlns:android="http://schemas.android.com/apk/res/android"
    android:layout_width="fill_parent"
    android:layout_height="fill_parent"
    android:gravity="center_horizontal"
    android:orientation="vertical" >
    <TextView
        android:id="@+id/textView1"
        android:layout_width="wrap_content"
        android:layout_height="wrap_content"
        android:padding="10px"
        android:text="利用外部文件存储数据" />
    <TextView
        android:layout_width="280dp"
        android:layout_height="wrap_content"
        android:gravity="left"
        android:text="保存的文件内容：" />
    <EditText
```

```
        android:id="@+id/editText1"
        android:layout_width="280dp"
        android:layout_height="wrap_content"
        android:inputType="textMultiLine"
        android:gravity="top"
        android:lines="5" >
    </EditText>
    <Button
        android:id="@+id/button1"
        android:layout_width="wrap_content"
        android:layout_height="wrap_content"
        android:text="保存数据" />
</LinearLayout>
```

（2）打开 MainActivity.java 文件，重写其中的 onCreate()方法以及其他相应的功能代码，具体代码如下：

```
package com.example.ex13_3;
import java.io.File;
import java.io.FileOutputStream;
import java.io.IOException;
import android.app.Activity;
import android.os.Bundle;
import android.os.Environment;
import android.view.View;
import android.view.View.OnClickListener;
import android.widget.Button;
import android.widget.EditText;
import android.widget.Toast;
public class MainActivity extends Activity {
    //定义编辑框对象
    private EditText editText1;
    private EditText editText2;
    //定义 sdcard 的路径
    private String sdcardPath;
    //定义 sdcard 的状态标记
    private boolean sdcardOK = false;
    //新建一个文件
    File file;
    @Override
    public void onCreate(Bundle savedInstanceState) {
        super.onCreate(savedInstanceState);
        setContentView(R.layout.activity_main);
        //获取各控件对象
        editText1 = (EditText) findViewById(R.id.editText1);
        Button button1 = (Button) findViewById(R.id.button1);
        //判断 sdcard 是否存在且可用
        if (Environment.getExternalStorageState().equals(Environment
            .MEDIA_MOUNTED)) {
```

```
            try {
                //得到 sdcard 的路径
                sdcardPath = Environment.getExternalStorageDirectory()
                    .getAbsolutePath();
                //定义要新建的文件
                file = new File(sdcardPath + "/fileEx13_3.txt");
                //sdcard 状态标记（可用）
                sdcardOK = true;
            } catch (Exception e) {
                Toast.makeText(MainActivity.this, "sdcard 识别失败。",
                    Toast.LENGTH_LONG).show();
            }
        } else {
            //sdcard 状态标记（不可用）
            sdcardOK = false;
        };
        //写入数据
        button1.setOnClickListener(new OnClickListener() {
            @Override
            public void onClick(View v) {
                //1. 判断 sdcard 是否存在
                if (sdcardOK == true) {
                    try {
                        //2. 创建文件输出流
                        FileOutputStream fos;
                        //3. 新建文件
                        file.createNewFile();
                        //4. 打开文件 file 的 OutputStream
                        fos = new FileOutputStream(file);
                        //5. 将字符串转换成 byte 数组写入文件
                        fos.write(editText1.getText().toString().getBytes());
                        //6. 关闭数据流
                        fos.close();
                        Toast.makeText(MainActivity.this, "数据写入完成。",
                            Toast.LENGTH_LONG).show();
                    } catch (IOException e) {
                        Toast.makeText(MainActivity.this, "数据写入失败。",
                            Toast.LENGTH_LONG).show();
                    }
                }else {
                    Toast.makeText(MainActivity.this,"sdcard 不存在或者写保护。",
                        Toast.LENGTH_LONG).show();
                }
            }
        });
    }
}
```

程序在手机上运行后的测试效果如图 13-3（a）所示，可以在 Eclipse 集成开发环境的

File explorer 中看到手机的\mnt\cdcard 目录及其包含的文件 fileEx13_3.txt，导出该文件并打开，如图 13-3（b）所示。

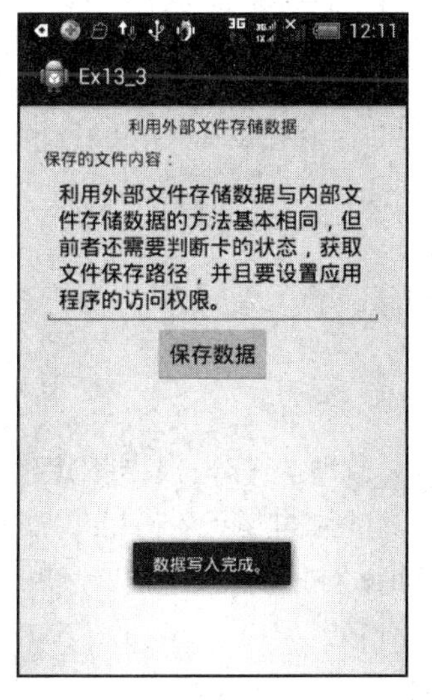

（a）写入的数据

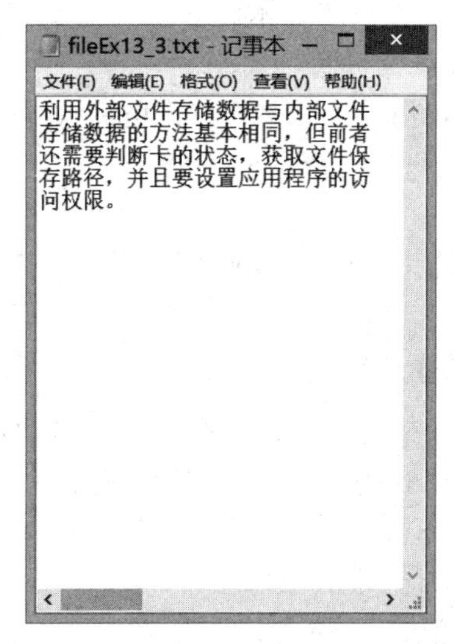

（b）保存的数据文件

图 13-3　利用外部文件存储数据

【说明】对于读取外部存储文件内容的程序设计，请读者参考示例 Ex13_2 的读取内部存储文件内容的程序设计自行完成。

13.3　利用 SQLite 数据库存储数据

13.3.1　SQLite 简介

SQLite 是一款轻量级的关系型数据库，它支持 SQL 语言。由于它占用的资源非常少，利用很少的内存就有很好的性能。所以在很多嵌入式设备中都使用 SQLite 来存储数据。它支持 Windows、Linux 以及 UNIX 等主流的操作系统，兼容性好。可以使用 Java、C#和 PHP 等多种开发语言，通过 ODBC 接口操作 SQLite。

目前的一些主流移动操作系统（如 Android 和 iPhone 等），都在使用 SQLite 作为复杂数据的存储引擎。

13.3.2　SQLite 的数据类型

一般数据库采用的是固定的静态数据类型，而 SQLite 采用的是动态数据类型，它会根据输入的数值自动判断并存储。SQLite 具有以下 5 种数据类型。

- NULL：空值。

- INTEGER：带符号的整型，具体取决于存入数字的范围大小。
- REAL：浮点数字，存储为 8-byte IEEE 浮点数。
- TEXT：字符串文本。
- BLOB：二进制对象。

实际上，SQLite 3 也支持 smallint、integer、float、decimal、double、varchar、date 以及 time 等数据类型。

13.3.3 SQLite 的基本用法

1．创建或打开数据库

当需要创建或打开一个数据库并获得数据库对象时，首先根据指定的文件名，利用 SQLiteOpenHelper 类创建一个辅助对象，并调用该对象的 getWritableDatabase()方法或者 getReadableDatabase()方法来获得一个 SQLiteDatabase 对象，此时才创建或者打开了一个数据库。

创建或者打开了一个数据库的基本语法格式如下：

```
//创建 MySQLiteOpenHelper 辅助类对象
MySQLiteHelper  myHelper = new MySQLiteHelper(this, "mySQLiteDB", null, 1);
SQLiteDatabase db = myHelper.getWritableDatabase();
```

2．关闭数据库

当所打开一个数据库使用完后，应该及时将其关闭，以便释放其所占的系统资源。Android 中利用 SQLiteOpenHelper 类的 close()方法关闭打开的数据库。

3．创建或删除表

创建数据库的一个表的基本方法是：编写创建表（create table）或删除表（drop table）的 SQL 语句，然后调用 SQLiteDatabase 类的 execSQL()方法来执行该 SQL 语句。

4．插入数据

向表中插入数据有以下两种方法。

方法 1：

利用 SQLiteDatabase 类的 insert(String table,String nullColumnHack,ContentValues values)方法。

其中，各参数的意义如下。

- table：表名称。
- nullColumnHack：空列的默认值。
- values：ContentValues 类型的键值对 Key-Value。

方法 2：

编写插入数据（insert）的 SQL 语句，然后调用 SQLiteDatabase 类的 execSQL()方法来

执行该 SQL 语句。

5. 删除数据

删除表中的数据有以下两种方法。

方法 1：

利用 SQLiteDatabase 类的 delete(String table,String whereClause,String[] whereArgs)方法。

其中，各参数的意义如下。

- table：表名称。
- whereClause：删除条件。
- whereArgs：删除条件值数组。

方法 2：

编写删除数据（delete）的 SQL 语句，然后调用 SQLiteDatabase 类的 execSQL()方法来执行该 SQL 语句。

6. 修改数据

修改表中的数据有以下两种方法。

方法 1：

利用 SQLiteDatabase 类的 update(String table,ContentValues values,String whereClause, String[] whereArgs)方法。

其中，各参数的意义如下。

- table：表名称。
- values：ContentValues 类型的键值对 Key-Value。
- whereClause：更新条件（where 字句）。
- whereArgs：更新条件数组。

方法 2：

编写更新数据（update）的 SQL 语句，然后调用 SQLiteDatabase 类的 execSQL()方法来执行该 SQL 语句。

7. 查询数据

查询表中的数据有以下两种常用方法。

方法 1：

在 Android 中查询数据可以通过 Cursor 类来实现，当使用 SQLiteDatabase.query()方法时，会得到一个 Cursor 对象，Cursor 指向的就是每一条数据。它提供了很多有关查询的方法，常用方法是 public Cursor query(String table,String[] columns,String selection,String[] selectionArgs, String groupBy,String having,String orderBy,String limit)。

其中，各参数的意义如下。

- table：表名称。
- columns：列名称数组。
- selection：条件子句，相当于 where。

- selectionArgs：条件子句，参数数组。
- groupBy：分组列。
- having：分组条件。
- orderBy：排序列。
- limit：分页查询限制。
- Cursor：返回值，相当于结果集 ResultSet。

【说明】不使用的参数（如 having、orderBy 和 limit 等），可以设置为 null。

Cursor 是一个游标接口，提供了遍历查询结果的方法，例如，移动指针方法 move()，获得列值方法 getString()等，关于 Cursor 的其他方法的功能及其用法，请参考相关资料。

方法 2：

同样通过 Cursor 类，利用 db.rawQuery(String sql, String[] selectionArgs)方法。

其中，各参数的意义如下。

- sql：查询（select）的 SQL 条件子句。
- selectionArgs：条件子句，参数数组。

※ **示例 Ex13_4**：开发一个 Android 应用程序，通过单击相应的按钮，创建一个 SQLite 数据库，用来保存每个学生的“姓名”、“年龄”和“入学日期”这 3 种不同类型的数据，并且还可分别完成数据的增加、删除、修改和查询的基本功能。

具体设计步骤如下：

（1）利用 Eclipse 向导创建一个名为 Ex13_4 的 Android 应用程序，创建一个网格布局，在其中添加所需的控件，并设置相应的控件属性（详细设计略），具体的布局代码如下：

```
<?xml version="1.0" encoding="utf-8"?>
<GridLayout xmlns:android="http://schemas.android.com/apk/res/android"
   android:layout_width="wrap_content"
   android:layout_height="wrap_content"
   android:layout_gravity="center_horizontal"
   android:columnCount="5">
   <TextView
      android:layout_width="20dp"
      android:layout_column="0" />
   <TextView
      android:id="@+id/textView1"
      android:text="姓名："
      android:layout_gravity="right" />
   <EditText
      android:id="@+id/name"
      android:layout_columnSpan="2"
      android:ems="8" />
   <TextView
      android:layout_column="4"
      android:layout_width="20dp" />
   <TextView
```

```
        android:id="@+id/textView2"
        android:text="年龄："
        android:layout_column="1"
        android:layout_gravity="right" />
    <EditText
        android:id="@+id/age"
        android:layout_columnSpan="2"
        android:ems="8" />
    <TextView
        android:id="@+id/textView3"
        android:text="入学时间："
        android:layout_column="1"
        android:layout_gravity="right" />
    <EditText
        android:id="@+id/enrol"
        android:layout_columnSpan="2"
        android:ems="8" />
    <Button
        android:id="@+id/previous"
        android:layout_column="2"
        android:layout_width="wrap_content"
        android:layout_height="wrap_content"
        android:text="&lt;&lt;上一条" />
    <Button
        android:id="@+id/next"
        android:layout_column="3"
        android:layout_width="wrap_content"
        android:layout_height="wrap_content"
        android:text="下一条>>" />
    <Button
        android:id="@+id/insert"
        android:layout_column="1"
        android:layout_row="5"
        android:layout_width="wrap_content"
        android:layout_height="wrap_content"
        android:text="插入数据"/>
    <Button
        android:id="@+id/update"
        android:layout_width="wrap_content"
        android:layout_height="wrap_content"
        android:layout_gravity="right"
        android:text="更新数据"/>
    <Button
        android:id="@+id/query"
        android:layout_width="wrap_content"
        android:layout_height="wrap_content"
        android:text="查询数据"/>
    <Button
        android:id="@+id/delete"
```

```
        android:layout_width="wrap_content"
        android:layout_height="wrap_content"
        android:text="删除数据"/>
    <Button
        android:id="@+id/createDatabase"
        android:layout_column="2"
        android:layout_row="6"
        android:layout_columnSpan="2"
        android:layout_width="wrap_content"
        android:layout_height="wrap_content"
        android:layout_gravity="center"
        android:text="创建数据库" />
</GridLayout>
```

（2）为项目新建一个名为 StudentsDBHelper 的 SQLiteOpenHelper 类，具体代码如下：

```
package com.example.ex13_4;
import android.content.Context;
import android.database.sqlite.SQLiteDatabase;
import android.database.sqlite.SQLiteDatabase.CursorFactory;
import android.database.sqlite.SQLiteOpenHelper;
import android.util.Log;
public class StudentsDBHelper extends SQLiteOpenHelper {
    private static final String TAG = "studentDB";
    //必要的构造函数
    public StudentsDBHelper(Context context, String name,
        CursorFactory factory,
    int version) {
        super(context, name, factory, version);
    }
    //第一次创建数据库时调用该方法
    public void onCreate(SQLiteDatabase db) {
        //创建新表
        String sql = "create table student_table(TxtName TEXT, IntAge INTEGER,
            TxtEnrol TEXT)";
        db.execSQL(sql);
        //输出创建数据库的日志信息
        Log.i(TAG, "create Database OK!");
    }
    //更新数据库时执行该方法
    public void onUpgrade(SQLiteDatabase db, int oldVersion, int newVersion)
    {
        //输出更新数据库的日志信息
        Log.i(TAG, "update Database OK!");
    }
}
```

（3）打开 MainActivity.java 文件，重写其中的 onCreate()方法以及其他相应的功能代码，具体代码如下：

```
package com.example.ex13_4;
import com.example.ex13_4.StudentsDBHelper;
import android.app.Activity;
import android.content.ContentValues;
import android.database.Cursor;
import android.database.SQLException;
import android.database.sqlite.SQLiteDatabase;
import android.os.Bundle;
import android.view.View;
import android.view.View.OnClickListener;
import android.widget.Button;
import android.widget.EditText;
import android.widget.Toast;
public class MainActivity extends Activity {
    //定义各控件对象
    private Button createBtn;
    private Button insertBtn;
    private Button updateBtn;
    private Button queryBtn;
    private Button deleteBtn;
    private Button previousBtn;
    private Button nextBtn;
    private EditText nameEdt;
    private EditText ageEdt;
    private EditText enrolEdt;
    //定义相应的参数
    private Cursor cursor;
    private String name,age,enrol;
    @Override
    public void onCreate(Bundle savedInstanceState) {
        super.onCreate(savedInstanceState);
        setContentView(R.layout.activity_main);
        //获得各控件对象
        createBtn = (Button)findViewById(R.id.createDatabase);
        insertBtn = (Button)findViewById(R.id.insert);
        updateBtn = (Button)findViewById(R.id.update);
        queryBtn = (Button)findViewById(R.id.query);
        deleteBtn = (Button)findViewById(R.id.delete);
        previousBtn = (Button)findViewById(R.id.previous);
        nextBtn = (Button)findViewById(R.id.next);
        nameEdt = (EditText)findViewById(R.id.name);
        ageEdt = (EditText)findViewById(R.id.age);
        enrolEdt = (EditText)findViewById(R.id.enrol);
        //为按钮注册监听器
        previousBtn.setOnClickListener(new PreviousListener());
        nextBtn.setOnClickListener(new NextListener());
        insertBtn.setOnClickListener(new InsertListener());
        updateBtn.setOnClickListener(new ModifyListener());
        queryBtn.setOnClickListener(new QueryListener());
        deleteBtn.setOnClickListener(new DeleteListener());
```

```
        createBtn.setOnClickListener(new CreateListener());
    }
    //创建数据库
    class CreateListener implements OnClickListener{
        @Override
        public void onClick(View v) {
            //创建 StudentsDBHelper 对象
            StudentsDBHelper dbHelper = new StudentsDBHelper(MainActivity
                .this,"studentDB",null,1);
            //得到一个可读的 SQLiteDatabase 对象
            SQLiteDatabase db = dbHelper.getReadableDatabase();
            Toast.makeText(MainActivity.this, "创建数据库成功。",
                Toast.LENGTH_SHORT).show();
        }
    }
    //插入数据
    class InsertListener implements OnClickListener{
        @Override
        public void onClick(View v) {
            try {
                StudentsDBHelper dbHelper = new StudentsDBHelper(MainActivity
                    .this,"studentDB",null,1);
                //得到一个可写的数据库
                SQLiteDatabase db =dbHelper.getWritableDatabase();
                //生成 ContentValues 对象（key:列名，value:要插入的值）
                ContentValues cv = new ContentValues();
                //向 ContentValues 对象中存放数据（键-值对）
                cv.put("TxtName", nameEdt.getText().toString());
                cv.put("IntAge", ageEdt.getText().toString());
                cv.put("TxtEnrol", enrolEdt.getText().toString());
                //将数据插入表
                db.insert("student_table", null, cv);
                //关闭数据库
                db.close();
                Toast.makeText(MainActivity.this, "插入数据成功。",
                    Toast.LENGTH_SHORT).show();
            } catch (SQLException e) {
                Toast.makeText(MainActivity.this, "插入数据失败。",
                    Toast.LENGTH_SHORT).show();
            }
        }
    }
    //查询数据
    class QueryListener implements OnClickListener{
        @Override
        public void onClick(View v) {
            StudentsDBHelper dbHelper = new StudentsDBHelper(MainActivity
                .this,"studentDB",null,1);
            //获得一个可读的数据库
            SQLiteDatabase db =dbHelper.getReadableDatabase();
```

```
            /*
             * 方法 1：
             * Cursor cursor = db.query("表名", new String[]{"字段 1，字段 2"},
               "条件 1=? and 条件 2=?",
             * new String[]{"条件 1 的值，条件 2 的值"},分组方式,having 条件,排序方
式)
             * 说明：
             * where 子句的"?"是占位符号，对应后面的"条件 x 的值"
             * 分组方式,having 条件,排序方式，通常设置为：null,null,null
             */
            /*
             * 方法 2：
             */
            cursor = db.rawQuery("SELECT * FROM student_table WHERE TxtName=?",
                new String[]{nameEdt.getText().toString()});
            //如果有查询结果，则移动游标到第一条记录
            if(cursor.getCount()>0){
                cursor.moveToFirst();
                name = cursor.getString(cursor.getColumnIndex("TxtName"));
                nameEdt.setText(name);
                age = cursor.getString(cursor.getColumnIndex("IntAge"));
                ageEdt.setText(age);
                enrol = cursor.getString(cursor.getColumnIndex("TxtEnrol"));
                enrolEdt.setText(enrol);
            } else {
                Toast.makeText(MainActivity.this, "没有满足条件的数据。",
                    Toast.LENGTH_SHORT).show();
            }
            //关闭数据库
            db.close();
        }
    }
    //修改数据
    class ModifyListener implements OnClickListener{
        @Override
        public void onClick(View v) {
            StudentsDBHelper dbHelper = new StudentsDBHelper(MainActivity
                .this,"studentDB",null,1);
            //获得一个可写的数据库
            SQLiteDatabase db =dbHelper.getWritableDatabase();
            //定义一个 ContentValeus 对象
            ContentValues cv = new ContentValues();
            cv.put("IntAge", ageEdt.getText().toString());
            cv.put("TxtEnrol", enrolEdt.getText().toString());
            //where 子句
            String whereClause="TxtName=?";
            //where 子句的条件
            String [] whereArgs = {String.valueOf(nameEdt.getText())};
            db.update("student_table", cv, whereClause, whereArgs);
            //关闭数据库
```

```
            db.close();
            Toast.makeText(MainActivity.this, "修改数据成功。",
                Toast.LENGTH_SHORT).show();
        }
    }
    //删除数据
    class DeleteListener implements OnClickListener{
        @Override
        public void onClick(View v) {
            StudentsDBHelper dbHelper = new StudentsDBHelper(MainActivity
                .this,"studentDB",null,1);
            //获得一个可写的数据库
            SQLiteDatabase db =dbHelper.getReadableDatabase();
            String whereClauses = "TxtName=?";
            String [] whereArgs = {String.valueOf(nameEdt.getText())};
            //删除数据
            db.delete("student_table", whereClauses, whereArgs);
            nameEdt.setText("");
            ageEdt.setText("");
            enrolEdt.setText("");
            db.close();
            Toast.makeText(MainActivity.this, "数据删除成功。",
                Toast.LENGTH_SHORT).show();
        }
    }
    //上一条数据
    class PreviousListener implements OnClickListener{
        @Override
        public void onClick(View v) {
            if(!cursor.isFirst()){
                cursor.moveToPrevious();
                name = cursor.getString(cursor.getColumnIndex("TxtName"));
                nameEdt.setText(name);
                age = cursor.getString(cursor.getColumnIndex("IntAge"));
                ageEdt.setText(age);
                enrol = cursor.getString(cursor.getColumnIndex("TxtEnrol"));
                enrolEdt.setText(enrol);
            }
        }
    }
    //下一条数据
    class NextListener implements OnClickListener{
        @Override
        public void onClick(View v) {
            if(!cursor.isLast()){
                cursor.moveToNext();
                name = cursor.getString(cursor.getColumnIndex("TxtName"));
                nameEdt.setText(name);
                age = cursor.getString(cursor.getColumnIndex("IntAge"));
                ageEdt.setText(age);
```

```
                enrol = cursor.getString(cursor.getColumnIndex("TxtEnrol"));
                enrolEdt.setText(enrol);
            }
        }
    }
}
```

程序在手机上运行后的测试效果如图 13-4 所示，表明完成了预期的功能。

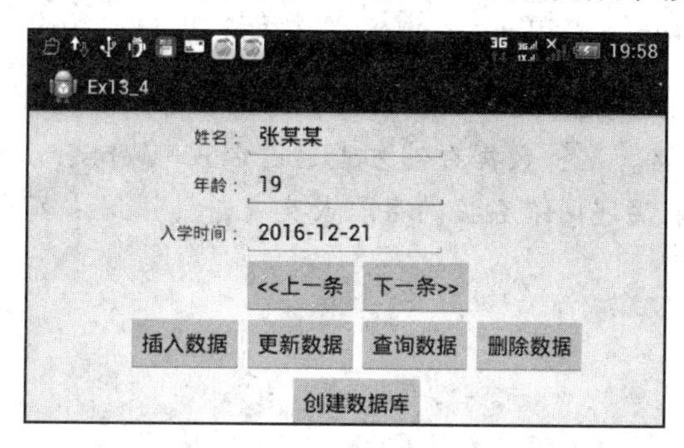

图 13-4　SQLite 数据库的应用

使用 Android 系统自带的 SQLiteOpenHelper 可以完成 SQLite 数据库的创建与管理，但有两点局限：

（1）SQLite 创建在内存卡中，数据库文件大小是受限的，所以不能存储量大的数据。

（2）创建的数据库文件及其存储位置是/data/data/package_name/databases/db_name，可使用 Eclispe 的 File explorer 来查看，但是，如果手机没有获取 Root 权限，则无法直接查看创建的这个数据库。

图 13-5 所示是 Eclispe 的 LogCat 中显示的 Ex13_4 示例数据库在其所运行的手机中的保存位置：/data/data/com.example.ex13_4/databases/。

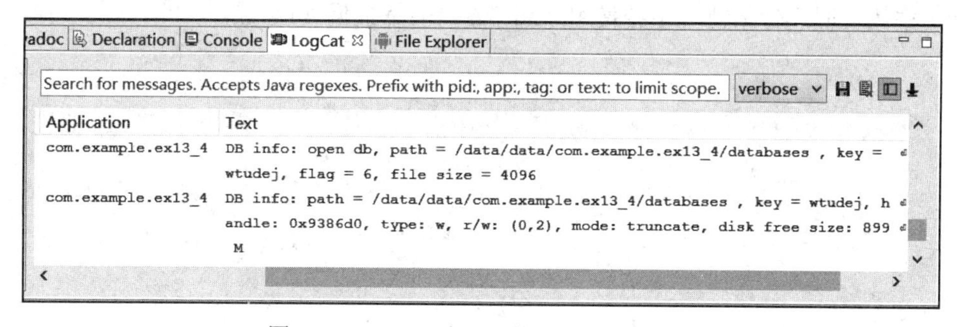

图 13-5　LogCat 中显示的示例数据库位置

13.4　利用 ContentProvide 存储数据简介

ContentProvider（内容提供者）是 Android 四大组件（Activity、Service、Content Provider 和 BroadcastReceiver）之一，通过 ContentProvider，可以将应用程序中的数据提供给其他

应用程序访问使用，从而实现数据的对外共享。

大多数 ContentProvider 使用 Android 文件系统或 SQLite 数据库来保存数据，但也可以使用其他适宜的方式来存储数据。

Android 本身提供了大量的 ContentProvider，例如联系人列表、系统的多媒体信息等，这些系统的 ContentProvider 都提供了其他应用程序可以访问的 URI（如，对于联系人的 URI 为 Content://contacts/people），开发者可以通过 ContentResolver 来调用系统的 ContentProvider 类的 insert()、update()、delete()和 query()方法，从而实现自己的应用程序的相关功能。

【说明】 以上介绍的几种存储都是将数据存储在本地设备上，除此之外，还可以利用网络来实现数据存储。这种数据存储方式通过调用 WebService 返回的数据或是解析 HTTP 协议，来实现网络数据的存取或交互，具体用法可参考本书第 12 章的相关技术来实现。

习　　题

1．简要介绍 Android 的几种存储数据方式。

2．结合 Android 的 SharedPreferences 存储数据技术，介绍什么是键值对。

3．如何获取并打开 Android 存储数据的外部文件？

4．Android 利用内部文件和外部文件存储数据的主要技术区别是什么？

5．开发一个读取外部存储文件内容的 Android 程序，并利用一个文本框来显示当前设备的 SD 卡的路径。

6．利用 Android 自带的 SQLiteOpenHelperSQLite 创建与管理数据库有何局限？

7．结合 Android 的 ContentProvider 存储数据技术，介绍什么是 URI。

8．举例说明，什么情况下会使用 Android 的网络数据存储。

第 14 章　Android 传感器

学习要点

- ❑ 了解手机的各种传感器的基本功能。
- ❑ 理解手机传感器应用开发中相关性能参数。
- ❑ 掌握手机的常用传感器的应用程序开发方法。
- ❑ 理解传感器的注册与注销。

目前的大多数主流 Android 手机都有内置的传感器，正是由于各种实用传感器的辅助，使得智能手机的功能更加强大、应用更加广泛。例如很多流行的手机游戏，就是依靠重力传感器检测重力系统的变化，来推断用户的手势和动作变化，进而完成相应的游戏操作；又如微信中的“摇一摇”，就是依靠加速度传感器检测在不同方向的加速度变化，实现搜寻同一时刻摇晃手机的人的相应功能。

14.1　Android 传感器简介

传感器（Sensor）的定义是：能感受被测量并按一定规律转换成可用输出信号的器件或装置，通常由敏感元件和转换元件组成。

Android 系统支持的三大类传感器是位移传感器、环境传感器、位置传感器，对于 Android（4.4 及以上版本）设备支持的传感器，其 API 中定义的 sensor 常量及其功能分别介绍如下。

（1）TYPE_ACCELEROMETER：加速度传感器，又叫 G-sensor，该数值包含地心引力的影响，单位是 m/s2，测量传感器在 x 、y、z 轴上的加速度。

- ❑ 将手机平放在桌面上，x、y 和 z 轴上的加速度默认为 0、0 和 9.81。
- ❑ 将手机朝下放在桌面上，z 轴为-9.81。
- ❑ 将手机向左倾斜，x 轴上的加速度为正值。
- ❑ 将手机向右倾斜，x 轴上的加速度为负值。
- ❑ 将手机向上倾斜，y 轴上的加速度为负值。
- ❑ 将手机向下倾斜，y 轴上的加速度为正值。

（2）TYPE_AMBIENT_TEMPERATURE：温度传感器，单位是℃。

（3）TYPE_GAME_ROTATION_VECTOR：用来探测运动而不必受到电磁干扰的影响，因为它并不依赖于磁北极。

（4）TYPE_GEOMAGNETIC_ROTATION_VECTOR：地磁旋转矢量传感器，提供手机的旋转矢量，当手机处于休眠状态时，仍可以记录设备的方位。

（5）TYPE_GRAVITY：重力传感器，简称 GV-sensor，单位是$m/s^2%，测量传感器在 x、y、z 轴上的重力。在地球上，重力数值为 9.8。

（6）TYPE_GYROSCOPE：陀螺仪传感器，简称 Gyro-sensor，单位是 radians/second，测量传感器在 x、y、z 3 个轴的角加速度数据。

（7）TYPE_GYROSCOPE_UNCALIBRATED：未校准陀螺仪传感器，提供原始的、未校准、补偿的陀螺仪数据，用于后期处理和融合定位数据。

（8）TYPE_LIGHT：光线感应传感器，检测实时的光线强度，光强单位是 lux，其物理意义是照射到单位面积上的光通量。

（9）TYPE_LINEAR_ACCELERATION：线性加速度传感器，简称 LA-sensor。线性加速度传感器是加速度传感器减去重力影响获取的数据，单位是 m/s2。

（10）TYPE_MAGNETIC_FIELD：磁力传感器，简称为 M-sensor，测量传感器在 x、y、z 3 个轴的环境磁场数据，单位是微特斯拉（micro-Tesla），用 uT 表示。单位也可以是高斯（Gauss），1Tesla=10000Gauss。硬件上一般没有独立的磁力传感器，磁力数据由电子罗盘传感器提供（E-compass），电子罗盘传感器同时提供方向传感器数据。

（11）TYPE_MAGNETIC_FIELD_UNCALIBRATED：未校准磁力传感器，提供原始的、未校准的磁场数据。

（12）TYPE_ORIENTATION：方向传感器，简称为 O-sensor（也称“磁阻传感器”），测量传感器在 x、y、z 3 个轴的角度数据，单位是角度。为了得到精确的角度数据，E-compass 需要获取 G-sensor 的数据，经过计算生成 O-sensor 数据，否则只能获取水平方向的角度。方向传感器提供 3 个数据，分别为 yaw、pitch 和 roll，如图 14-1 和图 14-2 所示。

- yaw：方向角，旋转轴为 z 轴，即水平时磁北极和 Y 轴的夹角（相当于飞机航向的偏转），范围为 0° ~360° 。0° 为北，90° 为东，180° 为南，270° 为西。
- pitch：俯仰角，旋转轴为 y 轴，即 x 轴和水平面的夹角（相当于飞机的机身俯仰）。当 z 轴向 x 轴转动时，角度为正值；反之，当 z 轴背离 x 轴转动时，角度为负值。
- roll：翻转角，旋转轴为 x 轴，即 y 轴和水平面的夹角（相当于飞机的机身倾斜）。当 z 轴向 y 轴转动时，角度为正值；反之，当 z 轴背离 y 轴转动时，角度为负值。

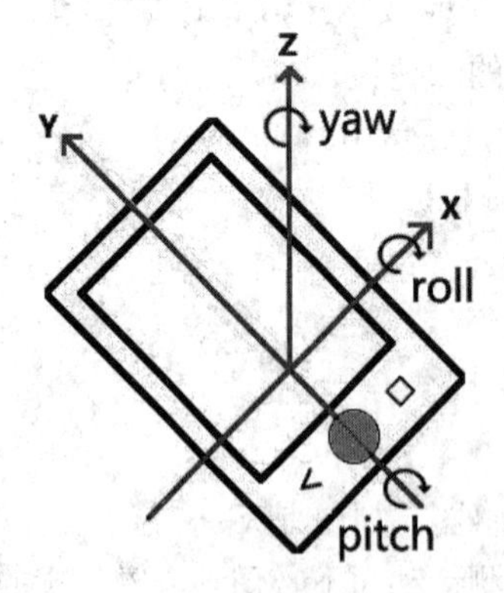

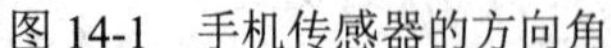
图 14-1　手机传感器的方向角

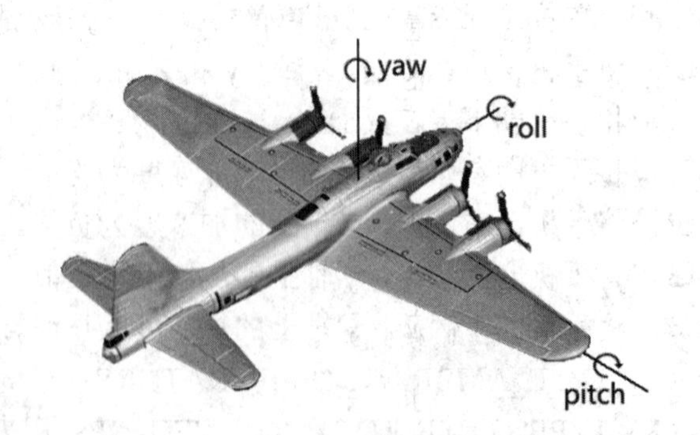

图 14-2　飞机飞行的航向角

（13）TYPE_PRESSURE：压力传感器，单位是 hPa（百帕斯卡），测量当前环境压强。

（14）TYPE_PROXIMITY：接近传感器，测量物体与手机的距离，单位是厘米。但有些只能测量远和近两个状态：大于最大距离时返回远状态，小于最大距离时返回近状态。

（15）TYPE_RELATIVE_HUMIDITY：湿度传感器，单位是 %，测量周围环境的相对湿度。

（16）TYPE_ROTATION_VECTOR：旋转矢量传感器，简称 RV-sensor。旋转矢量代表设备的方向，是一个将坐标轴和角度混合计算得到的数据。

（17）TYPE_SIGNIFICANT_MOTION：特殊动作触发传感器。

（18）TYPE_STEP_COUNTER：计步传感器，用于记录激活后的步伐数。

（19）TYPE_STEP_DETECTOR：步行检测传感器，用户每走一步就触发一次事件。

【说明】 TYPE_STEP_COUNTER 和 TYPE_STEP_DETECTOR 并不总是提供相同的结果，前者的事件发生的延迟较高，这是因为前者的算法处理要消除误报，所以其提供事件的速度较慢，但其结果更加准确。

（20）TYPE_TEMPERATURE：温度传感器，已被 TYPE_AMBIENT_TEMPERATURE 所替代。

【说明】 因为 Android 并没有要求设备制造商向它们的 Android 设备内嵌所有类型的传感器，所以不同品牌型号的 Android 设备会有各自不同的传感器配置。如果使用了手机不支持的传感器，一般不会抛出异常，但也无法获得所需的检测数据。所以，在使用传感器之前，最好先判断当前的手机是否支持所使用的传感器。另外，传感器的可用性不仅会因设备不同而各不相同，也会因 Android 的版本而不同。

14.2　Android 传感器应用

在 Android 系统中，与传感器相关的应用程序的开发是通过监听机制来实现的。基本的开发步骤如下：

（1）创建 SensorManger 对象，获取传感器管理器

SensorManger 是传感器框架的核心，通过 SensorManger 可以访问到 Android 设备上的传感器。调用 getSystemService()方法来获取 SensorManger 对象，示例代码如下：

```
SensorManger sm = (SensorManager).getSystemService(SENSOR_SERVICE);
```

从传感器管理器中获取其中某个或者某些传感器的方法有如下 3 种方式。

- 获取某种传感器的默认传感器

例如，获取光线感应传感器的默认传感器，示例代码如下：

```
Sensor defaultLight = sensorManager.getDefaultSensor(Sensor.TYPE_LIGHT);
```

- 获取某种传感器的列表

例如，获取压力传感器的列表，示例代码如下：

```
List<Sensor> pSensors = sensorManager.getSensorList(Sensor.TYPE_PRESSURE);
```

❑ 获取所有传感器的列表

示例代码如下：

```
List<Sensor> allSensors = sensorManager.getSensorList(Sensor.TYPE_ALL);
```

※ **示例 Ex14_1**：开发一个 Android 应用程序，获取手机中所有传感器的列表。

具体设计步骤如下：

（1）利用 Eclipse 向导创建一个名为 Ex14_1 的 Android 应用程序，其中包括文本框和按钮各一个，并设置相应的控件属性（详细设计略），具体的布局代码如下：

```
<LinearLayout xmlns:android="http://schemas.android.com/apk/res/android"
    xmlns:tools="http://schemas.android.com/tools"
    android:layout_width="match_parent"
    android:layout_height="match_parent"
    tools:context=".SensorTest"
    android:orientation="vertical" >
    <Button
        android:id="@+id/button1"
        android:layout_width="wrap_content"
        android:layout_height="wrap_content"
        android:text="获取所有传感器的列表" />
    <TextView
        android:layout_width="wrap_content"
        android:layout_height="wrap_content"
        android:id="@+id/textView1"
        android:textSize="40px" >
    </TextView>
</LinearLayout>
```

（2）打开 MainActivity.java 文件，重写其中的 onCreate()方法，具体代码如下：

```
package com.example14_1;
import java.util.List;
import android.app.Activity;
import android.hardware.Sensor;
import android.hardware.SensorManager;
import android.os.Bundle;
import android.view.View;
import android.view.View.OnClickListener;
import android.widget.Button;
import android.widget.TextView;
public class MainActivity extends Activity{
    //定义一个传感器对象
    private SensorManager sensorManager = null;
    //定义文本框和按钮控件对象
    private TextView textView1;
    private Button button1;
    @Override
    protected void onCreate(Bundle savedInstanceState) {
```

```
        super.onCreate(savedInstanceState);
        setContentView(R.layout.activity_main);
        //获取文本框和按钮控件
        textView1 = (TextView) findViewById(R.id.textView1);
        button1 = (Button)findViewById(R.id.button1);
        //实例化传感器管理器
        sensorManager = (SensorManager) getSystemService(SENSOR_SERVICE);
        button1.setOnClickListener(new OnClickListener() {
            @Override
            public void onClick(View arg0) {
            // TODO Auto-generated method stub
            //声明可变字符串
            StringBuffer sb = new StringBuffer();
            //得到设备支持的所有传感器的 List
            List<Sensor> sensors = sensorManager.getSensorList(Sensor
                .TYPE_ALL);
                //迭代获得的传感器
                for (Sensor sensor : sensors) {
                    sb.append(sensor.getName().toString());
                    sb.append("\n");
                }
                //显示传感器列表
                textView1.setText(sb.toString());
            }
        });
    }
}
```

程序在 HTC328d 和魅族 MX2 手机上运行后的测试效果分别如图 14-3 和图 14-4 所示。程序只获取了 HTC328d 手机上的部分传感器列表，但获取了魅族 MX2 手机上全部传感器列表。可见，由于有的手机并不支持 Android SDK 中定义的所有传感器，所以，在程序实际开发中，可能获取不了手机上的有些传感器并使用之。

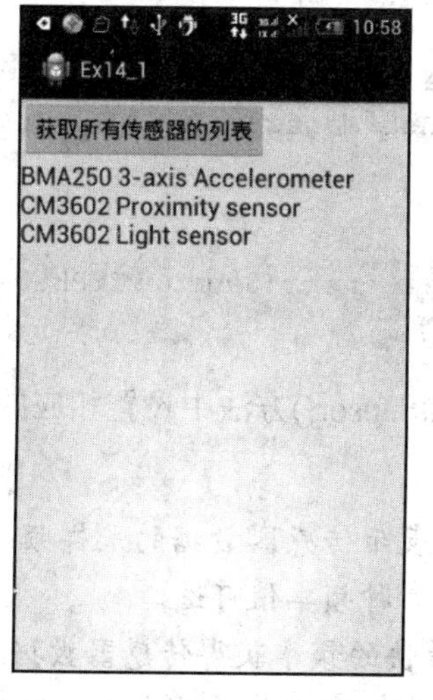

图 14-3　HTC328d 的传感器列表

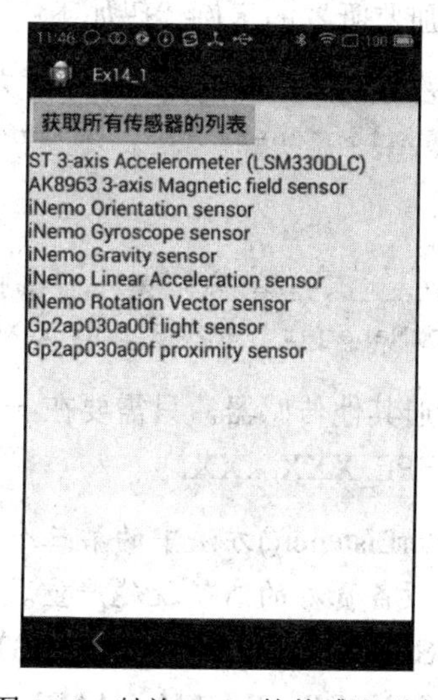

图 14-4　魅族 MX2 的传感器列表

（2）实现 SensorEventListener 接口

SensorEventListener 接口主要实现 onSensorChanged()和 onAccuracyChanged()两个方法，当传感器的数值发生变化时，前一个方法被调用；当传感器的精度发生变化时，后一个方法被调用。示例代码如下：

```
final SensorEventListener myListener = new SensorEventListener() {
    public void onSensorChanged(SensorEvent sensorEvent) {
    //或者：
    //public void onSensorChanged(int sensorEvent,float[] values) {
    // TODO Auto-generated method stub
        …（主要的业务代码）
    }
    public void onAccuracyChanged(Sensor sensor, int accuracy) {
    // TODO Auto-generated method stub
    }
};
```

【说明】

① onSensorChanged()方法中的参数 values，是 float 类型的数组，其长度和内容因传感器的不同而不同。

② 传感器的精度发生变化时，系统会调用 onAccuracyChanged()方法，它提供了需要引用的发生精度变化的 Sensor 对象。

精度使用 4 个状态常量之一来代表的，由低到高是 SENSOR_STATUS_UNRELIABLE、SENSOR_STATUS_ACCURACY_LOW 、SENSOR_STATUS_ACCURACY_MEDIUM 和 SENSOR_STATUS_ACCURACY_HIGH。

（3）取得相应的 Sensor 对象并注册传感器

利用 Activity 的 onresume()方法注册需要使用的传感器。以方向传感器（磁阻传感器）为例，为其注册监听器的示例代码如下：

```
Sensor orSensor = sensorManager.getDefaultSensor(Sensor.TYPE_ORIENTATION);
sm.registerListener(this, orSensor,SensorManager.SENSOR_DELAY_NORMAL);
```

或者：

```
sm.registerListener(this, sm.getDefaultSensor(Sensor.TYPE_ORIENTATION),
    SensorManager.SENSOR_DELAY_NORMAL);
```

如果要注册其他传感器，只需要在 getDefaultSensor()方法中设置相应的传感器类型参数值 Sensor.TYPE_XXX ...XX。

【说明】 registerListener()方法中的第三个参数值表示传感器数据的采样频率，采样频率越高，设备资源的消耗就越严重。有以下 4 种频率值可选。

- SENSOR_DELAY_FASTEST：以最快的频率获得传感器数据。
- SENSOR_DELAY_GAME：适用于在游戏中获得传感器数据。

- SENSOR_DELAY_UI：适用于在 UI 空间中获得数据。
- SENSOR_DELAY_NORMAL（默认值）：以一般的频率获得传感器数据。

【提示】如果手机中没有所欲使用的传感器硬件，就算注册了相应的传感器，也不会发挥具体的作用。

（4）取消传感器注册

利用 Activity 的 onPause()方法取消传感器注册。示例代码如下：

```
sm.unregisterListener(this);
```

※ **示例 Ex14_2**：开发一个通过磁场和加速度两个传感器来实现方向传感器功能的 Android 应用程序。

具体设计步骤如下：

（1）利用 Eclipse 向导创建一个名为 Ex14_2 的 Android 应用程序，其中包括 4 个文本框，并设置相应的控件属性（详细设计略），具体的布局代码如下：

```
<RelativeLayout xmlns:android="http://schemas.android.com/apk/res
    /android"
    xmlns:tools="http://schemas.android.com/tools"
    android:layout_width="match_parent"
    android:layout_height="match_parent" >
    <TextView
        android:id="@+id/textView0"
        android:layout_width="wrap_content"
        android:layout_height="wrap_content"
        android:text="通过磁场和加速度两个传感器获取方向数据" />
    <TextView
        android:id="@+id/textView1"
        android:layout_width="wrap_content"
        android:layout_height="wrap_content"
        android:layout_below="@+id/textView0"
        android:textSize="40px" />
    <TextView
        android:id="@+id/textView2"
        android:layout_width="wrap_content"
        android:layout_height="wrap_content"
        android:layout_below="@+id/textView1"
        android:textSize="40px" />
    <TextView
        android:id="@+id/textView3"
        android:layout_width="wrap_content"
        android:layout_height="wrap_content"
        android:layout_below="@+id/textView2"
        android:textSize="40px" />
</RelativeLayout>
```

（2）打开 MainActivity.java 文件，重写其中的 onCreate()方法，并编写其他相关的功能代码，具体代码如下：

```
package com.example.ex14_2;
import android.app.Activity;
import android.content.Context;
import android.hardware.Sensor;
import android.hardware.SensorEvent;
import android.hardware.SensorEventListener;
import android.hardware.SensorManager;
import android.os.Bundle;
import android.widget.TextView;
public class MainActivity extends Activity{
    //定义传感器对象
    private SensorManager sm;
    //定义一个加速度传感器对象和一个磁场传感器对象
    private Sensor aSensor;
    private Sensor mSensor;
    //定义用于显示传感器数据的控件对象
    private TextView tv1;
    private TextView tv2;
    private TextView tv3;
    //定义两个数组，分别用于存储加速度和磁场传感器的数据
    float[] accelerometerValues = new float[3];
    float[] magneticFieldValues = new float[3];
    public void onCreate(Bundle savedInstanceState) {
        //TODO Auto-generated method stub
        super.onCreate(savedInstanceState);
        setContentView(R.layout.activity_main);
        //1. 创建传感器管理器
        sm = (SensorManager)getSystemService(Context.SENSOR_SERVICE);
        aSensor = sm.getDefaultSensor(Sensor.TYPE_ACCELEROMETER);
        mSensor = sm.getDefaultSensor(Sensor.TYPE_MAGNETIC_FIELD);
        //获取数据显示控件对象
        tv1 = (TextView) findViewById(R.id.textView1);
        tv2 = (TextView) findViewById(R.id.textView2);
        tv3 = (TextView) findViewById(R.id.textView3);
    }
    @Override
    protected void onResume() {
        //TODO Auto-generated method stub
        super.onResume();
        //3. 注册传感器
        sm.registerListener(myListener, aSensor, SensorManager
            .SENSOR_DELAY_NORMAL);
        sm.registerListener(myListener, mSensor,SensorManager
            .SENSOR_DELAY_NORMAL);
    }
    public void onPause(){
        //TODO Auto-generated method stub
```

```
        super.onPause();
        //4. 解除传感器注册
        sm.unregisterListener(myListener);
    }
    //2. 实现 SensorEventListener 接口
    final SensorEventListener myListener = new SensorEventListener() {
        public void onSensorChanged(SensorEvent sensorEvent) {
            //判断事件传感器类型
            if (sensorEvent.sensor.getType() == Sensor.TYPE_ACCELEROMETER)
                //获取加速度传感器的监测数据
                accelerometerValues = sensorEvent.values;
            if (sensorEvent.sensor.getType() == Sensor.TYPE_MAGNETIC_FIELD)
                //获取磁场传感器的监测数据
                magneticFieldValues = sensorEvent.values;
            //调用数据处理方法
            calculateOrientation();
        }
        public void onAccuracyChanged(Sensor sensor, int accuracy) {
            //TODO Auto-generated method stub
        }
    };
    //数据处理方法
    private  void calculateOrientation() {
        //数组 values[]用来保存通过磁场和加速度的数据转换而来的方向数据
        float[] values = new float[3];
        //旋转矩阵 R[]用来保存加速度和磁场的数据
        float[] R = new float[9];
        //根据获取的加速度和磁场的数据填充 R[]
        SensorManager.getRotationMatrix(R, null, accelerometerValues,
            magneticFieldValues);
        //根据参数 R[]的数据填充 values[]，得到所需的方向数据
        SensorManager.getOrientation(R, values);
        //将数据单位转换为度
        values[0] = (float) Math.toDegrees(values[0]);
        values[1] = (float) Math.toDegrees(values[1]);
        values[2] = (float) Math.toDegrees(values[2]);
        //显示传感器监测数据
        tv1.setText("values[2]：翻转角，表示绕 Y 轴的角度，手机左右翻转："
            + values[2]);
        tv2.setText("values[1]：俯仰角，表示绕 X 轴的角度，手机前后翻转："
            + values[1]);
        tv3.setText("values[0]：方向角，表示绕 Z 轴的角度，手机水平旋转："
            + values[0]);
    }
}
```

【提示】 传感器的类型、精度、时间戳和数据都被封装在传入的 SensorEvent 对象中。

程序在魅族 MX2 手机上运行后的测试效果如图 14-5 所示，实测可见，当变换手机的

姿态时，3 个方向上的角度数据会随之而发生改变。

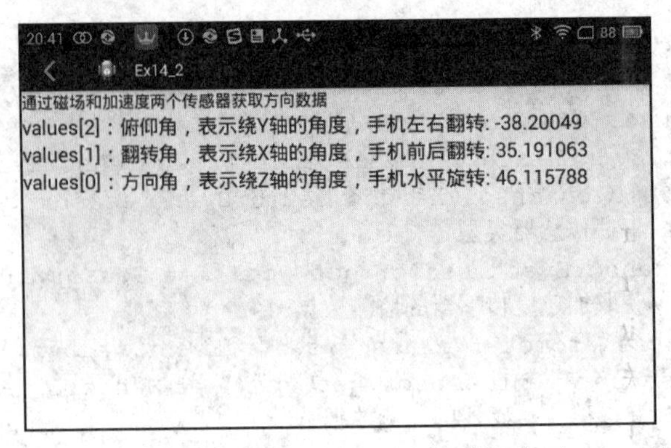

图 14-5　魅族 MX2 的方向传感器应用

【说明】示例 Ex14_2 通过磁场和加速度传感器来实现方向传感器的方式虽然稍显复杂，但更精确、高效。当然，也可利用 getDefaultSensor(Sensor.TYPE_ORIENTATION) 实例化一个方向传感器，但最新版的 SDK 会提示“TYPE_ORIENTATION This constant is deprecated. use SensorManager.getOrientation() instead.”，即这种方式已经被取消，推荐用 SensorManager.getOrientation()获取原来的数据。

习　题

1．简要介绍什么是传感器。

2．对于位移传感器、环境传感器和位置传感器，各举一个应用实例。

3．实现手机的方向传感器有几种方式？区别是什么？

4．为什么要及时注销传感器的注册？如果没有及时注销，可能会有什么后果？

5．除了在继承 Activity 类的 Java 程序中开发 Android 传感器，还可以在继承什么类的 Java 程序中开发 Android 传感器？

6．开发一个简单的统计步数的 Android 应用程序。

7．手机传感器的采样频率一般如何选择？是否采样频率越高越好？

8．传感器的哪些信息都被封装在了传入的 SensorEvent 中？

参 考 文 献

[1] 明日科技．Android 从入门到精通[M]．北京：清华大学出版社，2012．
[2] 姚尚朗，等．Android 开发入门与实战[M]．北京：人民邮电出版社，2013．
[3] 刘帅旗．Android 移动应用开发从入门到精通[M]．北京：中国铁道出版社，2012．
[4] 软件开发技术联盟．Android 开发实战[M]．北京：清华大学出版社，2013．
[5] 明日科技．Java 从入门到精通[M]．北京：清华大学出版社，2008．
[6] 王向辉，等．Android 应用程序开发[M]．第 2 版．北京：清华大学出版社，2012．
[7] 肖云鹏，等．Android 程序设计教程[M]．北京：清华大学出版社，2013．
[8] 王英强，等．Android 应用程序设计[M]．北京：清华大学出版社，2013．

附录 A　实验进度参考

实验 1　Android 模拟器的创建与应用

1．实验目的

（1）掌握 Android 模拟器的管理方法。

（2）掌握 Android 模拟器的基本用法。

2．实验内容

（1）如附图 A-1 所示，利用 Eclipse 集成开发环境，方便创建 Android 2.2 和 Android 4.3 版本的 AVD 各一个。

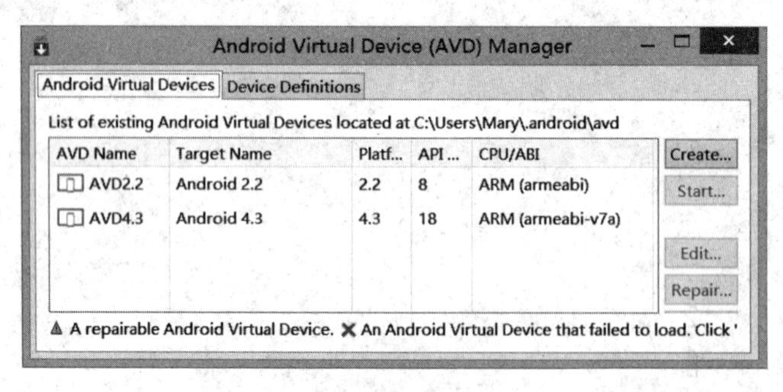

附图 A-1

（2）通过 Android 2.2 模拟器拨打 Android 4.3 模拟器。

（3）为 Android 4.3 模拟器设置中文输入法。

实验 2　用户界面设计及简单程序设计

（参考源码：Exp02）

1．实验目的

（1）掌握嵌套线性布局管理器的用法。

（2）掌握网格布局管理器的用法。

（3）Activity 的应用基础。

（4）利用 Intent 拨打电话的应用（合并后续章节实验完成）。

（5）Toast 消息提示框应用。

2．实验内容

（1）分别利用线性和网格布局管理器设计一个如图附 A-2、附图 A-3 所示的手机拨号界面。

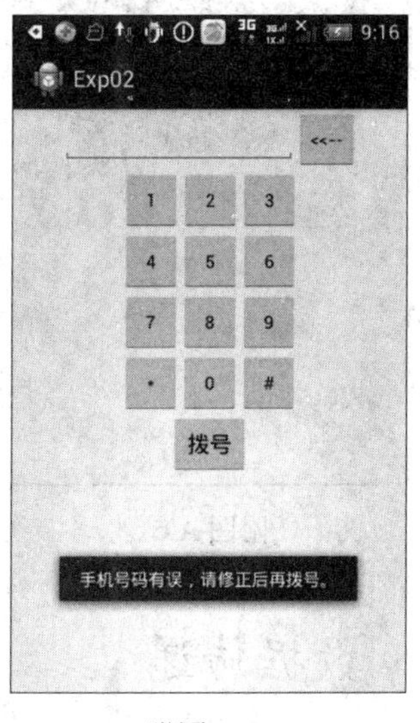

附图 A-2

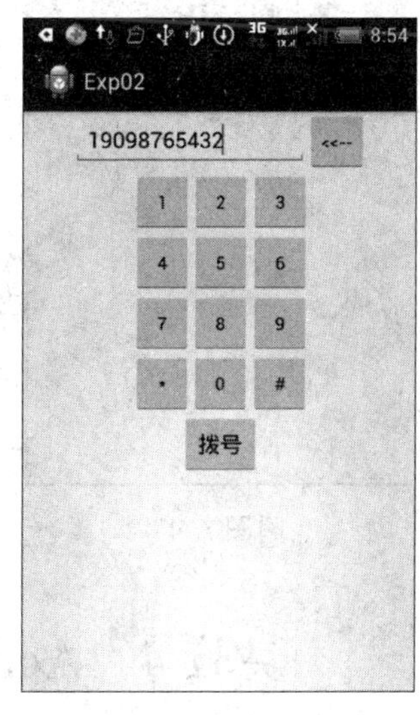

附图 A-3

【提示】为了能够使用网格布局管理器设计 UI，需要在 AndroidManifest.xml 文件中，将默认设计的 SDK 的“API=8”改为“API=14”。

（2）比较说明以上两种设计方法的优缺点。

（3）为“1”、“2”、“3”以及“删除”（<<--）和“拨号”键编写相应的程序，实现拨打手机的基本功能。

（4）输入的手机号不足 11 位时利用 Toast 进行提示，否则，可以开始“拨号”。

实验 3　控件应用

（参考源码：Exp03、Exp03_2）

1．实验目的

（1）掌握 ScrollView 控件的使用方法。

（2）学习并应用画廊视图 Gallery 和图片切换器 ImageSwitcher 控件。

（3）学习并应用适配器 BaseAdapter。

2．实验内容

（1）利用 ScrollView 及其他相应控件，设计一个如附图 A-4 所示的多字符内容的浏览器，要求通过 Java 代码为视图控件提供字符串资源引用。

（2）请选用所给的 img01.jpg~img10.jpg 资源图片，利用画廊视图 Gallery 和图片切换器 ImageSwitcher，设计一个如附图 A-5 所示的幻灯片式的图片浏览器（淡入淡出效果选作）。

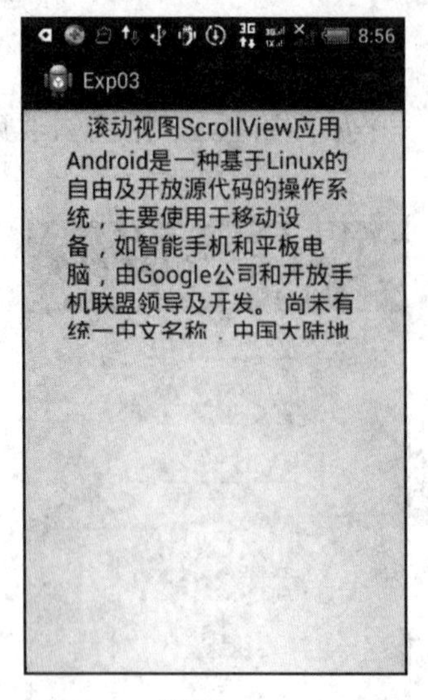

附图 A-4

附图 A-5

实验 4　Activity 数据传递

（参考源码：Exp04）

1．实验目的

（1）掌握创建项目的多个 Activity 及其对应 UI 的方法。
（2）掌握 Activity 的注册及利用 Bundle 在 Activity 之间传递数据的方法。

2．实验内容

设计一个如附图 A-6~附图 A-8 所示的利用 Bundle 在 Activity 之间传递数据的应用程序。

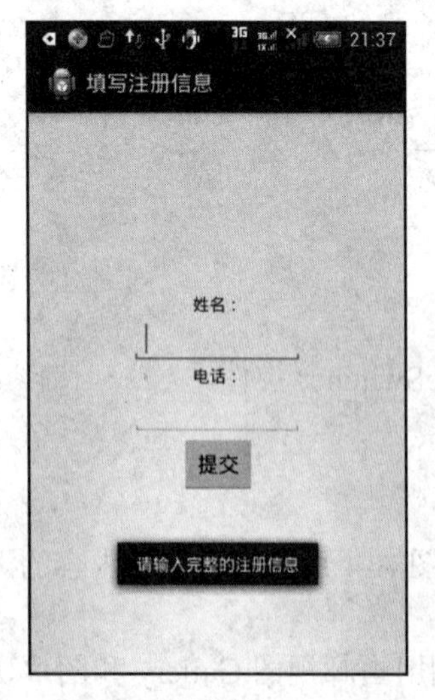

附图 A-6

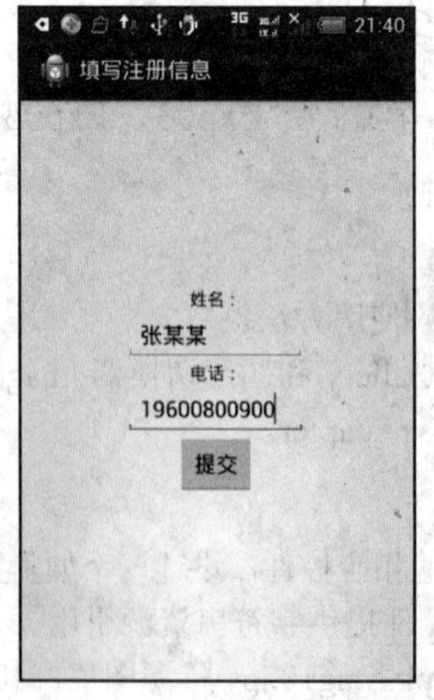

附图 A-7

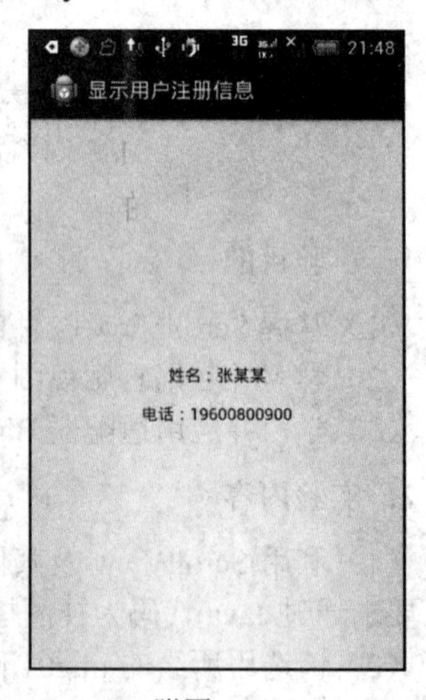

附图 A-8

实验 5　绘图与动画设计

（参考源码：Exp05、Exp05_2）

1．实验目的

（1）掌握在 Android 应用程序中绘制图形的基本方法。
（2）掌握在 Android 应用程序中动画设计的基本方法。
（3）理解通过 xml 资源文件和 Java 程序设计动画的区别与特点。
（4）学习路径（Path）绘制的基本方法。

2．实验内容

（1）通过绘制直线、矩形（填充与非填充）、多边形、圆和文本，绘制一个如附图 A-9 所示的简易式样的小车（注：图中的标注是各个图元的绘图参数，仅供参考）。

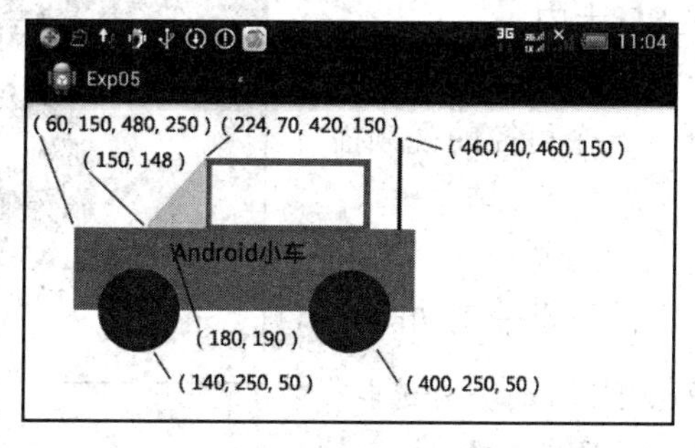

附图 A-9

【说明】 具体绘图时，小车的颜色、样式等可自行创意设计，并且各个图元的绘制尺寸也可灵活设置。

【提示】 图中的三角形可以使用路径绘画多边形的方法来绘制。

（2）请选用所给的 bird01.png、bird02.png 和 bird03.png 资源图片，设计一个如附图 A-10 所示的小鸟飞行的可控的补间动画。

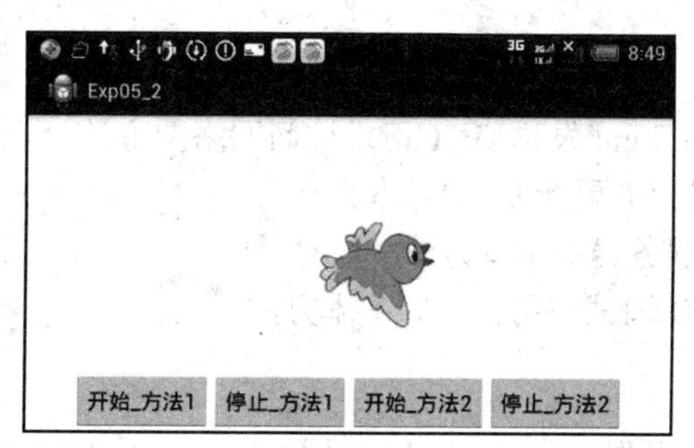

附图 A-10

【说明】可以利用 xml 动画资源文件来设计动画，也可以通过编写 Java 程序来设计动画，两种方法任选其一。另外，对于动画小鸟的飞行路线，可以自行规划设计。

实验 6　Activity 数据传递

（参考源码：Exp06）

1．实验目的

（1）掌握利用 MediaPlayer 和 SurfaceView 控件开发 Android 视频播放器的方法。

（2）学习 Android 的 SeekBar 滑块控件的基本用法，并将其用在音量的控制中。

（3）掌握将视频文件上传到手机 SD 卡中的基本方法。

2．实验内容

（1）将所给的视频文件 chayangji.mp4 上传到程序开发测试的手机 SD 卡中。

（2）如附图 A-11 所示，利用 MediaPlayer 和 SurfaceView 控件，开发一个可控的视频播放程序。

（3）在以上程序的基础上，进一步结合利用 SeekBar 控件，实现视频的音量控制功能。

【说明】所需的资源视频也可以自行另外选取，但文件不宜太大，而且应选择 Android 系统支持的视频格式。

附图 A-11

实验 7　利用 HttpClient 访问网络

（参考源码：Exp07）

1．实验目的

（1）掌握利用 HttpClient 发送 GET 请求访问网络的方法。

（2）掌握在非主线程中更新 UI 的基本方法。

（3）了解 Tomcat 服务器的基本方法。

（4）掌握利用 AVD 调试应用程序的基本方法。

2．实验内容

如附图 A-12 所示，开发一个 Android 应用程序，利用 HttpClient 发送 GET 请求访问 Tomcat 服务器，并显示相应的响应结果。

附图 A-12

实验 8　读取手机外部文件内容

（参考源码：Exp08）

1．实验目的

（1）掌握判断 sdcard 是否存在以及获取其常用目录的基本方法。

（2）掌握通过 APP 及相应的软件读取手机外部文件内容的基本方法。

2．实验内容

如附图 A-13 和附图 A-14 所示，在示例 Ex13_3 的基础上，完成读取手机外部文件内容的程序开发。

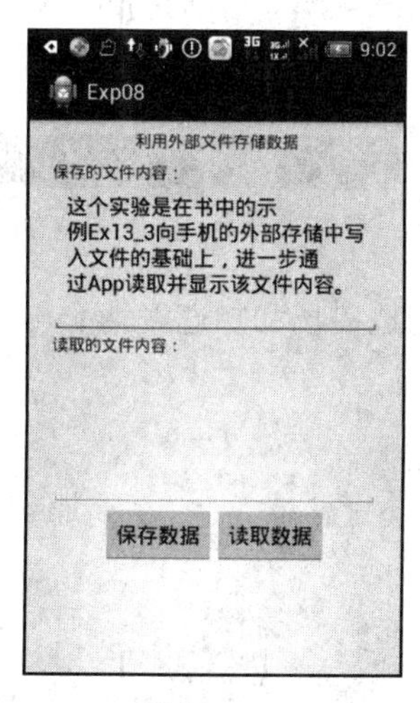

附图 A-13

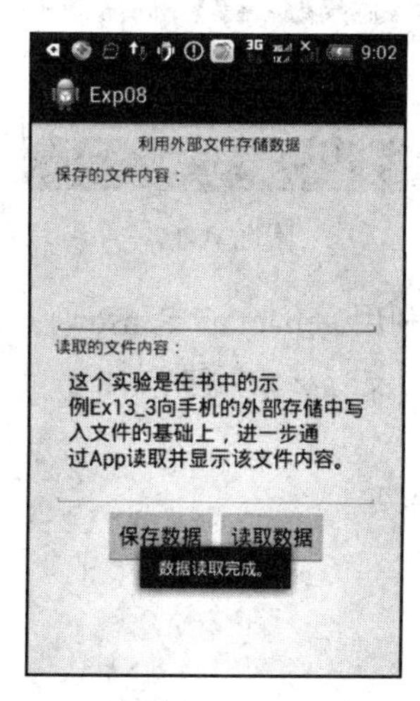

附图 A-14

实验 9　Android 传感器应用

（参考源码：Exp09）

1．实验目的

（1）了解 Android 的常用类型传感器的基本功能。

（2）掌握 Android 的常用类型传感器应用程序的开发方法。

（3）理解通过磁场和加速度两个传感器来实现方向传感器功能的基本原理。

2．实验内容

（1）开发一个如附图 A-15 所示的当前手机的 Android 传感器列表应用程序。

（2）在不同类型的 Android 手机中运行以上传感器列表应用程序，比较运行结果，并作简要分析。

（3）利用 SensorManager 的 getDefaultSensor(Sensor.TYPE_ORIENTATION)方法，开发一个如附图 A-16 所示的 Android 方向传感器应用程序。

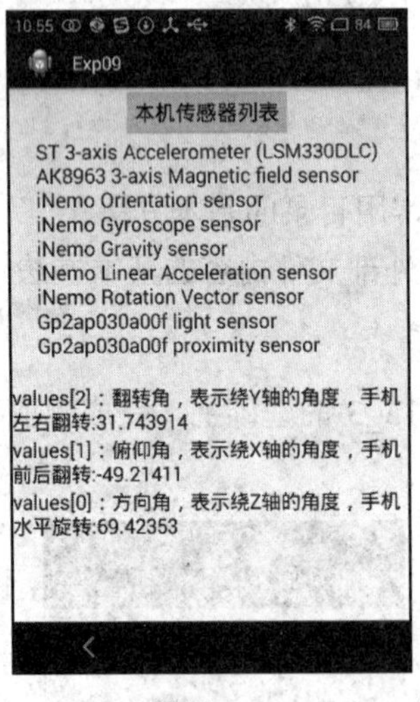

附图 A-15

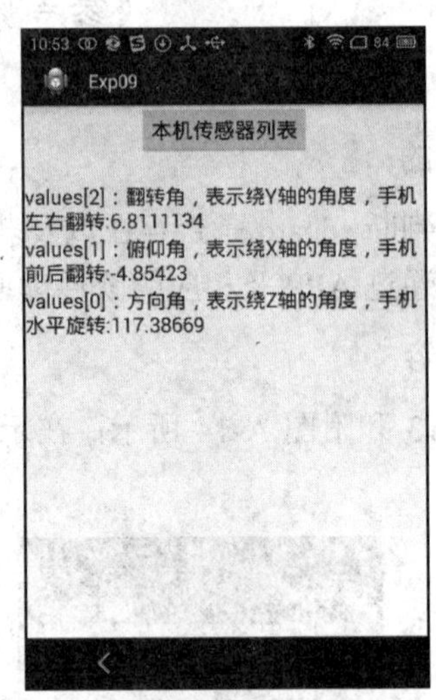

附图 A-16

（4）将以上利用 getDefaultSensor()方法与通过磁场和加速度两个传感器来实现方向传感器功能的程序开发方法做简要对比。